アパレル素材企画
－プロフェッショナルガイド－

服地の生産・流通とアパレル製造・小売り。その相互作用。

Fabrics for Apparel Designing and Procuring
-a guide for professionals-

interaction between fabric manufactures,
apparel makers, distributors, and retailers.

野末 和志

アパレル素材企画
― プロフェッショナルガイド ―

服地の生産・流通とアパレル製造・小売り。その相互作用。

本書がお役に立てること

本書がどのような人に、どのように有用なのかを記しておきます。

● 加工生産を活用する方法を伝える本です

　繊維加工技術に触れていますが、繊維工学の専門書ではありません。服地の企画・調達のさまざまな局面で、必要にして有効な加工生産の知識・知恵(エンジニアリング)を示しています。その事例の多さが本書を分厚いものにしました。エンジニアリングとは「物事を巧みに処理すること」(遠藤宣雄、2013)。

● 服地の作り手と求め手の相互作用の実際を明らかにしています

　アパレルサイドのビジネスの仕方は服地メーカーのあり様（よう）に反映し、作り方を制約します。このことに多くのアパレル企業は気づいていません。あるいは、見て見ぬふりをしているとも思えます。本書では、アパレルの実情を視野に収めながら、服地メーカーの加工生産の現実を紹介しています。

● 服づくりと服地づくりの記述を交錯させ、相互関係が分かるようにしています

　服づくりと服地づくりに際しては双方の利害損得や思惑が絡（から）み合い、その実情は複雑です。とはいえ、素材調達と素材の加工工程に分離して記述したり、単純化したり、アパレル側が「服地メーカーをうまく使うためのテクニック集(ハウツー本)」にすることはしていません。

　合理的な服づくり、クオリティーある服づくり、さらに進めて素材・加工生産から発想する服づくりを可能にするためには、複雑な事柄を複雑であるがままに見据え、思考し、処する理知と感性の駆使が必要になるからです。

　そのうえで本書は、大きくは3タイプの読者を想定しています。

①オリジナルの素材づくりから始めたいタイプ

オリジナル素材の調達を企てているアパレルデザイナーやアパレルメーカー（既製服製造卸）、SPA（既製服製造小売業）、PB（プライベートブランド）開発を企てる百貨店やGMS（総合小売業）、アパレル製造業などの素材担当者です（テキスタイルデザイナーも含む）。素材企画への取掛り方を具体的に示します。

次の9項目について詳述しました。

1）加工生産とは何か（生産の思考、生産の条件、様相、仕事の流し方）

2）加工技術と生産形態を活用する商品企画、デザイニング

3）テキスタイルプロデューサーの働きと活用

4）コンバーティング機能とその活用

5）ジャージーと成型編地の生産（編機と編地の姿かたち。編地柄）

6）レース服地の生産（ラッセル編レース地）

7）プリント服地の生産（捺染の仕組みとパネルもの）

8）ファブリック製造のデジタル化とアナログの価値

9）モデリストの役割

②心を込めた服地を作りたいタイプ

「良い仕事を、気持良く行いたい」と願っている職人的服地メーカーやコンバーターです。相手を知り、適切に対応するために、発注者（アパレルメーカー、アパレル小売業、SPAなど）の実態を伝えます。注視する点は3つです。

1）商人の思考と行為、利益構造の姿かたち

「他人の褌で相撲を取る」ような取引姿勢、キャッシュフロー、アウトソーシング、コストカット、リスク回避、バッファー機能、オーバー発注、ブランドの商品化など、きれいごとではない現実をリアルに取上げています。

2）業種・業態の変容と生滅の様子

3）素材発注担当者の職務権限、専門知識・技能程度、資質などの見極め

③キャリアアップしたい、専門家として就きたいタイプ

業界入りして間もない人、衣料管理士、業界に入ることを志している若者などです。そうした人たちには、それぞれの立ち位置を示します。自分の職種における今の自分の立ち位置と、その職種がたどってきた時代と対比したときの自分の立ち位置の2通りです。

1）素材企画を捉えるための勘所を示します。例えば、「質を落とさないで合理的に加工生産する」方法があります。実務を進める過程で知識・技能が必要になる局面を、それぞれの事例を通して解説します。

2）繊維工学や被服材料学系のテキストやファッションマーケティング論、テキスタイルデザイン論では触れない加工生産と製品・商品の関係や、生産・流通の構造とその関係の内容、作り手と売り手と買い手の相互作用、生産背景の実際を伝えます。業界のオープンシークレットにも目配りすることで、「企画会社の業務領域拡大」「OEM（相手先ブランドによる生産）、ODM（相手先ブランドによる商品デザイン・設計・生産）などのアウトソーシング」「クイックデリバリー（QD）」「多品種少量多頻度発注」「服地メーカーの自立化」「PB開発・自主MDを標榜し出した百貨店の衰退」「百貨店アパレルの疲弊」「GMSの衰退」「ファクトリーブランド」「パラダイムシフト」など、今日的事象の必然性が分かってきます。「アパレルのサプライチェーン」構築に関わる日本的事情も同様です。

3）「もはや戦後ではない」といわれた頃（1956）から、日本のおしゃれ生活やアパレルデザイン、ファッションビジネスは始まりました。今日までの時間軸で繊維・ファッション産業の現在の立ち位置を捉えられるよう、エポックメーキングな出来事も盛り込んでいます（とくにⅠ—2—11、Ⅰ—2—12、Ⅱ—3—3、コラム9、Ⅱ—3—7、コラム12）。

●難しいところは飛ばして、先へ読み進めてください

加工生産の専門用語や服地・糸などの品種名の使用は、必要最小限に留めました。マーケティングやマーチャンダイジングの用語は、文中に溶け込ませています。第Ⅳ部「用語に創意を読む」や本文中のコラム、索引は、辞典・事典では

分からない現場の実際を知るために設けました。詳しすぎると感じられる事例も、論拠と事柄の重要性を感じ取れるよう、あえて記載しました。飛ばしても筋は分かります。

●本書の内容を十二分に活用するには、次の素養があると効果的です

1）加工技術と生産形態の基本知識（工業高校の繊維工学課程程度）

2）服地を見ながら触れて、官能評価ができる技能

3）服地の基本品種の知識、体感の経験

4）四季と服種、その服地との関わり合い

【本書を読むときの留意点】

①本文中の「→」は本文中の参考項目、「⇒」は第Ⅳ部の項目を示します。

②工程説明は目安としてください。製品内容、工場、時期、デリバリーなどの加工生産条件や取引条件、日頃の関係によって違いが生じるからです。

③業界構造図は、業種・業態の関係と商流・物流を大まかに捉えるために示しました。実相は錯綜しており、実際と相違することもあります。

④説明画は模型画です。

　　説明画制作：小笠原 宏（編組織模型図、編機説明図の 12 点）

　　　　　　　　松田武彦（レナウンジャーヂ）（経編機の基本構造図の 1 点、1993）

　　　　　　　　野末和志（上記以外）

　　画像提供：　伊藤一憲（ルシアン）（ジャイアントエンブロイダリー機、1994）

　　説明画提供：川崎千秋（大東紡織）（綿糸の双糸の作り方と構造、1989）

⑤専門用語は現場の慣用語を用い、実際に近くしています。慣用語の表記・表音、用い方、意味は、学術用語や団体の定義、当用漢字表に添う教本、新聞用語などと違う場合があります。例えば、送りがなをつけない。

⑥本文中に引用したコメントの発言者の所属企業・団体名・役職名は、当時のものを記しました。

もくじ

本書がお役に立てること……………………002

序章　超基本・アパレル素材と業界構造……………………019
　服地を形づくるモノとコト……………………020
　服地の姿かたち〜アパレル素材の大分類……………………020
　服地の生産・流通と業界構造図の読み解き方……………………022
　服地づくりの立ち位置〜繊維産業とファッション産業……………………023
　似て非なる……………………025

第Ⅰ部　服地ができるまで……………………027

第1章　糸の生産・流通……………………028
　Ⅰ−1−1　織糸・編糸……………………028
　Ⅰ−1−2　紡績業……………………028
　　A）混綿……………………029
　　B）紡績技術……………………030
　Ⅰ−1−3　製糸業……………………033
　Ⅰ−1−4　化合繊メーカー……………………034
　Ⅰ−1−5　合繊撚糸業……………………034
　Ⅰ−1−6　フィラメント加工業……………………035
　Ⅰ−1−7　撚糸業……………………038
　　A）用途別の撚糸機……………………038

Ｂ）織糸づくりは撚糸屋との協働が不可欠……………………039

　Ｃ）撚り数の表現性………………………040

Ⅰ—1—8　商社……………040

Ⅰ—1—9　糸商、糸卸………………041

　コラム1　着られなければ価値はない………………………042

第2章　服地の生産・流通………………043

Ⅰ—2—1　服地と生地………………043

Ⅰ—2—2　織布業………………043

　Ａ）織物の分類（加工生産の利便上の分類）………………………044

　Ｂ）特異な織組織、織り方の織物………………………046

　Ｃ）織柄のある織物………………………046

　Ｄ）織機の分類………………………047

　Ｅ）織布準備の機器………………055

　Ｆ）マス見本、着見本の製作………………057

　Ｇ）物づくりの現場力、体感の知性………………………057

Ⅰ—2—3　ニッター………………058

　Ａ）生地編地………………059

　　Ａ）—1　ジャージー（流し編みにした編地）………………………059

　　Ａ）—2　編機の種類（ジャージーの編立てを主とした場合）…………060

　　　Ａ）—2—①　緯編機（丸編機、横編機）………………………061

　　　Ａ）—2—②　経編機………………063

　コラム2　織物の風合いに近い経編地づくり………………………066

　　　Ａ）—2—③　シングルニードル機、ダブルニードル機…………066

　　　Ａ）—2—④　緯編のシングル編機、ダブル編機………………………067

　　　Ａ）—2—⑤　丸編機の高生産性………………………071

　　　Ａ）—2—⑥　ゲージ、ピッチ、コース、ウェール、度目と編地のデザイ
　　　　　　ニング………………072

A）—2—⑦　ジャージーの編地柄……………………076

A）—2—⑧　仕上り幅と目付の重視………………………080

B）成型編地………………………080

B）—1　成型編地と無縫製ニットウェア…………………………080

B）—2　ガーメントレングス編地…………………083

B）—3　横編ニットウェアの編地のデザイニング……………………083

B）—4　成型編地の生産・流通……………………085

コラム3　解ける。解れる……………………086

C）編地と編機、編立ての関係（総括）………………………086

Ⅰ—2—4　レースメーカー……………………089

A）加工方法による分類………………………089

B）糸レース………………………089

C）編レース………………………090

D）刺繍レース………………………094

E）レース地の幅、大きさによる分類………………………096

Ⅰ—2—5　ファブリックワーク………………………097

A）キルティングのファブリックワーク………………………097

B）その他の技法………………………098

C）技法のコンプレックス………………………099

Ⅰ—2—6　染色加工業………………………099

A）染色加工………………………099

B）精練・漂白などの前処理工程………………………102

C）浸染………………………106

C）—1　先染………………………107

C）—1—①　先染の方法………………………107

C）—1—②　糸染するときの糸巻きの姿による先染の分類…………110

C）—1—③　バラ毛染とトップ染の長所・短所………………………111

C）—1—④　糸染の利点………………………111

C）―1―⑤　反染の利点……………………112

C）―2　後染（反染）………………………112

C）―2―①　後染（反染）の呼び方……………………112

C）―2―②　後染（反染）をする目的………………………112

C）―2―③　後染（反染）に使う染色機……………………114

D）捺染………………………118

D）―1　染料と顔料の捺染工程での違い……………………119

D）―2　捺染法の分類（染料の使用を主にした場合）……………………119

E）デザイン表現と捺染機器………………………122

E）―1　捺染の方法と機器………………………123

E）―2　捺染用スクリーン彫刻型………………………129

E）―3　プリントコストと柄行………………………130

E）―4　プリント図案………………………131

F）後加工（仕上加工、後工程配慮加工）………………………131

F）―1　仕上加工………………………132

F）―2　特殊加工………………………133

F）―3　後工程配慮加工………………………135

G）製品染・成形品染………………………135

H）製品洗い………………………136

Ⅰ―2―7　整理業（羊毛織物の仕上をする業）………………………136

A）毛織物の整理業………………………136

コラム4　ウーステッドとウーレンファブリック………………………138

B）羊毛織物服地の染色と整理の工程………………………139

Ⅰ―2―8　服地卸・コンバーター………………………141

A）服地卸業の分類………………………141

B）服地卸の機能………………………142

C）受注生産、見込生産………………………144

D）中間排除と商品企画機能の行方………………………145

Ⅰ—2—9　テキスタイルデザイナーと柄師……………………146

　A）専門分化されたデザイン職…………………146

　B）柄師の職務…………………147

Ⅰ—2—10　テキスタイルプロデューサー……………………148

　コラム5　クリエーターのイメージを服地にする………………149

Ⅰ—2—11　時代に仕掛け、時を駆け抜けたレーヨン服地……………………150

　A）新しい意味の発見と価値づけ…………………150

　B）価値観の消耗…………………152

　C）転生…………………153

　D）繊維工学とおしゃれな服との深い溝…………………154

Ⅰ—2—12　海外デザインエージェンシー……………………155

Ⅰ—2—13　バッタ屋…………………156

Ⅰ—2—14　服地屋…………………157

Ⅰ—2—15　エージェンシー…………………157

Ⅰ—2—16　産地…………………158

　A）服地の主要産地…………………158

　B）産地が変容した要因…………………160

Ⅰ—2—17　集散地…………………161

第3章　副資材と服飾品の生産・流通……………………162

Ⅰ—3—1　副資材…………………162

　A）裏地…………………162

　B）芯地…………………163

　C）紐…………………163

　D）ネーム、ラベル…………………163

　E）副資材の業者…………………164

Ⅰ—3—2　服飾品…………………164

　A）スカーフ、ストール…………………164

B）傘地（雨傘、パラソル）‥‥‥‥‥‥‥‥‥‥*166*

Ⅰ—3—3　服、服装の色・柄演出‥‥‥‥‥‥‥‥‥‥*166*

第Ⅱ部　アパレル製造・小売りと素材調達‥‥‥‥*167*

第1章　縫製業と服地‥‥‥‥‥‥‥‥‥‥*168*

Ⅱ—1—1　本来のアパレルメーカー‥‥‥‥‥‥‥‥‥‥*168*

Ⅱ—1—2　縫製業‥‥‥‥‥‥‥‥‥‥*168*

Ⅱ—1—3　生地買い・製品売り‥‥‥‥‥‥‥‥‥‥*169*

Ⅱ—1—4　モデリスト‥‥‥‥‥‥‥‥‥‥*170*

第2章　製造卸・SPA と服地‥‥‥‥‥‥‥‥‥‥*171*

Ⅱ—2—1　アパレル製造卸‥‥‥‥‥‥‥‥‥‥*171*

Ⅱ—2—2　素材調達の前提‥‥‥‥‥‥‥‥‥‥*172*

A）ブランドにおける服地の位置づけ‥‥‥‥‥‥‥‥‥‥*172*

B）服地のオリジナリティーへのこだわり度合‥‥‥‥‥‥‥‥‥‥*174*

C）素材の消化能力の有無‥‥‥‥‥‥‥‥‥‥*175*

D）素材の定番と非定番‥‥‥‥‥‥‥‥‥‥*176*

E）生産の取掛り方・運び方‥‥‥‥‥‥‥‥‥‥*178*

F）生産の様態‥‥‥‥‥‥‥‥‥‥*179*

G）加工法と商品企画の関係‥‥‥‥‥‥‥‥‥‥*180*

Ⅱ—2—3　アパレルメーカーの今日的命題‥‥‥‥‥‥‥‥‥‥*181*

A）損失回避‥‥‥‥‥‥‥‥‥‥*181*

B）キャッシュフロー経営の推進‥‥‥‥‥‥‥‥‥‥*183*

C）ブランドの商品化‥‥‥‥‥‥‥‥‥‥*185*

Ⅱ—2—4　今日のビジネス指向と服地‥‥‥‥‥‥‥‥‥‥*186*

A）短納期・低コスト・低価格指向‥‥‥‥‥‥‥‥‥‥*186*

コラム6　羊毛の本質を活かす服地づくり‥‥‥‥‥‥‥‥‥‥*187*

B）クオリティーあるリーズナブルな服地を合理的に作る指向………188

C）カラーフィックスの利点……………190

Ⅱ—2—5　服地メーカーとアパレルメーカーの違い……………191

Ⅱ—2—6　生産者と発注者の見方・考え方………………194

A）生産者の立場………………194

B）アパレルメーカーと SPA の立場………………195

C）服地メーカーの素材発注者への応対………………196

コラム7　付喪神は在す………………197

Ⅱ—2—7　受注生産対応の手順………………198

A）羊毛織物服地の場合………………199

B）ジャージーの場合………………202

コラム8　編糸と織糸の違い、編地の調達………………204

C）プリント服地の場合………………205

Ⅱ—2—8　素材企画とテキスタイルマーチャンダイジング………………208

Ⅱ—2—9　企画会社………………209

Ⅱ—2—10　アパレルデザイナー………………209

事例　夏に颯爽と着るサマーウーステッドのレディス企画………………211

Ⅱ—2—11　ニットデザイナー………………214

事例　モヘア、絣糸、杢糸を用いたカラーミックスのニットウェア……215

第3章　アパレル小売業と服地………………218

Ⅱ-3-1　専門店の業態分類………………218

Ⅱ-3-2　専門店………………219

Ⅱ-3-3　製造小売業（SPA）………………220

Ⅱ-3-4　百貨店………………222

A）上代、下代、掛け率～高い服地は使えない………………223

B）アイテム平場と編集平場の減退～ユニークな服地の服は並ばない……225

C）PB 開発～見込み外れのツケは服地メーカーへ………………226

D）クロスパトロナィジング～服地を決め手に……………………227

E）賢い王様に育てる～服地に関わる品質トラブルへの対応…………229

F）舶来品礼賛主義………………231

コラム9　消化仕入、売場買取り………………232

Ⅱ—3—5　GMS（量販店）………………235

Ⅱ—3—6　プライベートブランド（PB）………………238

Ⅱ—3—7　プレタとミニとコンバーター………………239

A）既製服化の発展形としてのプレタと百貨店………………240

B）ヤングファッションでリードした専門店………………241

C）DCブランドの本質と先駆性………………242

D）疑似百貨店路線を続けた量販店………………243

第Ⅲ部　生産・流通のグランドデザイン…………245

第1章　業種・業態間の関係性………………246

Ⅲ—1—1　業界構造の流れと働き………………246

Ⅲ—1—2　製品化の流れ～原料、繊維から糸、布、既製服へ………246

Ⅲ—1—3　服地のデザイニングの働き………………247

Ⅲ—1—4　プリント服地のデザイン管理………………249

Ⅲ—1—5　カラーリストの配色実務………………251

Ⅲ—1—6　コンバーターとアパレルメーカーの意思疎通………………253

Ⅲ—1—7　アパレル小売業態の店頭展開カレンダー………………253

Ⅲ—1—8　商流～業種・業態間の商取引………………257

Ⅲ—1—9　物流～モノとしての服地の流通………………259

Ⅲ—1—10　変動するビジネス構造………………259

Ⅲ—1—11　グローバルな生産・流通構造………………263

Ⅲ—1—12　効率主義の潮流………………266

第2章　服地の生産・流通の特性……………………268

Ⅲ—2—1　日本ならではの物づくりの多様性………………268

Ⅲ—2—2　分業性……………269

Ⅲ—2—3　産地性……………269

Ⅲ—2—4　中小零細性と職人性………………270

Ⅲ—2—5　伝統染織の高度性………………271

Ⅲ—2—6　ハイテク性………272

Ⅲ—2—7　商社のマーケティング性………………272

Ⅲ—2—8　情報格差性………273

Ⅲ—2—9　多品種性……………273

Ⅲ—2—10　企画会社による服づくりの代行性………………274

第3章　服地の商品特性と生産・流通………………275

Ⅲ—3—1　市場の細分化、多様化する服地………………275

Ⅲ—3—2　服地の商品特性………………275

Ⅲ—3—3　おしゃれ性と季節性………………277

コラム 10　アパレル素材の商品力………………279

Ⅲ—3—4　化合繊の普及がもたらしたもの………………279

A）新しい生産・流通形態と新しい市場を創った………………280

B）合成繊維と合成樹脂に慣らされた………………280

C）服地の素養が無用になった………………281

D）触知感の希薄化とテクスチャーの貧相化………………282

E）地球環境と資源枯渇への責任………………283

E）—1　天然物由来の生分解性合成繊維の開発………………284

E）—2　リサイクル（再資源化）………………284

コラム 11　新合繊の風が吹く………………287

Ⅲ—3—5　国内洋装市場………………289

第4章　朝の気配……………………291

Ⅲ―4―1　「生活の質を楽しむ」ことへの協働……………………291

　A）服づくりに携わった作り手の名前を公開する……………………293

　B）耳マークを服に縫い付ける（ダブルブランド）……………………293

　C）より質の高い服地にも見ながら触れる……………………293

　D）理知性と感性を結集した共同研究……………………294

Ⅲ―4―2　立ち止まって思考する好機……………………295

Ⅲ―4―3　見ながら、触れる……………………297

Ⅲ―4―4　生産現場へ行く……………………298

Ⅲ―4―5　次世代が動き始めた……………………299

　事例①　T・NJ の「他をもって代え難し」……………………299

　事例②　JNMA とアパレル製造業へ転身した縫製業者……………………302

　事例③　低能率、高効率、オンリー・ワン……………………303

　コラム 12　創作の歓びと経営のバランス……………………305

　事例④　おしゃれが変われば、風合いづくりも変わる……………………306

　事例⑤　加工技法をフィーチャーした服を自販する服地メーカー……………310

　事例⑥　生産者型コンバーター……………………310

Ⅲ―4―6　「作り手がいる」ことに価値がある……………………311

Ⅲ―4―7　あさってのスケッチ……………………312

第Ⅳ部　用語に創意を読む～言葉が示す意味と知恵……315

Ⅳ―1　複合素材……………………316

Ⅳ―2　仮撚り……………………317

Ⅳ―3　下撚り、上撚り……………………317

　A）紡績糸の撚り糸……………………317

　B）絹糸、フィラメント糸の撚糸……………………319

　C）双糸の順撚り……………………320

D）Z撚り、S撚りの交互配列……………………*320*

E）順撚り、逆撚りの交互配列など……………*320*

F）解撚糸…………………*321*

IV—4　意匠糸の品種と加工機…………………*321*

IV—5　織物幅と織縮み…………………*322*

A）幅の名称…………………*322*

B）織物幅は織機幅と織糸の収縮で決まる…………………*322*

IV—6　織布準備機器と工程…………………*323*

A）有杼織機の場合…………………*323*

B）無杼織機の場合…………………*325*

IV—7　多給糸丸編機の給糸口数と口径…………………*326*

IV—8　コンピューター自動横編機…………………*328*

IV—9　絹織物服地と「練り」…………………*329*

IV—10　霜降糸と混色効果…………………*331*

A）霜降糸の構造…………………*331*

B）霜降糸のカラーデザイン…………………*332*

IV—11　防抜染…………………*334*

IV—12　糸目ものと糸目友禅…………………*335*

IV—13　染料と染色と染工場…………………*336*

A）染料と顔料…………………*337*

B）繊維の親水性と疎水性…………………*338*

C）染色温度…………………*339*

IV—14　定量混合ネット…………………*340*

IV—15　ウェット・オン・ドライ捺染、ウェット・オン・ウェット捺染…………*341*

IV—16　色材混合系色彩体系、網版印刷系、CG系の色表現…………*342*

IV—17　自動色分解機とトレース…………………*345*

IV—18　デジタルプリント…………………*346*

IV—19　テキスタイルCADシステムとアパレルCADシステム………………*348*

A）テキスタイル CAD システム……………………………348

B）アパレル CAD システム……………………………348

C）CAD システムの利点……………………………349

Ⅳ─20　配色法と配色指図法（プリント服地の場合）……………………………350

Ⅳ─21　型版と配色効果……………………………351

Ⅳ─22　品質トラブルと売場の対応……………………………352

A）服地が関わる品質トラブル……………………………352

B）服地に関わる品質トラブルの発生原因……………………………353

C）品質トラブルの受付対応とその後の処理……………………………355

　　C）─1　品質トラブルの受付段階……………………………355

　　C）─2　製造者の原因究明段階……………………………355

Ⅳ─23　色合せと色見本……………………………356

A）色合せに必須の環境……………………………357

B）カラーワークの実務技術・技能……………………………358

　　B）─1　カラーワーク実務の基本知識……………………………358

　　B）─2　変幻する布色づくりの経験知……………………………360

　　B）─3　模様の配色と色合せ（プリント服地の場合）……………………………362

　　B）─4　色合せの眼目……………………………363

　　B）─5　感動させる服色の見せ方、色合せ……………………………363

Ⅳ─24　地合い調整操作……………………………363

A）織布運動の調整……………………………365

B）開口時での経糸の調整……………………………366

C）織布準備工程での調整……………………………366

D）温湿度の調整……………………………368

E）回転数の調整……………………………368

Ⅳ─25　ゲージと糸番手（適合番手）……………………………368

Ⅳ─26　ハイテク素材のマイクロファイバー、ハイカウント糸 …………………369

Ⅳ─27　スペック染と色斑の無地もの……………………………372

Ⅳ―28　異番手、オリジナル番手……………………373

Ⅳ―29　風合い、ボディ感、着心地……………………374

Ⅳ―30　風合いのデザイニング……………………375

Ⅳ―31　服色、布色（織り色、編み色、染め色）……………………377

　　A）服色の見え方……………………377

　　B）服地の色……………………378

　　C）布色の表現方法……………………379

　　D）布色の印象……………………381

Ⅳ―32　無地ものは作りが難しい……………………383

　　A）均整に染めることの難しさ……………………383

　　B）整った布面を作ることの難しさ……………………383

　　C）真白を作ることの難しさ……………………384

　　D）烏の濡れ羽色〜L値のこと……………………385

Ⅳ―33　オフ白（オフホワイト）と色の錯視……………………389

あとがきに代えて……………………392

索引〜索引を読むと、現場の実際が見えてくる……………………394

素材企画の実務に有用・有効な自著・論文……………………417

協力・助力していただいた方々……………………418

謝辞……………………421

著者について……………………422

表紙カバービジュアル・イラストレーション：角田美和

（Cover Visual & Illustration：MIWA KAKUTA）

「コンテンポラリー・ジュエリー＝身体＋立体」を軸に、舞台装飾、構造体へと活動領域を拡張するクリエーター。ロンドン・東京で活動。Royal College of Art（大学院）で学ぶ（「修士」修得）。

序章
超基本・アパレル素材と業界構造

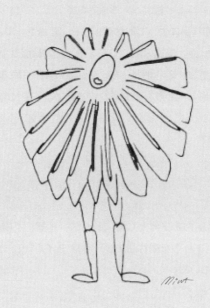

服地を形づくるモノとコト

 「アパレル素材」とも呼ばれる服地は、生産材である。服地は洋服を形づくる布、つまり「洋服地」を意味する。和服地はきものを形づくる布で、「着尺(きじゃく)」を指す。着尺は洋服の製造には不適当である。洋装と和装では生産・流通の様相が異なり、同じ繊維業界内とはいえ異世界・異質のものである。ホビーソーイング用の服地やインテリアテキスタイル業界の「マルチユースファブリック」も、服地としては不完全である。
 服地の多くは、繊維を原材料として作られている。だが、服地は繊維＝モノだけでできているものではない。加工生産の技術・技能や加工機器・設備などの生産システムの働き＝コトと相まって形成されている。これら2つの構成要素がデザイン・設計する作り手によって取捨選択され、組合(くみあわ)されて、服地となっていく。そこには作り手の「意＝意図・誠心」があり、それは服となって着られたときの見た感じ、触れた感じ、着心地として、生活者に実感される。服地自体は中間製品であり、洋服の形に変わり、着装されることによって目的は成就される。

図1　服地の構成要素

 服地は、織物と編物を主体として、レース、刺繍、不織布、フェルトなどがその範疇に入る。これらを総称して「テキスタイル（Textile）」「ファブリック（Fabric）」と呼んでいる。

服地の姿かたち〜アパレル素材の大分類

 服地は、糸から始まり、織り（Weaving）、編み（Knitting）などがなされて反物(たんもの)となり、裁断・縫製され、服になる。これが一般的な流れである。それ以外

に、編糸から直接、服の形に編み上げる方法（図2の④・次頁）がある。また、繊維を積層または絡み合わせ、平らに成形した布状の服地があり、これは裁断・縫製されて服になる。表地としては少数派である。

　服地には、布色がある。その色の表現の仕組み・品位に、染色加工は深く関わっている。繊維原料から生地に至る過程のどの段階で染色加工が関わるかによって、「施色」による布色と、「発現」による布色に分かれる。それは製造原価、取引価格、生産ロット、クイック対応などに違いを生む。服色の表現、品位にも及ぶ。

　織り下ろしただけ、編立てただけの布は、生機という。これらや染め上げただけの布に仕上・整理や後加工を施して製品反、すなわち服地になる。

　繊維から始まる服づくりの形態には種々ある。その過程で姿かたちと呼び名は、図2に示したように変わる。

図2　織地・編地の姿かたち

※「織物──裁断・縫製」は、ミシン縫製を示す。
※　①ジャージーとは、服地として横編機で編んだ流し編地や、丸編機で流し編みしたもの、経編のトリコット、ラッセル、ミラニーズなど、反物状の編地（編反）の総称。無地か配色柄かは問わず、「生地編地」「ニット生地」とも呼ぶ。現場では、丸編機で編み流したものを「ジャージー」、横編機の流し編地を「横」「ニット」などと呼び分けたりするから、使われている用語に応じて判断すること。
※　②成型編地と③ガーメントレングス編地を総称して「成型編地」と呼ぶこともある。
※「①編地（丸編ジャージー、トリコット、ラッセル、ミラニーズ）──カット・アンド・ソーン」はミシン縫製主体。

※「①編地（横編の流し編地）──カット・アンド・ソーン」はミシン縫製主体＋リンキング。
※「②成型編地（横編成型編地）」はリンキング主体。
※「④無縫製編立て」には無縫製横編機による島精機の「ホールガーメント®（WG®）」がある。

服地の生産・流通と業界構造図の読み解き方

　服地づくりと服づくりに関わる業種・業態、それらの関係は多岐にわたり多様である。しかも生滅し続け、在来と新規が混在している。業界構造は海外にまで及んでいる。

　特定の業種・業態の衰退や消滅はあっても、それが担ってきた有用な機能は不十分ながらも残存している。服地卸が担っていたコンバーティング機能である。

　業界構造を理解するためには、構造図には表れていない業種・業態間の関係の内容を洞察することが大切だ。そこで行われている取引や取組みの実態（利害損得、リスク回避、損失転嫁、収奪、思惑）を見聞することである。構造図がリスク軽減や損失回避、ハイリターンの確実化の構造を表すものとして見えてくるだろう。

　構造図を繊維素材から衣服になる物づくりの流れとして眺めていくと、気づくことがある。繊維原料から始まる服地づくりは、売れ筋が読めない時点でスタートするから、極めてリスキーである。さらに、天候にも左右され、見込み外れのバラツキは大きい。ハイリスクに見合うハイリターンの獲得に終始するファッション産業の根底である。

　関係する業種・業態は多種多様で、それぞれの業界規模や企業規模は大から中小零細までと雑多にある。服地の作り方も、工業的なものから工芸的なものまでさまざまである。作り手も大手企業の職工から生業の職人まで存在する。

　繊維原料からアパレル販売までのフローは長大で、裾野が広い。その裾野を形成しているのは、化合繊・紡績の大企業（大工業）を頂点とする、撚糸、織布、編立て、染色・仕上、縫製、デザインをする膨大な中小零細規模の加工業者、デザイナーたちである。

　服地の生産は、化合繊製造や紡績などの原材料製造サイドと、織布や編立て、

022　序章　超基本・アパレル素材と業界構造

染色仕上などの繊維品加工サイドに分けて捉えることで実務が可能になる。各業種の経営規模に格差があるだけでなく、あり方が異なっているからである。

多種多様な形状・性状を持つ天然繊維を糸に作る紡績と、合成高分子（人工の化合物）から合成繊維を思い通りに作る合繊メーカーにも、経営のあり方や服地に対する姿勢・意識に違いが見える。

おしゃれな服地づくりに関係する中間製品（半製品）は、繊維原料から製品反へ進むほど細分化され、その加工方法も染色・仕上へと進むほどに多種多様になる。着る人の好み（流行りの好み、慣習的な好み）、着る人への仕掛け方（売り筋、見せ筋）を意識して作るからでもある。

服地の流通は、「商流（商取引）」と「物流（デリバリー）」に分けて捉えられる。アパレルビジネスにおいて、物流は流通の端役ではない。物流と商流を融合した流通システム（物流センター）は、ビジネスモデルの1つである。ビジネスモデルとは、企業が製品やサービスで利益を得るために構想・構築する事業全体の仕組み、仕掛けのことである。

流通は、生産者間、流通業者間、生産者と流通業者と物流業者間、流通業者と物流業者間、業者と生活者間で行われている。ビジネスの意思や思惑が、素人である買って着る人にはっきりと分かるのは流通段階である。この段階で初めて、「着る・着ない」「買う・買わない」「好き・嫌い」「贔屓(ひいき)にする・しない」などの購買行動が現れる。服地の生産に直接関わらない業種・業態のあり様(よう)が、服地の生産に作用してくることにも注意したい。

本書では移り変わりが激しいレディス分野を中心に、国内の生産・流通を見ていく。業界構造を分かりやすくするために、服地の生産・流通経路として図示した（図3）。業種・業態は小さな存在を省略し、業種・業態間の関係づけは一般的な場合としている。

服地づくりの立ち位置〜繊維産業とファッション産業

　「繊維産業とファッション産業を混同してはいけない」（高見俊一、「流通−

図3 服地の生産・流通構造

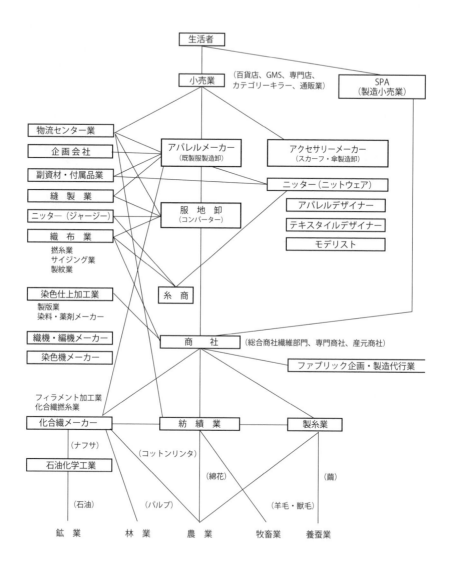

024　序章　超基本・アパレル素材と業界構造

ファッション産業」、『被服学事典』朝倉書店、2016）といわれる。両者の思考と行動は異なるからだ。

　繊維産業は、繊維や繊維品というモノを作る業である。「繊維工業」という場合は、化合繊や原糸、撚糸、織布、編立て、染色・仕上などの製造業を指し、縫製業を加えることもある。

　これに対してファッション産業は、「おしゃれ」を商う業である。流行のおしゃれなモノやコトを扱う業であり、その領域は広い。関係する業種・業態も、製造や流通、サービスなど多岐にわたる。モノとは、アパレルやアクセサリー、化粧品、飲料・食品、ホームファッション、生活雑貨、スポーツ用具などである。無形の音楽や映像も加わる。コトとは、装い方や飲食の仕方、用い方、用いる時や場（遊戯やプレーのできる施設、ライブ会場、飲食して交歓できる空間など）の提供、それらを楽しむライフスタイルの提案、その雰囲気に浸れる街区や風光の整備などである。ファッション産業とは、アパレル小売業が主役の「アパレル産業」を指す場合が多い。

　「繊維産業は物づくりによって立ち、ファッション産業は小売り店頭によって立つ」と高見俊一は指摘する（2017）。この本質的な相違が、アパレル素材の生産・流通とアパレル製造・小売りの現場で不快な事象を生んでいる。

似て非なる

　流行りのおしゃれ服と、衣料と呼ばれている実用服を、分けて捉えることが実務的である。どちらの服を業とするかで、企業の経営思考と行為は異なっているからである。

　実用服は、ファッショナブルな雰囲気をまとって生活者に接してくる。流行りのおしゃれに疎い者は違いに気づけない。で、両極にある服を、衣服＝アパレル＝アパレル産業である、と一緒くたにしがち。その粗雑さは間違いのもととなる。

第Ⅰ部
服地ができるまで

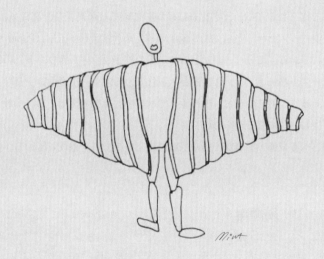

第1章　糸の生産・流通

Ⅰ―1―1　織糸・編糸

　糸とは、織糸、編糸、レース糸、刺繍糸、工業ミシン糸などのことである。日本では安価な輸入服の服地に使用されるクラスの、どこにでもあるような糸は生産していない。高品質の服地（布）づくりには、高品質な糸が欠かせない。その糸を形づくる繊維にも高品質が求められる。ハイエンドな服地づくりは、それにふさわしい糸づくりから始まる。

　日本で作られる糸は、差別化糸に傾斜している。超高級糸、高級糸、特選糸、原綿差別糸、スーパー表示120'S以上の梳毛糸、複合糸、紙糸（Paper Yarn）などがそれである。スーパー表示とは、羊毛の細さ（ウールカウント）のこと。服地には「スーパー200'S」などと表示されている。ウールカウントとは、原毛の番手である。羊毛糸の細さ（毛番手）ではない。極細の羊毛でも、多数本を用いて紡げば太い糸になるからだ。

　次に述べる業種・業態が、織糸や編糸づくりの分野を構成している。

〈⇒Ⅳ―1 複合素材〉

Ⅰ―1―2　紡績業

　綿糸、麻糸（リネン、ラミー糸）、羊毛糸（梳毛糸、紡毛糸）、獣毛糸、絹紡糸、化合繊のスパン糸、化合繊と天然繊維との混紡糸などの紡績糸（スパン糸）を作る。または、その糸で織布し、生地までも作る。

　紡績業は、綿紡、麻紡、毛紡、絹紡などの専業に分かれている。化合繊メーカーを兼業する紡績業大手は、化合繊との混繊タイプの紡績糸や長短複合のコアヤー

ンなども作っている。混紡糸には、お馴染みのポリエステル・綿混 6535 や、綿・レーヨン混、ファッショナブルなレーヨン・ウール混などの二者混、さらに三者混、四者混、五者混もある。アクリルバルキーヤーンは、収縮率の異なるアクリルスライバーを混合して作った混紡糸である。

　糸の原材料の綿花や靱皮（フラックスなど）は農業、繭は養蚕業、羊毛は牧羊業、パルプは林業、ナフサは石油化学工業や鉱業の産物。日本は、それらを輸入に頼っている。天然繊維の糸づくりは、産出国の天候不順による産出量の減少、品質の低下、思惑による作付面積や飼育頭数の増減、国際的な相場変動や投機的現象の発生、騒乱や国際紛争などに影響される。産出国の自国製品優遇策や旧宗主国の産地支配などもあって、望む高品質の原材料を常に得られるとは限らない。

　日本の綿紡績は、このような弊害・被害を低減する方法を講じている。その1つは、輸入する原綿を現地（産出地）で見て、触れて、確認する原料管理。2つ目は、混綿の技術（優良混綿）。3つ目は、精紡などの紡績技術である。

A）混綿

　混綿の目的は、定番の綿糸の品質、供給、価格、生産原価などの維持・安定である。そして、コストパフォーマンスの高い糸を作り出すことにある。

図I―1―1　混綿

　産出地を違えて、性状も異なる綿花を混ぜ合わせ、適切な混打綿を作る混綿は、「優良混綿」と呼ばれている。目的の糸の番手と品質に適切な混綿割合は、紡績各社の重要なノウハウだ。例えれば、喫茶店のブレンドコーヒーのようなもの。

　同品種の綿花だけによる混綿を、「単一混綿」という。その綿花の持ち味を

100％活かして味わう糸の作り方であり、差別化素材を作る手法の1つである。海島綿（シーアイランド綿。旧英領西印度諸島産）、ギザ45（エジプト産）、ペルー綿（アスペロ、ピマ）、サンホーキン綿（アメリカ産）、スーピマ（アメリカ産）などを冠するものがそれに当たる。コーヒーでいえば、クラシック・モカマタリ（イエメン産）、ケニアAA（ケニア産）に相当する。

　日本の綿紡績は、産出地の綿花農家と組んで綿花改良も行っている。「差別化綿」の創出が目的にある。「特殊混綿」も行われている。細番手の糸を挽くための混綿仕様で、太番手の糸を紡ぐことであり、差別化素材づくりの1つの方法である。

B）紡績技術

　日本では紡績技術の開発も盛んだ。紡績の精紡工程（Spinning Process）で使われる精紡機には種々ある。紡ぎ方の違いによって、紡ぎ出される糸の外観、内部構造、性状などは異なる。その多種多様さが服地の多種多様な姿かたちと着心地、品位を生んでいる。

　精紡とは、前の工程から送られてきた粗糸（ロービング＝Roving）、あるいはスライバーを引き伸ばし（Draft）、目的の番手の細さにし、撚り（Twist）または結束などをして、1本の単糸にすること。綿糸と羊毛糸では、適応する精紡機が異なる。

●綿糸の場合
・リング精紡機……リング糸（リングヤーン）を作る。「バランスがとれていて良質」と評されている一般的な糸である
・エアジェットオープンエンド（OE）精紡機……空紡糸（空気精紡糸）を作る。リング糸よりも質は低いが、生産性が極めて高い。空気精紡機とも呼ばれる
・エアジェットスピニング機……結束糸を作る。MJS式機では、1台の機で「粗紡→精紡→巻き返し」までをこなす。糸の撚りを強めにすれば、シャリ感のある織物が得られる
・コンパクトヤーン精紡機……コンパクトヤーンを作る。毛羽が少なく、ピリン

グ抑制をする、艶のある糸である。やわらかでクリアな布面が得られる

●梳毛糸の場合
・リング精紡機が一般的
・キャップ精紡機。英国服地特有の伝統の味を生む糸を作った

●紡毛糸の場合
・ミュール精紡機
・リング精紡機

●モヘアの場合
・フライヤー精紡機

　綿糸づくりについては、別の方法もいくつか紹介する。1つは、2組の粗糸を
リング精紡工程に送り、双糸に似た構造の単糸を作る。この糸を「精紡交撚糸」
と呼ぶ。その特長は次の通り。毛羽が少なく、なめらかで、艶がある。ソフトで、
バルキー。太さ（繊度）に斑がないなど。同じ原理の「サイロスパン精紡」によ
る梳毛の単糸に、ニッケの「ソロスパン（SOLOSPUN）」がある。一般の単糸よ
りも「引っ張りに強い」と評されている。単糸織物に好都合である。

　図Ⅰ—1—2　リング紡績の工程
　{綿花}→混打綿—梳綿—{カードスライバー}—精梳綿—{コーマスライバー}—練条—{練条スライバー}
　—粗紡—{粗紡スライバー}—精紡→{単糸}—巻き返し→{単糸パッケージ}

　図Ⅰ—1—3　リング精紡とサイロスパン精紡の工程の長短比較
　リング精紡　　　　　　　→糸蒸—単糸巻き返し　→合糸—撚糸—糸蒸—{双糸}
　サイロスパン精紡　　　　→糸蒸—双糸巻き返し

もう1つは、前工程の粗紡工程を省き、スライバーから一気加勢で精紡する

「TNS方式」（都筑紡績）である。作った単糸は「毛羽立ちが少ない」と評されている。スライバーに湿気を与え、熟成させてから、乾燥した環境下で、超高速運動する精紡機にかけるところに秘訣があるらしい。

　各紡績工場の創意が、作り方の違いとなっている。かくして、品種名や番手が同じでも、糸のキャラクターはさまざまになる。新しい精紡方式の開発は、綿花の形状・性状への要求内容の違いが反映されたものである。高速織機では、スムーズな織布優先となり、毛羽立ちが少なく、強度のある糸が用いられる。出来上った布面は均整かつクリアで、いかにも「合理的工業製品」を感じさせる。

　このような環境下で、時代遅れの「ガラ紡」がわずかに残存している。雑多な繊維を用いて、至極簡単な装置を使い、1工程で作られるものである。少量の原料で可能な職人仕事だ。その糸のラフさと手触りに、今どきの人は「ほっ」とする。現在はデザイナーズブランドでわずかに用いられ、「和綿を使った」を口上にクラフト感を売りにしている。

　毛紡には、手紡ぎ手織りのホームスパン（Home Spun）が残っている。紡毛の英国羊毛を手紡ぎした糸を用い、機械織りしたものも含めて、いずれもテクスチャードな服地になる。本来の作りのものは海外のラグジュアリーブランドが用いている。その作り手は今、岩手県に存在する。

●アクリルバルキーヤーンとトウ紡績
　合繊フィラメントを切断し、短繊維（カットファイバー＝Cut Fiber）にしてから紡績する方式とは異なる。

　トウ紡績のターボステープラー（Turbo Stapler）方式では、合繊工場から入ったアクリル長繊維の束（トウ＝Tow）を、1工程（引きちぎって短くし、スライバー状にして精紡する）で紡績糸に変える。この際、非収縮のスライバーと収縮するスライバーを混ぜて混紡糸（異収縮混紡糸）にし、染色や湿熱処理をすると、収縮率の差でハイバルキーな糸に変容する。ジャージーに多用されている。

　「紡績」と略称される紡績業は今、非繊維、非衣料分野へと事業を広げている。

I－1－3　製糸業

繭から「生糸」を作る。その糸で絹織物を作りもする。多用される繭は海外産である。

7〜10粒の繭の、それぞれから繰りとった繭糸を引き揃え、撚りを加えず1本の糸としたものが生糸である。これを自動繰糸機で行

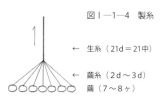

図I－1－4　製糸

← 生糸（21d＝21中）
← 繭糸（2d〜3d）
繭（7〜8ヶ）

う。「繭を乾燥させて→乾繭にし→備蓄できる状態にする」ところから、「→生糸にして→これを束装する」までの工程を、「製糸」という（図I－1－4）。

生糸にできない屑繭や屑糸などを「副蚕糸」といい、絹紡糸や絹紡紬糸に用いる。「野蚕」の繭から紡出する紡績糸も含めて、これらを「スパンシルク（Spun Silk）」とも呼んでいる。野蚕とは、山野で飼育される蚕のこと。これに対して、屋内で桑の葉を与えて飼育する蚕を「家蚕」という。この家蚕から得た生糸や絹糸を用いた織物を「絹織物」「シルク」と呼ぶ。

図I－1－5　絹から糸への流れ

- 束装……生糸を、綛（Hank）やチーズなどをヤーンパッケージにすること
- 綛……生糸を輪状に巻いた束。この輪を捩って1本の太い紐状にし、取引時の形状にする。綛糸とはこの状態にした糸。綛は、綿糸、羊毛糸でも行われている

超高級な着尺用に、生繭（生きた蛹が中に入っている）から生糸を繰り出す「生繰り」が、手作業の「座繰り」繰糸で行われている。この生糸は、乾繭から製糸した糸よりも「風合いが良い」と賞賛されている。「蚕のいのちをいただく」（矢野まり子、2000）と、手機する者は尊ぶ。

図 I—1—6　生糸の繰り方

```
┌ 乾繭　→　製糸
└ 生繭　→　生繰り
```

I—1—4　化合繊メーカー

　化学繊維（再生繊維、半合成繊維、合成繊維）を作るメーカーで、その繊維を用いた糸を販売する。これを「糸売り（いとう）」という。自社の糸で織物を製造し、自社ブランドを付けた販売も行う。これが「メーカーチョップ（Maker Chop）」と呼ばれる商品である。品質保証・責任は合繊メーカーが持つ。「アンブラ（産地もの）」にはそれがない。糸売りされた糸を用いて、産地の業者が作ったものだからだ。

　化合繊メーカーは、「ファイバーメーカー」「原糸（げんし）メーカー」とも呼ばれる。ファイバー（Fiber）とは繊維、原糸とは加工を施す前の糸のことである。

　「高感性素材」といわれるポリエステルフィラメント織物は、繊維の設計段階で糸の設計、織物設計、撚糸、嵩高（かさだか）加工、織布、仕上（しあげ）（リラックス処理、減量加工など）、後染（あとぞめ）までを設計し、加工段階が進むにつれて、意図した質感が発現するように工程管理をして作られる。合繊メーカーは、繊維を作り、糸売りするだけではなく、合繊撚糸、フィラメント加工糸、織布、染色加工などの専業者と協働体制（プロダクションチーム＝PT）を組んでいる。その取組みは北陸産地で見られる。

　化合繊メーカーは、祖業である衣服用の繊維づくりから、非衣料の炭素繊維品や化成品などの分野へと事業の軸足を移しつつある。

I—1—5　合繊撚糸業

　合繊メーカーが作ったフィラメントを、引き揃え、撚り合わせて、撚合糸（ねんごうし）、合わせ撚糸、交撚糸（こうねんし）などを作る業者である。

034　第Ⅰ部　服地ができるまで　❖　第1章　糸の生産・流通

- 撚合糸……同種の繊維の糸を2本以上、引き揃え、撚り合わせて作った糸
- 合わせ撚糸……同種の繊維だが違うタイプの糸を、引き揃え、撚り合わせた糸
- 交撚糸……異種の繊維の糸を、引き揃え、撚り合わせた糸

　ポリエステルフィラメントの撚糸の目的は、次のようだ。
- 弱撚りして、織布しやすい糸にする。甘撚りして、編糸を作る
- 中撚りして、適合する太さの糸、加工に耐える丈夫な糸、織地に味を生む糸を作る
- 強撚りして、しゃきっとした風合いを生む強撚糸を作る
- 合撚して、染色性が異なる糸を撚り合わせてカラーミックス効果を表す合撚糸や、収縮率も太さも違う糸を撚り合わせてスラブ効果を現す合撚糸などを作る
- 交撚して、ポリエステルフィラメント糸と異種繊維の糸を撚り合わせた「異種交撚糸」などを作る　　　　　　　　　　　　〈→Ⅰ−1−7 撚糸業〉

　図Ⅰ−1−7　ポリエステルフィラメントの経糸の撚りの分類

※強撚りはジョーゼット、シフォンに、弱撚りはデシン、ファイユなどに用いる。

Ⅰ−1−6　フィラメント加工業

　嵩高加工糸を作る。この糸は、ナマ糸に膨らみを与え、保温性を高めたポリエステルフィラメント糸である。「テクスチャードヤーン（Textured Yarn）」と呼ばれている。

　ポリエステルフィラメントは、毛羽がなく、するするとしていて、ひんやりとした触感である。そのうえ、硬い。このノッペラボー然としたフィラメントに、

細かなクリンプ（捲縮）を与え、伸縮性を生ませ、羊毛糸の感じに似せた糸＝テクスチャードヤーンにするのが嵩高伸縮加工だ。この糸が、「フィラメントなのにスパンの風合い（Spun Like Yarn）」の加工糸織物づくりと連動する。

　ポリエステル繊維は、マルチフィラメント糸として作られる。その糸は、同時に紡糸した多数本のフェラメントを束にした状態で巻き取り、作ったものである。しかも「無撚り」であるから、絹の生糸と似ている。そこで「ナマ糸」と書き、「ナマイト」と呼び分けている。これを原糸として種々様々な加工が施される。

図Ⅰ—1—8　フィラメント加工の流れ

```
                     ┌─ フィラメント（長繊維）── フィラメント糸 ┬─ モノフィラメント糸
ポリエステル繊維 ─┤                                              └─ マルチフィラメント糸
                     └─ ステープルファイバー（短繊維）── スパン糸（紡績糸）
```

　嵩高加工糸は、細デニールのフィラメントに適した仮撚法で作ることが多い。

　仮撚りして作った「仮撚加工糸」には、嵩高性（バルキー性）と伸縮性（ストレッチ性）がある。織糸や編糸として種々のタイプが作られ、多用されている。この糸を「ストレッチヤーン」とも呼ぶ。

　仮撚加工糸を作る技術は次々と革新され、「延伸仮撚加工糸（DTY）」を作るに至った。DTYづくりに多用されている方法は、延伸と仮撚りの2工程を仮撚機が同時に行う「POY・DTY方式」である。作った糸を「延伸同時仮撚加工糸（インドロー仮撚加工糸）」という。この利点は、延伸工程が省ける、捲縮が優れた糸であることなど。

・DTY……延伸仮撚加工糸

・POY（ポイ）……高速で紡糸した半延伸糸（部分配向糸）

　工程におけるPOYとDTYは、「高速紡糸→POY→仮撚機（延伸・仮撚り）→DTY」の流れに位置づけられる。従来の方式では、「原糸メーカー｛紡糸→UDY（未延伸糸）｝→フィラメント加工業者｛延伸工程→仮撚工程→DTY｝」といった工程を経る。この方式は分業の利点から今も利用されている。

036　第Ⅰ部　服地ができるまで　❖　第1章　糸の生産・流通

「仮撚混繊糸」は、仮撚法の一種である「複合仮撚り」によって作られている。この糸は「仮撚スラブ」「仮撚リング」と呼ばれるスパンライクな糸、シネ調を表す糸などである。混繊糸とは、ポリエステルフィラメントであるが、異収縮、異捲縮、異染色、異デニール（異繊度）、異断面など、性状・形状を異にするタイプを混繊したものである。

　「芯鞘構造加工糸（しんさやこうぞうかこうし）」は、嵩高加工の産物である。新合繊時代の幕を開けた帝人の「ミルパ®」（1982）を例にすると、このマルチフィラメント糸は二層構造になっている（図Ⅰ－1－9）。芯部は太いフィラメントの集まり、鞘部（さや）（外側）は細いフィラメントが層をなして取巻いている。太いフィラメントには、はり（張り）、こし（腰）があり、収縮はわずか。細いフィラメントは、収縮が著しく、膨らむ。肌触りはやさしい。生まれた風合いは、中肉（ちゅうにく）タイプのウーステッド（60～72双のギャバジン）に似ている。これをきっかけに、さまざまな混合が行われ、新しい風合いが作り出された。

　ポリエステル繊維の「紡糸」とは、固形のポリエステルチップを熱で融かし、水飴状にして、微細な孔（あな）（ノズル孔）から押し出し、巻き取り、固め、フィラメントにすること。この方式を「溶融紡糸（ようゆうぼうし）」という。

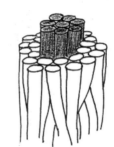
図Ⅰ－1－9　二層構造（シスコア混合）

　紡糸は、ナイロン、アセテート、レーヨンなどの化学繊維を作るときに多用される工程であり、溶融紡糸以外に乾式紡糸や湿式紡糸などがある。繊維の生産効率の向上、繊維への感性や機能の付与、性能向上などを図る重要なポイントである。

〈⇒Ⅳ－2 仮撚り〉

図Ⅰ－1－10　糸の作り方

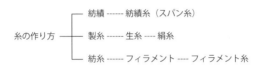

Ⅰ—1—7　撚糸業

　生糸に撚りを掛けて「片撚り糸」にする。単糸と単糸を撚り合わせて1本の双糸を作る。糸にさらに撚りを加え（追撚り）、強撚糸にする。装飾的な糸を作る。この「撚糸屋」とも呼ばれる業者は、織布業やニッターと協働している。

　撚糸とは次のことを指す。

・撚りを掛けること。1本あるいは2本以上の単糸、または生糸などをフィラメントの束に対して撚る。紡績工程で単糸を作る撚りを撚糸とはいわない

・撚りを掛けた糸のこと。「撚り糸」とも呼ぶ

　長繊維糸（絹糸、ポリエステルフィラメント糸など）と、短繊維糸（綿糸、羊毛糸など）とは撚糸工程が異なり、呼び方も違う。長繊維の撚糸でも、絹糸と合繊のフィラメント糸では違いがあり、それぞれに専業とする業者がいる。

　撚糸することを、綿や羊毛などの紡績糸や、ポリエステルフィラメント糸では「ツイスティング（Twisting）」という。絹糸では「スローイング（Throwing）」とし、呼び分けている。この項では、ポリエステルフィラメント糸の仮撚スラブ糸などについてはふれない。

A）用途別の撚糸機

　使用する撚糸機の違いは、次のようになる。

● フィラメント撚糸の場合

・絹では、片撚り糸、片撚りの強撚糸、諸撚り糸、諸撚りの駒撚り糸（諸撚りの強撚糸）などを、八丁撚糸機（八丁撚車ともいう）、イタリー式撚糸機、リング撚糸機などで作る。水撚りの八丁撚糸機は湿式撚糸機で、縮緬緯糸の撚糸機として最も理想的とされている。「下撚り八丁、上撚りイタリー」にするなど撚糸機を使い分けて、風合いづくりをしたりする

・ポリエステルフィラメントでは、高効率のダブルツイスター（撚糸機）や、小

ロット対応のイタリー式撚糸機などを使い、強撚糸1本、あるいは2本以上の糸、またはフィラメントの束を作る。アップツイスターやダウンツイスターなどでは、細デニールの糸に追撚(ついねん)する。弱撚りである。　　　　　〈→Ⅰ—1—5 合繊撚糸業〉

●スパン撚糸の場合
・綿や羊毛の撚り糸（双糸(ツープライ)、2ply）、三子糸(みこいと)、四子(よこ)、ポーラ糸（Poral Yarn）、杢糸(もくいと)（ツイストヤーン）などを、リング撚糸機やダブルツイスターなどで作る
・綿や羊毛の強撚糸、ボイル糸などを、イタリー式撚糸機などで作る
・羊毛の強撚糸はクレープ糸とも呼ぶ

●意匠撚糸の場合
・意匠撚糸(いしょうねんし)（Fancy Twisted Yarn）は、飾り撚糸機で作る
・意匠撚糸を作る撚りを飾り撚り(かざりより)という
・意匠撚糸は、撚糸で作った意匠糸である。芯糸への絡み糸の供給を連続的に行って輪奈(わな)を生んだループ系と、間欠的に行って塊(かたまり)（ネップ、ノップ）を生んだノット系に大別される
・意匠糸（Fancy Yarn）は、ファンシーな編地やファンシーツイードによく用いられる

図Ⅰ—1—11　意匠糸と意匠撚糸

B）織糸づくりは撚糸屋との協働が不可欠

　思い描く服の静態・動態でのシルエット、服地のボディ感やテクスチャー（布面効果）、着たときの触知感。それらにユニークさや新しさを求めれば、織糸づ

039

くりにかかるウエートは重くなる。「撚糸と織布の最適条件を見いだすための糸づくり→試織→検討・再設計→糸づくりを繰り返す→本糸を得る→試織布の糊抜き、漂白、仕上効果の点検」などの工程で、撚糸屋は根気よく協働する。これに費やす月日、手間、費用は「馬鹿にならない（軽視できない）」。

　撚糸屋は、創意工夫する機屋やニッターにとって必要不可欠な相棒である。

〈⇒Ⅳ—3 下撚り、上撚り。Ⅳ—4 意匠糸の品質と加工機〉

C）撚り数の表現性

　撚り数は現場では「撚数」と書く。撚数は一定の長さ当たりの撚り回数である。撚り（Twist）の効果は、撚数と糸の太さ（番手）の組合せ次第で変化する。変化する糸の表現性は次のようである。

・形状……太さ、均整さ、締まり度合、伸縮性、光沢など

・触知感……肌触り、手触り、肌離れ＝柔らかさ、硬く締まった感じ、ドライ感、ウェット感、シャリ感、さらさら感など。接触温冷感＝触れた瞬間に感じる“ひゃっこい”“暖かみ”のこと

・性能……丈夫さ、保湿性、吸湿・吸水性。しわになりにくく、元に戻りやすいなど

　撚数の強弱だけでみれば、強撚りの糸使いの綿ボイルにシャリ感、綿クレープにさらさらの清涼感、甘撚りであれば綿ガーゼに安らぎの優しさ、ファンシーツイードにラフなテクスチャードが味わえる。

　撚数が異なる糸を組合せると、複雑な表現が生まれる。例えば、ポリエステルフィラメントの経糸を同番手に、S撚りの経糸を800T/M、Z撚りの経糸は2200T/Mと撚り差をつけ、配列すれば、膨らみを持った表面効果の豊かなバックサテン・アムンゼンができる。

Ⅰ—1—8　商社

　商社には、総合商社の繊維事業部門や繊維事業会社（繊維カンパニー）、専門

商社（繊維分野を専ら扱う商社。合繊メーカー系商社もある）、産元商社（産地に在ってその産物を扱う）などがある。

　総合商社の繊維事業部門や繊維事業会社の仕事は、次のようになる。

●あらゆるモノ（有形）とコト（無形）を商品として国内外で売買する

　モノとは、繊維原料、繊維、繊維製品（糸、布、衣服）など。コトとは、プラントシステム、ブランドビジネス、ファイナンス（Finance）、OEM（相手先ブランドによる生産）、ODM（相手先ブランドによる商品デザイン・設計・生産）、OBM（商社による商品企画・デザイン・生産・販売）、貿易業務代行などを指す。

　ブランドビジネスには2つのタイプがある。1つは、ブランド服を輸入するインポートビジネス。もう1つは、ブランド所有者（ブランドホルダー）からブランドの営業権を受け、国内の製造者などに使用を許し、使用料を得るライセンスビジネスである。ライセンシー（Licensee）とはブランドの営業権を受けた者、サブライセンサーとは使用を許された者。使用料を「ブランドロイヤルティー（Brand Royalty）」と呼んでいる。

●事業会社（グループ会社）を運営する

　海外現地法人、M&A（企業の合併・買収）、生産工場（縫製、染織）、Eコマース（EC＝電子商取引）、テレビショッピング、企画デザイン会社（コンバーティング機能も保有）、アパレル製造小売会社などがある。

　ファッション業界の生産・流通活動のオーガナイズ機能などを担っている総合商社は、大企業である。情報力、金融力、人材などを豊富に持ち、貿易比率が高いビジネスを展開している。総合商社内のアパレル事業の階層分化は、おおよそ「総合商社 → 繊維カンパニー → 企画会社」のようになっている。

Ⅰ—1—9　糸商、糸卸

　織糸、編糸、レース糸、縫糸などを、織布業者、ニッター、撚糸業者、レースメー

カー、刺繍メーカー、縫製業者などに供給する。市中買糸(しちゅうかいし)、市中売糸(しちゅうばいし)、市販糸(しはんし)などは、織布業者の購入糸になる。

コラム1

 着られなければ価値はない

　高性能な繊維が発明されても、服地として使い勝手が悪ければ価値はない。繊維が服地用として評価されるには、次の条件を満たす必要がある。
①織糸、編糸にすることができる
②織布、編立てて、布にすることができる
③その布に、きれいな色柄を染め表せる
④縫製（裁断、縫製）しやすい
⑤そのうえ、肌触り、手触りが良い
⑥ボディ感に魅力がある
　その繊維を有用なものにする加工方法の開発が必須となる。初期段階のポリエステル繊維やレンチング社の「テンセル®」（リヨセル繊維）などは、その工夫と努力の効あって市場を獲得できた。テンセル®は「硬くてレディスには不都合な生地を、叩く、バイオ加工（酵素減量加工）を施すなどして、薄起毛調の触感に変え、とろっとした落ち感を生み出した。製品染で、インヂゴブルーの染め色を表した」（芳村貫太、大森企画、1995）ことで一大ブームを巻き起こし、アパレル素材として認知された。

第2章　服地の生産・流通

Ⅰ—2—1　服地と生地

　「服地」とは、服にすることができる布のことである。染色などの加工を施す前の布は「生地(きぢ)」という。織り上げただけの布、編立てただけの布は「生機(きばた)」と呼んで区別している。ホームテキスタイルのマルチユースファブリックは、服地に利用することもできる布のことである。服づくりの分野は、次のような業種・業態で構成されている。

Ⅰ—2—2　織布業

　織機を使って、織糸を織り、織物を作る。織布(しょくふ)を製織(せいしょく)ともいう。これを行う織布業は「機屋(はたや)」「機業(きぎょう)」とも呼ばれる。「紡織」とは紡績・織布兼業である。
　織布の前後には、織糸の供給、撚糸、整経(せいけい)、経糊(たてのり)付け（サイジング）、経(へ)通(とお)し、製織用データの作成、糊抜き、染色、仕上・整理、補修などを担う各専門業者が連なっている。こうした分業は、産地内または産地間で行われる。一方、自社工場で紡績、織布、仕上まで一貫生産する「内製(ないせい)」も行われている。架物(かぶつ)づくりから、引き込み、筬(おさ)通(とお)しまでの一連の作業を工場内で行う紋織物工場もある。
　架物とは、織機の上部に設置したジャカード装置、ドビー装置のこと。「ジャカード架物」「ドビー架物」と呼び分けている。架物づくりというときは、こうした装置が意図通りに働くよう仕掛けを施すことを指す。装着する織機の癖や、織糸などに合わせて調整するのである。
　織布は、織組織と織り方や服地の品種などによって、最適な織機と具備する装置などが異なる。織布工程と内容にも違いが生じ、前後に連なる分業の専業者も

違ってくる。そこで、工場によって織布の可能・不可能、得手・不得手などが生じる。

　織布業者（織布工場）は、使用繊維や織糸、織組織、品種別など、それぞれの専業に分かれている。さらに、プリント下地（Ｐ下）、シャツ地（Shirting）、スーツ地（Suiting）、フォーマルドレス地、コート地など、用途（服種）別の専業に分かれていく。

　保有する織機や生産システムは、工場経営の意志を表している。それとは、多品種少量生産指向、少品種大量生産指向、少品種少量生産指向（価値観生産指向）でもある。流行のおしゃれ素材指向、オーセンティックな素材指向、機能・性能素材指向、一般的素材指向、差別化素材指向などともいい換えられる。

A）織物の分類（加工生産の利便上の分類）

●織糸の繊維組成による分類
・綿織物、麻織物、毛織物、絹織物、化合繊織物、複合繊維織物など
・交織織物は、経糸に用いられる繊維の種類によって、繊維別に分けられる

●織糸を構成する繊維の形状による分類
・スパン織物（短繊維織物）……綿織物、麻織物、毛織物（梳毛織物、紡毛織物）、絹紡織物（スパンシルク織物）、化合繊のスパン織物（スフ織物、アクリル織物など）
・フィラメント織物（長繊維織物）……絹織物、化合繊のフィラメント織物
・長短複合織物

●用途による大分類
・晒用織物……白無地で用いる織物。ex.）ワイシャツ地
・後染用織物……後染（反染）される織物。ex.）無地もの
・プリント用織物……捺染してプリント服地にされる織物。「Ｐ下」とも呼ぶ
・先染織物……霜降糸や染糸などを用いた織物

図1—2—1 織物の用途による大分類

● 布帛(ふはく)

麻、絹の織物（軽衣料用）、あるいは綿、毛織物など織物一般を指す。

● 織組織による分類

図1—2—2 織組織による分類　※（　）で表記したものは柄織を表す

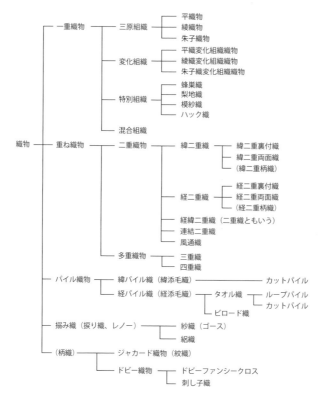

045

B）特異な織組織、織り方の織物

●毛羽・毛房、輪奈（ループ）を織り出しているパイル織物
・別珍、コーデュロイ……緯パイル織物である
・テリークロス……輪奈があるタイプと、輪奈を切断（カットパイル）して生んだ毛羽のあるタイプがある。タオル織機が使われる。経パイル織物である
・ビロード、プラッシュ、アストラカン……布表にカットパイルで生んだ毛羽がある。ビロードはビロード織機、二重ビロード織機で作られる。経パイル織物である

●透け目を演出する搦み織物
　経糸が、捩って1本から数本の緯糸を縛るようにして交錯し、絡み、独特な立体感や「透かし目」を生んでいる織物のこと。
・プレーンなシルクゴース。その重ね色、トランスペアレンシー効果が醸す雰囲気は優雅
・立湧模様を表す綿のレノクロス。瀟洒な夏服地に用いられる
　これらは、特殊な綜絖（搦み綜絖）と開口装置を持った搦み織機で作られる。

C）織柄のある織物

●絵柄、紋柄を織り表した織物（柄織）と織機
　絵柄や紋柄を織り表している織物を、「紋織物」「フィギュアード（Figured Fabric）」「柄織」などという。紋織物とは、ジャカード織物や複雑な紋柄のあるドビー織物などの総称でもあり、狭義にはジャカード織物を指す。
　ジャカード織物はドビー織物よりも大きな単位の模様、繊細（精巧）な模様を表している。例えば、ブロケード、ブロカテル、ダマスク、カットボイル、風通ジャカード、浮き織物など。ジャカード織機で作られる。
　浮き織物は、地も柄も同じ糸で模様を織り表している。無地や白無地のようだが、光の反射の微妙な差違で模様が浮かび上がってくる。P下としても用いら

れる。組織的には一重織物と二重織物がある。染色方法には先染、後染がある。それによって、色柄の表現に違いを見せる。

　ドビー織物は、小さな単位のシンプルな図形を織り表している。「地紋」には、ドビーポプリンやドビーファンシークロスなどがある。ドビー織機で作られる。組織は一重組織か、二重組織が用いられ、染色方法は先染、後染、先染後染など。

　ラペット織物は、綿平織の白色の薄地に、白、黄、青などの太いラペット糸（紋経）が、ジグザグに幾何模様を刺繍したように表している瀟洒なレース様の夏服地。スカーフ状のものにヤシマグがある。これは赤または黒色の太い糸で、ラフに幾何模様を縫い取りしたような綿織物。アラブの人たちは三角に二つ折りにして被り、その上から輪をはめて用いる。「アラファトスカーフ」「アフガンスカーフ」と呼ばれ、一時流行した。ラペット織機（Lappet Loom）で作られる。

●縞もの

　縦縞（ストライプ）、横縞（ボーダー）、格子縞（チェック、プラッド）などの先染織物の総称。単純なものに、木綿縞、縦ギンガム（縦ギン）、ギンガムチェック、ヒッコリーストライプなどがある。タペット織機（Tappet Loom）が使われる。先染後染もなされる。

D）織機の分類

　織布工場が保有する織機・機種を知ると、何ができるのか（服地の品種）、その服地はどのような品質・品位なのか、おおよそ見当がつく。

●織機の種類

　一般的に、綿織機、毛織機、フィラメント織機などに分けられる。スパン織物といっても、毛織物の織布は綿織物よりも織物幅が広く、地厚で、重いため、重布織機が使われることが多い。テリークロス、ビロード、搦み織物など、特殊な織組織の品種には専用の織機が使われる。シアサッカーであれば、二重ビーム

を装着する織機が使われる。

●緯入れの仕方による織機の分類
　織機には、有杼織機と無杼織機の2タイプがある。有杼、無杼とは、開口した経糸に緯糸を通す「緯入れ」の仕方である。

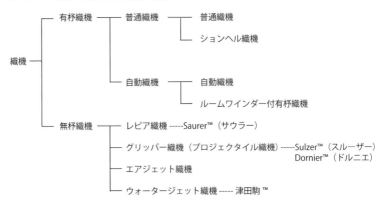

図1－2－3　緯入れの仕方による織機の分類

a. 有杼織機
　杼（シャトル＝ Shuttle）とは、緯糸を内蔵している舟型の器具のこと。杼は、緯糸を引き出しながら、織幅の一方から開口された経糸の間を通り抜け、反対側に達する（これを「緯入れ」「杼投げ」という）。「緯入れをする→その箇所に耳を作り→折り返す→この往復を繰り返して1反の織物を組織する」。
　有杼織機とは杼を使う織機のことで、「フライシャトル織機（フライ織機）」ともいう。毛織物で使うションヘル織機（Schonherr Weavimg Machine）はこの一種で、両4丁杼の普通織機である。多丁杼織機は、2丁以上の杼を操作し、2種以上の糸、色糸を緯入れできる。「多色杼織機」とも呼ぶ。
　杼を収める杼箱を織機の両側に備えるものには「両」、片側のものには「片」を付けて呼ぶ。「両4丁」とは両側に杼箱を4つずつ持つ織機である。両か片か

によって使用できるシャトルの数は違ってくる。この場合、「緯糸を替える（緯糸替え）」とは、杼をチェンジ（Shuttle Change）することを意味する。

緯糸替え（緯糸交換）の目的は次のようである。
①異色の緯糸を、緯入れできる（色糸交換）
②撚り数、撚り方向が違う糸を、緯入れできる
③糸質が異なる糸を、緯入れできる
④緯糸の奇数・偶数に関わらず、任意に緯入れできる
⑤緯糸の糸斑、染斑を消す

・シャトルチェンジ織機（Shuttle Change Loom）
シャトルチェンジ織機は図Ⅰ—2—4のように分類される。

図Ⅰ—2—4　シャトルチェンジ織機の分類

```
シャトルチェンジ織機 ── 単丁杼替え織機
                  └─ 多丁杼替え織機(多丁杼織機) ── 2丁杼織機（片2丁、両2丁）
                                          └─ 4丁杼織機（片4丁、両4丁）
```

織布中に杼に収めた緯糸がなくなりかけたとき、織機を運転させたままで新しい糸を補充する方法に、「杼替え式（シャトルチェンジ）」と「管替え式（コップチェンジ＝Cop Change）」がある。管替え式は、1丁の杼を継続して使用できる。これらの緯糸補充装置を備えた織機を「自動織機」と呼ぶ。

・ルームワインダー（Loom Winder）
管替え式装置の一種である。チーズ（Cheese）またはコーン（Cone）を織機に仕掛けるだけで、「自動的に緯糸を木管（ボビン＝Bobbin）に硬く巻き（ワインダー）→管糸を用意する→杼の中の緯糸がなくなると→空になった空木管を出して→用意しておいた管糸と入れ替える」という働きをする。この利点は、緯管巻き場とその要員、緯管糸の搬送などが不要になる、異種の緯糸への切替えが容

易などである。

　有杼織機は、ルームワインダーの装備によって、緯糸の供給を合理化し、シャトルレスと負けず劣らずの状況を作り出すことができる。

　コーン、チーズとは糸巻き（ヤーンパッケージ）の1種である。「パーン」「パイナップルコーン」は、合繊フィラメント糸を大量に巻く大パッケージである。

図1—2—5　コーン（左）、チーズ（右）

b. 無杼織機（Shuttleless Loom）

　無杼織機は、従来型の杼を使わない織機の総称。緯入れは、コーンまたはチーズから直接、1本ずつ、1方向で織機に送られ、高速で織布できることから多用されている。緯糸の大パッケージ化が長時間の連続織布も可能にしている。

　無杼織機は2タイプに分けられる。
①従来の杼に代わって、緯糸を捉えて走行する器具を持つ織機
②緯糸だけで飛走させる織機

　①の織機には、レピア織機、グリッパー織機（プロジェクタイル織機）がある。有杼と無杼の中間的機構である。②には、エアジェット織機、ウォータージェット織機がある。これらの無杼織機を総称して「革新織機」「シャトルレス（Shuttleless）」とも呼んでいる。

　エアジェット織機、ウォータージェット織機、グリッパー織機、高速レピア織機などは、量産するスパン織物、フィラメント織物に多用される。

・レピア織機（Rapier Loom）

　多様な糸に対応できる汎用性から多用されている。レピア織機と一口にいっても、後染織物に使うレピア織機と、紋織物に使うレピア織機は異なる。後染織物の場合、低速レピア織機はフライ織機の風合いに近い味を出すが、織布能率の低さから減少している。風合いよりもコスト優先の風潮下では、高速レピア織機が多用されている。フライ織機で試織し、本加工は高速レピア織機を使うと、双方の風合いの違いが明らかになりもする。

レピア織機の仕組みは、チーズから引き出した緯糸をスチールテープ、あるいはスピンドルの先端に捉え、開口された杼口を走り抜け、織幅に達する。一方通行である。全幅を走る1本レピア式と、中間で受け渡しする2本レピア式がある。

・グリッパー織機（Gripper Shuttle Loom）

プロジェクタイル織機（Projectile Loom）、弾丸織機ともいう。金属製の軽くて薄い小型シャトルが、チーズからの緯糸の端を銜え、杼口を弾丸のように飛走し、左から右へと貫く。一方通行である。

多色の糸、細番手から太番手まであらゆる糸質の糸の緯入れができることが特長だ。杼箱は不要。緯糸張力を任意に設定でき、その張力は全幅均一に保持される。緯糸密度を高くできる。追い杼が可能。高精度で複雑なグリッパー装置は、有杼織機に装着できる。そのための改造や操作の習得は容易といわれている。

・エアジェット織機（Air-jet Loom）

短繊維織物、長繊維織物の織布に使われている。緯糸を、噴出する空気の勢いで飛ばし、緯入れする。

・ウォータージェット織機（Water-jet Cutting Machine）

ポリエステルフィラメント織物など疎水性繊維織物の織布に使われている。緯糸を、噴流する水の勢いで飛ばし、緯入れする。

＜有杼織機は捨てたものではない＞

有杼織機ならでは特性、価値は次のようである。

高級洋服店で仕立てたジャケットの内側には、毛織メーカー名が織り込まれた「耳マーク（Selvage Mark）」が縫い付けられている。使用した服地が有杼織機で織られたことと、製造者の品質の証し、織り職人のプライドでもある。これに対して、無杼織機で織った服地には、織耳（セルビッジ＝ Selvage）がない。

有杼織機は、革新織機（無杼織機）に対して旧式な織機で、その多くは繊維別、

品種別などに専門分化した専用機。だが、今日も有効かつ積極的に利用されている。その活況は産地の織り職人による合同商談展示会「テキスタイルネットワーク・ジャパン（T・NJ）」で見ることができる。どのような利点があるのだろうか。

1つは、汎用性が高く、多品種少量生産に適していて、小回りがきくこと。

2つ目は、品種によって、しっかりとした地厚、薄手、高密度などの地合い、言葉では表し難い良い風合いが得られること。例えば、細デニールのポリエステルフィラメントの高密度織物では絹織専用機、手織り風合いの平織シャツ地にはジャガード装置付シャトル織機、太番手のファンシーツイードにはションヘル織機などがハイエンド（超高級品）づくりに用いられる。

有杼織機と無杼織機の風合いの違いを、「水菅（湿緯、濡れ緯）を往復させ、緯入れするフライ織機で織った絹羽二重が現すしぼ効果は、1方向で緯入れするレピア織機のそれとはひと味もふた味も違って、膨らみを持っていた」と山崎昌二は語る（2016）。

「耳使い」ができることも魅力だ。「耳付き」（織物）だからできることである。

＜レピアで「今」を織る＞

「レピアでなければ、綿の極細番手、200ˢのシャツ地は織れない（シャトル織機ではできない）。シャトル織機が生む風合いを"よき時代の味"とすれば、レピアのそれは"今日が求める感覚"」（福田靖、福田織物、2018）

織布に求める効果を、織布能率にするか、風合いとするかで、用いる織機は違ってくる。さらに、風合いの違いによっても異なってくる。

＜グリッパー織機の利点＞

グリッパー織機は、綿織物産地の遠州や播州、毛織物産地の尾州で多用されている。「綿織物では、4枚、2枚の平織、2/2、2/1の綾織に利用される。だが、尾州ではドビー織にも、何にでも対応できるグリッパー織機を使う。その回転数（1分間）は300位。ションヘル織機は80〜100位。ションヘルで1反（50m）織るのに2.5日かかるところを、グリッパーは1日で織る。品種、番手によっ

て速い遅いの違いはあるが……」(佐々昭一、オフィスくに、2017)

　レピア織機よりも回転数が多いグリッパー織機で、多品種少量生産の柄ものを織っていては、品種切替えの時間ロスも大きい。織布能率・コスト・省力効果を求めれば、10台の設置が経済単位となる。大きな投資額の回収には24時間稼働と少品種大量生産が必然となり、織機を使い切る態勢が不可欠になる。

　回転数(rpm)とは、織機の毎分の回転数である。これは生産高・収入額を左右するから、多いほど望ましい。だが、エネルギー(電力、燃料)の増大、機器の損傷・劣化や、騒音・振動の激化、不良反の発生などで、生産性を低めることもある。回転数は、織物の品種、緯糸の番手・密度、目標の品質、織機、筬幅、織機に付けた装置、織り手の習熟度、織機の調整の良否、糊付けなどによって異なってくる。これらを勘案して設定する。

●開口装置による織機の分類
　開口とは、経糸を上下に分けて、緯糸を通す口(杼口)を開くことである。これを行うのが開口装置。多用されている装置に次の3タイプがあり、服地の品種に応じて使い分けられている。装着する装置の名称が織機に付けられる。

図1-2-6　開口装置の種類

・タペット織機(Tappet Loom)
　綜絖に通された経糸を、複数本まとめた綜絖枠単位で操作する。だが、この綜絖枠の順番を変えることはできない。タペットの形に応じて順位が決められているからだ。綜絖枠の数は2枚から5枚、8枚までである。単純な組織の織物、例えば平織物の金巾、ポプリン、ギンガム、シャンブレー、綾織物の三つ綾、四つ綾、朱子織物の五枚朱子などの織布に使われる。普通に使用されているのは5枚までで、多くの品種に使われている。播州では「竪機」と呼んでいる。

・ドビー織機（Dobby Loom）

　経糸を複数本まとめた綜絖枠の順位を、自由に動かして、開口し、紋柄を織り表すドビー装置を搭載している。5枚以上、16枚、24枚までの綜絖枠を必要とする織物づくりに使われる。多用されるのは5枚と16枚。「枚数」とは、使用する綜絖枠の数である。その数を多くすれば精巧な柄表現ができる。しかし織布速度は低下する。織コストはジャカード織よりも低い。

　ドビー織機の種類は多い。クロンプトンドビー機は、毛織物に使われている。ドビー織機は、紋柄もの以外に蜂巣織（ハニーコム）、アムンゼン、梨地織、搦み織（レノクロス）、ドビーギンガム、風通織、ベッドフォードコード、ブッチャー、五枚朱子、クリップスポットなどにも使われる。

・ジャカード織機（Jacquard Loom）

　「紋織機」ともいう。経糸を1本単位で、数百本から数千本の経糸を自由に操作・開口し、紋柄を織り表すジャカード装置を搭載している。この装置に、経糸操作を指図するツールが「製織用データ」で、紋紙（カード）、CGSデータ（フロッピーディスク、LANで伝達する）などがある。

　コンピューターによって模様をCGSデータ（デジタル信号）に読み替え、その信号に従うジャカード装置を「コンピュータージャカード」と呼ぶ。この装置付きの織機が、コンピュータージャカード織機である。LAN（Local Area Network）とは、1つの建物（工場）など限られた地域内に分散しているコンピューターなどに光ファイバーなどで接続し、信号を伝える仕組み。

〈⇒Ⅳ—24 地合い調整操作。Ⅳ—19 テキスタイルCADシステムと アパレルCADシステム〉

●製品反の織物幅と織機幅による織機の分類

　服地の織物幅は、着尺の小幅に対して広幅である。服地の広幅化は、服づくり側の要望と、服地の品種の多種多様化に対応した結果である。それによって、織機幅も200cm、230cmなどと広くなってきた。

　ヨーロッパの織物幅の基準は50"（インチ。50"＝約127cm）である。したがっ

て輸出にあたっては、適切な織物幅と、それに見合った織機幅や織布技術、関連設備が必要になる。

　デニムは通常 54" 幅（約 137㎝）で、革新織機で織る。セルビッジのあるビンテージジーンズのデニム（赤耳付きデニム）は 36" 幅（約 92㎝幅）で、旧来のフライ織機で織った耳付きのもの。ジーンズの売りとなっている。

〈⇒Ⅳ─5 織物幅と織縮み〉

●織糸の形状・性状や目的などによって織機は使い分けられる

　服地の生産は次のような目的に応じて行われる。それぞれの目的に対する効果を考えたうえで、織機は選ばれ、使い分けられている。

a. 使用繊維の形状・性状

b. 織物の無地もの・柄もの。組織、密度、厚さ・薄さ

c. 織糸の形状・性状、異なる糸との混用

d. 織物幅

e. 生産能率や生産原価などの収益性（大量生産対応・少量生産対応）

f. 地合い・風合い、品質・品位などへのこだわり

g. 得意先（アパレル）のクイック・低プライス・少量納品への対応（大量生産対応・少量生産対応）

h. 試織、見本反、本加工など

E) 織布準備の機器

　織布は、織機と織布準備機器との連携で行われる 1 つのシステムである。織機だけでは機能しない。有杼織機の織布準備には、次のような機器が使用される。

・ワインダー（巻糸機、巻返機）

　紡績・製糸・化合繊メーカーから供給されるチーズや絖状の糸を、整経用に円筒状（チーズ）、あるいはコーン状（コーン）に巻き替える。

・クリール

　整経機（ワーパー）とクリールは連動している。クリールとは、チーズを経糸に必要な本数だけボビンクリールに仕掛け、経糸を引き出せるようにする装置。ワーパーとは、その経糸を引き出し、ワープビーム（経糸ビーム）やドラムに巻く装置。絹織物であれば、糸繰機で綛から「糸枠」に巻き取る。これらの糸はその後、ワープビームへと巻き替えられ、移される。

・経糊付け機

　経糸に糊を付ける（サイジング＝Sizing）。これにより、繊維の抜け落ちを防ぐ、糸の毛羽を伏せる、摩擦や張力に耐えられる丈夫さにするなどして、織りやすくさせる。糊付け後に、ワープビームに巻き替える（経巻き）。

・引き込み機（ドローイングマシーン）

　ワープビームの経糸を1本ずつ、ドロッパー（Dropper）と綜絖の穴（メール）に通す。「リード・ドローイング・イン・マシーン」は、筬の筬羽の間に引き通す。これを「経通し」「筬通し」などという。

・管巻き機（緯巻き機）

　杼に納める緯糸を、緯木管（ボビン）に巻く。巻き上げたものを「管糸」という。

　これらの機器には種々あり、使い分けされる。場合によっては、用いられなかったりもする。どれを使うか、使わないかは、織糸の繊維組成、構造、形状・性状、織機、服地の品種、色柄、求める品質・品位、織布数量、生産形態、職人の有無・高齢化などによって決まる。短繊維織物の紡績・織布の一貫生産や、フィラメント織物の原糸メーカー・撚糸・織布・染色加工の垂直連携生産などの生産規模と、市中買糸を利用する中小零細の機屋（機業場）の生産規模では、作る服地の品種も異なれば、織機もそれに関連する準備機器も違う。

〈⇒Ⅳ—6 織布準備機器と工程〉

056　第Ⅰ部　服地ができるまで　❖　第2章　服地の生産・流通

F）マス見本、着見本の製作

　ポリエステルフィラメント紋織物の場合（米沢産地）、次のようである。
・マス（枡）見本製作は２マス（２組）。織物メーカー控え用と、得意先用・受注用である
・着見本反は、見込みでは製作しない。受注量が確定してから製作する。したがって、先行反として、最小ロットの４反（200m）を本機で織る
・一般的に、試織に見本整経機を使い、本機で織る。試織機で織る工場は少ない

G）物づくりの現場力、体感の知性

　「80ˢ、100ˢで、平織のシャツ地を、ジャカード織機で作ると、手織りの風合いの究極のものができる」（福田靖、2018）と読むと目を疑い、耳にすれば聞き違いと思うだろう。繊維工学を学んだ者は一笑に付すであろう。ジャカード織機は紋を織り表すために開発された織機。それで無地ものを織るとは、技術史に逆行する。タペット織機が当たり前であるから。

　ジャカード織機の機構と作動の様子を読むと、経糸１本１本の引き上げ距離に大小の差をつけられることが分かる。（差が生じないように調整されているから）差をつけることで、手織りの風合いに近い効果が得られることに気づく。手織りの動作と効果を熟知している、機械織機の職人の着眼である。

　ジャカード装置付シャトル織機で作るハイエンドのこのシャツ地（「Ｊプレーン」）を用いたシャツは、上品を識る者に絶賛され、高価でも求められている。

　規模ではなく、創作性と質の高さを優位とする服地メーカーは、服装のイメージ発想から具現化の全技術・工程を新しい目で見直している。慣れきった物事の中に潜むヒントを発見しようと。価値観生産の姿である。

　この姿勢が独自な原材料構成、加工法、加工機器、生産システムなどを開発させる。その効果を経営成果とするために、得意先を国の内外に求め、さらには服づくり（ファクトリーブランド、ODM）にまで乗り出すに至る。そのあり様を、

佐藤正樹（佐藤繊維）に見ることができる。

これらは、まさしく「おしゃれのエンジニアリング」だ。

〈→Ⅱ—2—4 今日のビジネス指向と服地 B）クオリティーあるリーズナブルな服地を合理的に作る指向〉

Ⅰ—2—3　ニッター

ニッター（Knitter）は、編機を使い、編糸を編んで、ジャージー（流し編地）や成型編地(成形編地)、無縫製ニットウェアなどを作る。これを「編立て」という。このことからニッターを「編立業」とも呼ぶ。

ニッターは、丸編機、横編機、経編機など編機別に専門分化している。いい換えれば、丸編地、横編地、経編地など編地別の専業ニッターが存在している。そこからさらに、「流し編地（生地編地）」「成型編地（成形編地）」など、製品別の専業に分かれている。

図Ⅰ—2—7　編地の形成の仕方による分類

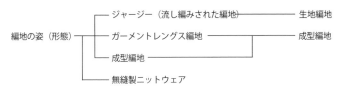

編地を作る編機は次の2つに大別される。

図Ⅰ—2—8　編機の種類

生地編機は、編地の内容別に専用機が作られている。織機のような汎用性はない。例えば、編機はゲージの大小によって細分化されている。さらに丸編機で

は、編機の口径でも分けられている。このような理由から、ニッターは保有する編機・機種によって編めるものが限定される。そのためニッターは、多機種を持つ工場、あるいは絞り込んだ機種で臨む工場のいずれかになる。

　ニッターは保有する編機の全稼働を目指して器機への工夫を施しているが、編機が適応できる性能範囲が限定的であることから、流行の変化に対応することは難しい。適応の範囲とは、編地を形成する編組織、編み方、糸質、編糸番手、撚り数、撚り方向、配列、編目の大小（ゲージ）、編模様（編地柄）、寸法・編地幅などである。

　新しい編み表現ができる編針と選針機構（ジャカード装置）、編機と器具の開発によって編地は多種多様になり、生産性も向上してきた。今も発明・開発が行われている。

　成型編地を作る編機には、横編機（並横編機）、フルファッション機、ガーメントレングス編機などがある。これらについては、この項の B）成型編地で説明する。

A）生地編地

A）－1　ジャージー（流し編みにした編地）

　「ニットファブリック（Knitted Fabric）」とは、編地の別称である。「ジャージー（Jersey）」とは、服地として編んだ反物状の編地（編反）の総称。「流し編地」とは、織物の形に似て、一定の幅で長く編まれた反物状の編地である。

　緯編地には、丸編機で作る「流し丸編地」と、横編機で「流し編み」したものがある。経編地には、トリコット編機で作る流し編地や、ラッセル編機やミラニーズ円型編機で流し編みしたものなどがある。

　流し丸編地の製品反（ジャージー）には、2つの形がある。
・1枚の平らなもの（開反仕上のもの。「開き」とも呼ぶ）
・筒状の編物をそのまま押し潰して平らにしたもの（丸仕上のもの。「丸胴」と

も呼ぶ)

　流し編地は、裁断（カット＝ Cut）し、縫製（ソーン＝ Sewn）して、服になる。この服を「カットソー」と呼ぶ。きちんといえば、「カット・アンド・ソーン（Cut and Sewn）」である。

A）－2　編機の種類（ジャージーの編立てを主とした場合）

　編機は、編み進める姿かたちによって、次の2タイプに分けられる。
・横方向に編目（ループ＝ Loop）を作っていき、緯編地を生む緯編機
・縦方向に編目を作っていき、経編地を生む経編機

図Ⅰ―2―9　編機の種類

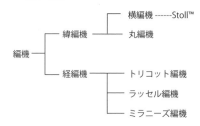

図Ⅰ―2―10　緯編機と経編機の編糸の方向、編下り

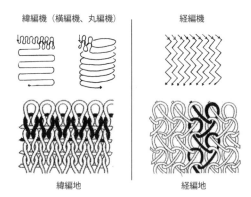

組織模型画のみ：小笠原 宏

編糸は、編機の上方から編針へ供給され、組織される。これによって、生地として編み下がる。この生地を「編下り生地（あみさがり）」と呼ぶ。

A）－2－① 緯編機（丸編機、横編機）

緯編機は2タイプに分けられる。
・円筒状に編み進める丸編機。円型編機ともいう
・平板状に編み進める横編機。平型編機ともいう

● 丸編機（編機の基本構造における運動）

編針を装着した針床（図1－2－12）が、円運動をする。

内装されたカム（Cam）と給糸口（フィーダー＝Feeder）は固定され、カムが作る間隙を進行する編針はカムの作用で上下動する。給糸口から針に給糸された編糸は、「螺旋状（らせんじょう）（スパイラル）に進み→編下り生地となり→一定の張力で巻き取られる（円筒の内側へ下る）」。各コースが同一の編糸で編まれていることが多いが、異番手、異形状、異光沢の糸の場合もある。円筒状の編地である。

丸編機と横編機の針床を見比べると、「丸編機の針床は、横編機の針床の両端をつなげ、エンドレスな輪（ベルト状）にしたもの」と気づく。するとダイヤルは「広げた傘の骨の状態にしたもの」と見えてくる。丸編と横編の編組織には共通点が多いことにうなずけるだろう。

図1－2－11 円型編機（アンブレラー式丸編機）　図1－2－12 丸編機の基本構造（概念図）

1. テンション装置
2. 糸（コーン）
3. 針床（シリンダー）と針
4. 編下り
5. 巻き取り

1. 編下り
2. 給糸口
3. べら針
4. 針溝
5. 上げカム
6. 針床（右回り）
7. 右回り

061

●横編機（編機の基本構造における運動）

　カムが左右に水平動作する。それにつれて、針床の編針が上下動作する。給糸された1本の編糸は「編目を作りつつ横方向に進み、1コースとなり→折り返し点(編幅)で反転し、発した方向へと進む。この動作の繰り返しで、2コース、3コースと段々に編んでいき→編下り生地となる」。平板状の編地である。

図1−2−13　平型編機（コンピューター自動横編機）

1. テンション装置
2. サイドテンション装置
3. 糸（コーン）
4. フィーダー
5. 針床と針
6. キャリッジ
7. 振り装置
8. 編下り
9. 巻き取り

図1−2−14　横編機のキャリッジに内装されているカムと針の動作

①べら針

②編目編成

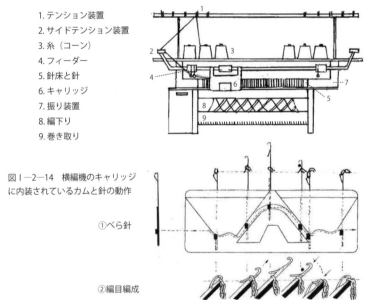

作画：小笠原宏

　図1−2−14の①はべら針（べらの開閉、上下）、②はべら針を上下させるカムを内蔵するキャリッジと針の動作と編目形成の様子である。

　「キャリッジが左から右へ移動する。内装するカムは、それにつれて順に、べら針のバットに作用する→べら針のバットは上げカムと下げカムとの間隙に押し上げられ→定位置に至ると給糸口から糸がべら針のフックに与えられ、糸を啣える。すると→押し下げられ、針は新しい編目を作る→針は古い編目から抜け出す。

ループ長（編目の長さ）はこの一対のカムで決められる→これを繰り返し、編目の列（コース）を作っていき→編幅に達する→キャリッジはもと来た方向（左）へ反転し→新しい編目の列を作り続ける」

　丸編機は高速で編立てできるから、生産能率が高い量産タイプの編機である。多給糸丸編機の多用によって生産性を高め、さらに大口径化で編地幅の広幅化を行っている。

　これに対して、横編機は低能率だが、機械幅の範囲内で編幅を変化させながら編めるから、成型編地を作ることができる。編床幅の拡大も行われている。

　現在は、高性能なコンピューター自動横編機の開発・普及、ファッションをめぐる状況の変化によって、横編機のファッションビジネスへの適応性評価が変わる兆しが見られる。量産タイプの丸編機や経編機よりも優位な編機となり得る状況にある。また無縫製ニット横編機も普及の途にある。

〈⇒Ⅳ－8 コンピューター自動横編機〉

A）－2－②　経編機

　経編地を編み方で分けると、次の2タイプになる。

①並列している経糸同士が、互いに斜め横方向に編目を作り、それをつなげて広い編地（ジャージー）を生む

②並列している経糸が、それぞれ分かれて1本ずつ、紐状の鎖編を作る。ばらばらのそれらを挿入糸で横に貫き、つなぎ合わせて広い編地にする。ex.）多色ストライプマフラー（ニューヨーク近代美術館のミュージアムショップで人気の松井ニット技研製）

　この項では、ジャージーで多用されている①のタイプについて説明する。

063

● 経編機の基本構造における運動

２つの運動が連動している。
- 筬（ガイドバー）が楕円運動する
- 固定された編針を持つ針床が前後運動、あるいは左右運動する

これにより、「筬に固定された多数本の導糸針（ガイド）が、縦方向に並列した多数本の整経糸の１本ずつをそれぞれの編針に導き→絡ませ、一斉に編目を作らせる。別の整経糸と絡げて生んだ編目は→縦方向（長さの方向）ヘジグザグに進み→編下り生地となる」。この縦方向の編目の列を「ウェール（Wale）」という。特定の針が作る一連の編目である。編下り生地は、整経糸によって編まれた平板状の編地である。

経編は、筬の糸の動かし方（ラッピング）で組織を変える。経編機は高速生産・量産タイプである。生産ロットは１ロットで4000 m以上と大きい。

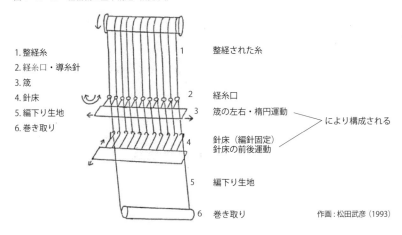

図Ｉ－２－15　経編機の基本構造（概念図）

1. 整経糸
2. 経糸口・導糸針
3. 筬
4. 針床
5. 編下り生地
6. 巻き取り

1　整経された糸
2　経糸口
3
4　筬の左右・楕円運動　　により構成される
　　針床（編針固定）
　　針床の前後運動
5　編下り生地
6　巻き取り

作画：松田武彦（1993）

- 導糸針に編針と同数の整経糸を通すことを「フルセット」という
- 整経糸とは、一定の長さで並行に配列され、一定の張力で経糸ビームに巻かれた経編用の経糸

・筬を1枚装着するシングルニードル機や、2枚以上を装着するダブルニードル機で、トリコット編地、ミラニーズ編地が作られる。多用されるのはダブルニードル機である
◉トリコット編機では、ひげ針を用いて細かなゲージで薄くて優美な無地を作ることが多い。この機の筬の使用は3枚位が多い
◉ラッセル編機には、ゲージがミドルゲージ（14～16G）から粗いものまで各種ある。筬の使用は4～35枚位まである。多枚数ほど変化に富んだ経編地を作ることができる。アウター用編地も作っている

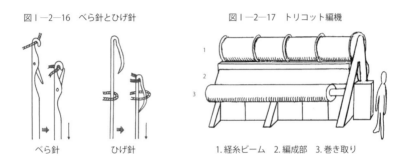

図Ⅰ—2—16　べら針とひげ針　　図Ⅰ—2—17　トリコット編機

べら針　　ひげ針　　1.経糸ビーム　2.編成部　3.巻き取り

●経編機の種類
　トリコット編機とラッセル編機のタイプと、ミラニーズ編機がある。

・トリコット編機、ラッセル編機
　ガイドバー（筬）で整経糸を編針に掛け、編目を作る（ラップモーションという）ときに、糸を掛ける編針を選び、編組織や柄に変化を与えることもできる。筬の枚数が多いほど、変化に富んだ編地を作ることができる。デンビー、コード、アトラス（バンダイク）などの基本組織で編むことができる。これに加えて、チェーン編（鎖編）もできる。コンパウンドニードル（Compoud Needle＝複合針）が使える。このような理由から両機の性能は近づき、同じような編地が作られている。コンパウンドニードルは、べら針とひげ針の機能を併せ持った編針で、編立ての高速化などの目的で使われる。

・ミラニーズ円型編機（円型ミラニーズ編機）

　右行と左行の2組に分けた整経糸を斜め1方向で交錯させ、丸編地（円形ミラニーズ編地）を作る。柄糸は折り返すことなく、斜め縞（バイアスストライプ）や斜め格子（バイアスチェック）を表現する。この編機は現在は製造されておらず、現存する機のみが稼働している。そこで、経編機を大別するとトリコット編機とラッセル編機になる。ラッセルレース編機はラッセル編機の1種で、ラッセルレース専用機である。この機についてはレースメーカーの項で説明する。

コラム2

 織物の風合いに近い経編地づくり

●緯入れ経編

　緯糸を、編幅いっぱい（全幅）に入れる編み方。
・ラッセル緯糸装置を付けたラッセル編機で行う
・トリコット織機と呼ばれる、緯糸挿入装置を付けたトリコット編機で行う

●コーウィーニット

　Combined Weave Knitting の略。横方向のインレー（挿入糸）と、縦方向の経糸（別の挿入糸）を交差するように配列して、編む。編地の表裏にその糸が現れる。梳毛糸を用いて縮絨と起毛を行った編地は、梳毛織物と判別し難い。

A）-2-③　シングルニードル機、ダブルニードル機

　編機は針床（ニードルベッド）の姿かたちによって2タイプに分かれる。

図Ⅰ—2—18 編針の配列による編機の分類

●シングルニードル機（シングル編機）

　シングルジャージー（シングルニット）を作る、針床を1組持っている編機。

　緯編では、丸編機に、天竺（天竺編＝平編）などを編む台丸機や吊り編機などがある。横編機は、使い方（この場合、2組の針床のうち1組だけを使う）で、シングルニードル機に変わる。経編では、ハーフトリコット、サテントリコットを作るトリコット編機、ラッセル編機などのシングルニードル機が使われる。ミラニーズ円型編機はシングルニードル機である。

●ダブルニードル機（ダブル編機）

　ダブルジャージー（ダブルニット）を作る、針床を2組持っている編機。

　緯編に、丸編機のゴム丸編機（フライス編機）、両面丸編機（スムース編機）、両頭機（パール編機）があり、ゴム編（リブ編）、両面編（スムース編）、パール編（ガーター編）を編む。

　経編には、ダブルトリコットを編むトリコット編機（"Double Tricot"とも呼ぶ）、コンピューター制御でダブルジャカード柄（染糸使いのジャカード風両面編）を作るラッセル編機、ラッセルクレープやメッシュ（透孔編）などを作るラッセル編機（"Double Raschel"とも呼ぶ）などがある。

　「ダブルトリコット」と呼ばれるダブルデンビー編の編地がある。これはシングルのトリコット編機で、2枚筬を使って作ったものである。

A）—2—④　緯編のシングル編機、ダブル編機

　丸編機にはシングル編機とダブル編機があり、それぞれに2タイプの編機がある。

図Ⅰ—2—19　丸編機の種類

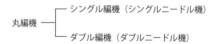

図Ⅰ—2—20　丸編機の針床の構成と編針の関係

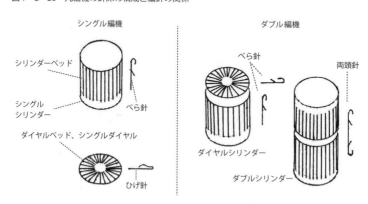

●丸編のシングル編機

　この編機には次の2タイプがある。

①水平方向に編針を出し入れして編むタイプ

　編針が円盤上に放射状に並べられている円盤状針床を1個備えた編機である。これを「ダイヤルベッド（Dial Bed）」「シングルダイヤル」という。この針をダイヤル針と呼ぶ。吊り編機はこのタイプである。

②垂直方向に編針を上下させて編むタイプ

　編針が円筒の側面に立ち並んでいる円筒状針床を1個備えた編機である。これを「シリンダーベッド（Cylinder Bed）」「シングルシリンダー」という。この針をシングル針と呼ぶ。台丸機はこのタイプで、天竺編地を作る。天竺を「シングルジャージー」とも呼んでいる。

●丸編のダブル編機

　この編機にも2タイプがある。

①ダイヤルベッド1個（上釜）とシリンダーベッド1個（下釜）を上下に組合せたタイプ

　使用する針は、べら針（Latch Needle）である。上釜と下釜は同時に右方向へ回転する。給糸口とカムは定位置に固定。シリンダー針が上下してダイヤル針と直交（「出合い」という）させるような姿で、ダブルジャージーを編む。このタイプの編機を「ダイヤルシリンダー」という。

　出合い方には、「リブ出合い」と「インターロック出合い」がある。

　リブ出合いは、ダイヤル針とシリンダー針が、互い違いに半ピッチずれて対向する。

　インターロック出合いでは針は真向いに対する（突き合う）が、ダイヤル針とシリンダー針の長針と短針が1本ずつ互い違いに出合う。これを欧米では「ハーフゲージのダブルリブ」といっている。

　リブ出合いとインターロック出合い、それぞれで作る編地は次のようである。

・リブ出合い（ゴム編出合い）の編地には、天竺編（平編）の表目と裏目が縦方向に交互に並んだ姿で現れる。いい換えれば、畝が現れる。この畝が低くて布面が平らなフライス（1/1リブ、総ゴム編）、畝の凹凸が目立つリブ柄（リバーシブル効果を現す両畦、市松柄の片畦）などを作る。

　ブルゾンの袖口や襟に用いる「テレコ」（2×2リブ、3×3リブ）は、表と裏が同じように見える。だが、横方向に引っ張ると表目が2目、裏目が2目、縦方向に現れる。リブ編地である。表と裏が同じ組織で、見た目も同じ編地を「テレコ」と呼んでいる。

　ミラノリブやダブルピケはリブ編の仲間である。同系のリブロック出合いで、ダブルジャカード柄（裏面がバーズアイのジャカード柄、レリーフジャカード、ブリスタージャカードなど）が編まれる。リブ出合いは、1本の編糸が出合っている双方の針に渡って編むリブ編組織である。リブ編組織の編地幅は、両面組織

よりも狭い。
・インターロック出合い（スムース出合い、両面出合い）の編地には、緻密で、しなやか、表裏ともなめらかな、安定性の高い「スムース」がある。この編地は、表目、裏目ともに、天竺の表面のように編目が整い、平ら（フラット）な布面となり、なめらか（スムーズ）さを生んでいる。2本の編糸を用いてハーフゲージのリブ編を2枚、それぞれ組織しながら1枚に合体する両面組織で編まれる。

鹿の子のように感じられるシングルピケ（両面の鹿の子編）や、6口式ポンチローマ、ダブルフェイス、段ボールニットもこの組織である。両面ジャカード柄も作られている。品種名の「スムース」は日本国内のみで通用する名称で、欧米では「インターロック」と呼ばれている。段ボールニット（スーパースムース）は、インターロック出合いの両面編にタックを加えて作ったもの。天竺風の編地に中わたを挟み、寒気を通さない三層構造になっている。表側に太い10番手などを使い、軽量感のあるスタジアムジャンパー用にレナウンジャーヂが開発し、名づけた編地である（1993年頃）。

図I—2—21　ダブル編機とリブ出合い、インターロック出合い

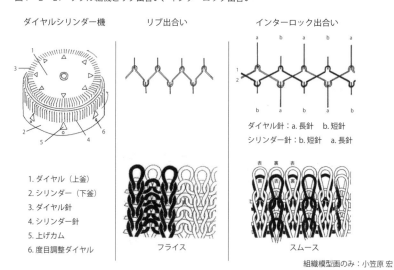

②シリンダーベッドを2個、上下に重ねた姿で持つタイプ

両頭針(りょうとうばり)が上下に行き来して、ダブルジャージーを編む。このタイプの編機を「ダブルシリンダー」と呼ぶ。これは両頭丸編機であり、パール編組織で編む。パール編と天竺編(平編)を組合せてバスケット編地、梨地を作る。靴下を編むリンクス&リンクス編機はこのタイプである。

・横編のダブル編機

Vベッド式と水平式がある。いずれも編針が平盤上に並行して配置されている針床を2組持っている。前床(まえどこ)(フロントニードルベッド)と後床(あとどこ)(バックニードルベッド)である。これを逆V字型(山型)に向き合わせて編むのが、Vベッド式である。この場合、両方とか、片方だけ、といったように使い分ける。片方だけであればシングル編地、両方であればダブル編地ができる。Vベッド式が多用されている。

図1−2−22　フロントベッドのべら針の動作と天竺編の編み出しの様子

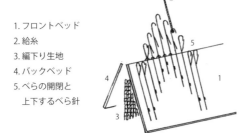

1. フロントベッド
2. 給糸
3. 編下り生地
4. バックベッド
5. べらの開閉と上下するべら針

給糸は、べら(Latch)を下げて開いたフック(Hook)に対して行われる。

A)−2−⑤　丸編機の高生産性

●多給糸丸編機

多数本の編糸を同時的に給糸して編成できる(図1−2−23)。これによって、広幅のシングル編地やダブル編地が高速で作られる。給糸口の数が70と多いか

ら、編機1回転で多数のコースを一度で編むことができるからである。生産性が高いこの多給糸編成機による綿・麻・毛などを使用したシングルジャージーは、「地の目のウェール斜行」を起こしやすい。それは服の型崩れを起こす要因にもなる。〈⇒Ⅳ—7 多給糸丸編機の給糸口数と口径。Ⅳ—19 テキスタイルCADシステムとアパレルCADシステム〉

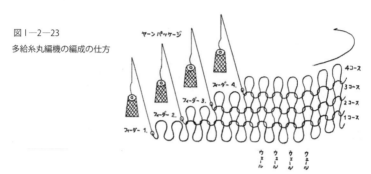

図Ⅰ—2—23
多給糸丸編機の編成の仕方

●コンピューター制御の自動編機

　コンピューターデザインシステム(CKDS)によって、天竺(シングルジャージー)や両面編地(ダブルジャージー)、シングルジャカード柄と両面ジャカード柄なども、コンピューター制御の自動ジャカード編機で編立てする。ダイヤル針床とシングル針床の編針すべてを選針し、使うことができる。インターロック出合い式が多用されている。生産性が極めて高い。これまでのように運転準備に手間どることはなくなった。

A)—2—⑥　ゲージ、ピッチ、コース、ウェール、度目と編地のデザイニング

●ゲージ

　ゲージ(Gauge)は、編機の編針の密度を表す単位。機種により異なることもある。一般的には、次のようである。

　1インチ間(2.54cm間)の編針の本数を表す。10本であれば「10G」と表記する。ゲージの記号は「G」である。Gを「本」と表すこともある。針の数が多いほど、

編地のウェール密度は高くなる。いわゆる「目の詰んだ編地」になる。

「ファインゲージ（Fine Gauge）」「ハイゲージ」は細かなゲージ、「コースゲージ（Course Gauge）」「ローゲージ」は粗いゲージを指す。「ミドルゲージ（Middle Gauge）」はハイゲージとローゲージとの中間のゲージである。ファインとは「美しい」ではなく「細かい」こと、コースとは「粗い」の意味で用いられる。細かなゲージは編針の本数が多く、細い糸で密に編んだ薄地を作る。粗いゲージ（ローゲージともいう）は、太い糸で厚地を作る。

●ピッチとハーフゲージ

ピッチとは、編針間の距離のこと。隣の針とのピッチは「mm（ミリ）」で表す。多用されているのは 4.5 ピッチ。

ハーフゲージには 2 つの意味と用い方がある。

①針の出合いを、2 分の 1 ずらした。インターロック出合い

②ダイヤル針とシリンダー針のゲージの差を倍にした

例えば、ダイヤル針を 10G、シリンダー針を 20G にする。その場合、上釜（ダイヤル針）を 10G に替え、下釜（シリンダー針）は 20G のままにしておく。このようにすると、10G では太い糸（16 〜 20 番手）が使え、20G では細い糸（48 〜 50 番手）を使うことができる。表の編目は大きく、さらっとし、裏は編目が細かく詰まれて平らで、なめらか。これはジャケット用のダブルフェイスになる。10G の表に起毛加工を施し、20G の糸を異色にすれば、リバーシブルの着用が可能なトレーナー地が得られる。この手法で表を 9G、裏を 18G にして、18 本装着のダイヤル針を 1 本交互に不使用とすれば容易に編立てができる。

これに従えば、「クォーターゲージ」では、ダイヤル針 4.5G、シリンダー針 18G と差が広がることになる。4.5G であれば超太い糸の 1 番手、18G には細い糸の 40 〜 50 番手が使える。その生地表面に現れる対比効果は大きい。

●コース、ウェール

コース（Course）とは、編幅（針列）の方向に出ている横方向の編目の列のこと。

ウェール（Wale）とは、編地の耳に並走し、縦方向に出る畝状の編目の列である。

図I−2−24　コースとウェール

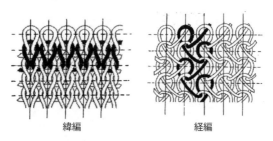

※　実線はウェール：左から1ウェール、2ウェールと順に呼ぶ。
※　点線はコース：下から1コース、2コースと順に呼ぶ。

組織模型画：小笠原宏
（加筆：筆者）

●度目

　度目には、編み度目、引目度目、編上り度目などの用語があり、使い分けされている。度目には次の2つの意味がある。

・編地の編目密度を「度目」と一般的に呼んでいる。1インチ間のウェール数とコース数の和で表す。コースとウェールの割合は「5:4が良し」といわれている（べら針、ひげ針の場合）

・編目の大きさ（ループ長）を指す

　編目の粗密、大小を決めることが度目調整である。その作業としては、カムの操作によって編針を上下させる。針の下げ方が大きいと、編目は長大になり、密度は粗くなる。これを「度甘」「度粗」という。下げ方が小さい（低い）と、編目は短小になり、編目は詰まる。これを「度詰」と呼ぶ。一般的には、上下させながら適度を得る。

　度目調整は、見た目や触知感、色柄表現、ボディ感、着心地、品位などの感性的側面、伸縮性や破裂性、寸法・形態安定性、ピリング性などの性能的側面、糸量や幅長、厚さ、目付、生産能率、不良発生率、生産原価、利益率などの営業的側面など、これら広くに関わる重要な生産要素である。

・形態安定性……「斜行（地の目斜行）」「捩れ」などの発生の有無

・斜行……縦や横に編目が歪むこと。これにはコースの編目曲がり（コースの斜行、弓なりの曲がり）と、ウェールの斜行がある

・形崩れ……編目構造が開きっぱなしになって起こる

　これらは糸使い（双糸、SZ使い）、糸の作り（撚り数、撚り止めセット）や、編生地の染色仕上、ヒートセットなどの仕方によって改善されるが、発生防止にはさらに度目管理の思考と現実的処置が必要になる。

　度目は目盛りで設定できるが、その数値的内容は編機メーカーや機種によって異なる。同一機種でも個体差がある（目盛りの位置を同じにしても差異が出る）。そのため、指示伝達、記録（編成用データの作成）は簡単ではない。編成指図・指示は、現物見本の添付、定糸長での編目数、引目度目などで対応している。

　度目管理の範囲は、染糸の濃度、作業現場の湿度、編成時の糸張力、巻き取り張力にまで及ぶ。さらに、原糸の紡糸、紡績、染色工程での「ロット混入（釜違い）」へと作業現場の外に広がる。

・糸張力……給糸からフックまでの間の編糸に掛かる張力など

・巻き取り張力……編下り生地を巻き取る力の強さ、斑のこと

　度目を編地のデザイニングの流れに沿って位置づけると、次の①〜⑤になる。

①服とその着装イメージ、その編地のイメージ（度目のイメージ）を想定する

②想定したイメージを具現化するために適切な構成要素を選択・決定する

　　・原料

　　・編組織

　　・編糸の構造（性状・形状）

　　・糸番手

　　・ゲージ、編機

　　・編み度目：所定長（1インチなど）

　　・目付

　　・仕上など

③度目を変えての試編。編成用データを得る

④編成（度目調整）
⑤現物（製品反）：編上り度目、引目度目（引度目）、置き度目
　編地は編み下ろしてから時間が経つと、編目が変形したり、地が収縮して密度が変わったりする。伸縮性に富む編地は置き方でも変わるから、引目器で測定する。

A）-2-⑦　ジャージーの編地柄

　編地でいう「柄」と、織物服地やプリント服地でいう「柄」は、意味する内容が異なる。プリントでいう柄は、比較的平らな布面に染め表される色柄。ジャージーの柄は、編糸のテクスチャーと編組織・編み方で作る立体的起伏・隙間に表される模様である。それが白無地、無地であっても柄である。無地柄・組織柄である。これが基本にあって、配色柄がある。
　ジャージーの編地柄には、緯編地（横編地、丸編地）、経編地のものがある。

●緯編地の編地柄
　無地柄と配色柄に大別され、それぞれから多様な柄が枝分かれしている。

図I-2-25　ジャージーの緯編地の編地柄の分類

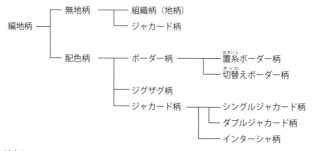

a）無地柄
　無地柄とは、同色（1色）の無地の編地。組織柄とジャカード柄に分けられる。
　組織柄は、同色の編地である。編組織や変化組織、形状が異なる糸などの組合

せによって、布面に起伏・隙間が一定の形となって規則的に現れたもの。構成要素の組合せ次第で多種多様な編地が生まれる。これに仕上加工を施して変幻させる。その表現は織物よりもはるかに立体的で、変化に富んでいる。編地では地織模様に相当する組織柄を「地柄」と呼んだりする。ジャカード柄は、意匠として表現する模様である。無地柄の場合には、同色の糸のみが用いられる。編機は、ジャカード装置を装着したシングルニードル機、ダブルニードル機が使われる。

b）配色柄

配色柄とは、2色以上の編糸を用いて表す柄である。単に「色柄」ともいう。ボーダー柄、ジグザグ柄、ジャカード柄に大別される。

・ボーダー柄

横縞（ホリゾンタルストライプ＝ Horizontal Stripe）のこと。編み方によって、置糸ボーダー柄と切替えボーダー柄に分類される。

置糸ボーダー柄には、シンプルな表現が多い。例えば「ラガーストライプ」「パイレーツ」がある。繰り返される横縞が構成する柄の1単位（1リピート）の幅は狭い。シングルニードル機やダブルニードル機の給糸口数内でリピートされる横縞の丸編地である。ストライパー付編機では、1給糸口に4本の糸が供給される。その4本を自由に選択して編み込み、ボーダー柄を容易に表す。

切替えボーダー柄（ストライプ切替え柄）は、多色使いで複雑な横縞表現が多い。繰り返される横縞柄の1単位の幅は大きい。切替え式給糸装置を装着したシングルニードル機を使い、給糸する色糸を変換して給糸口数以上の色数で横縞を表す。丸編機は螺旋状に編み続けるから、自動的に給糸すれば止まらない。高速で編み、量産することができる。したがって、編コストは低くなる。置糸ボーダー柄は切替えボーダー柄よりもさらに低コストである。

・ジグザグ柄

横編機では編目を左右に振る「振り編」によって表現される。経編機（ラッセ

ル編機）では、「アトラス編」と他の組織との組合せで作られる。ニットウェア
に見られるジグザグ柄は、「横使い」の可能性に注視する必要がある。

・ジャカード柄

　意匠として意図的に表現する模様である。無地柄の場合には同色の糸のみだが、
配色柄では2色以上の糸が用いられる。

　編機には、ジャカード装置を装着したシングルニードル機（シングルニットジャ
カード機）やダブルニードル機（ダブルニットジャカード機）が使われる。コン
ピューター制御の機が多い。ダブルジャカード機では、インターロック出合いに
よって裏面がバーズアイ（Bird's Eye ＝鳥の目）組織で無地のタイプや、裏面が
細かなストライプ状のタイプが編まれている。シングルニードル機では、「フロー
トジャカード柄」「天竺ジャカード」などと呼ぶ横編地、丸編地が編まれている。
柄糸は柄を編むと裏に回り、水平に飛ぶ浮き糸になる。引っ掛け、引きつりやすい。

　ブリスタージャカード柄はジャカード柄の一種で、柄が浮彫（レリーフ＝
Relief）のように立体的に表現された緯編地の総称。隆起柄（レリーフ、リリーフ）
ともいう。隆起が低いタイプは「シングルブリスター」、高くて目立つタイプは「ダ
ブルブリスター」と呼び分けられる。無地柄と配色柄がある。ブリスター組織は
リブ編と浮き編の併用で編まれている。

　インターシャ柄は、柄と地の絵際がはっきりとしているのが特徴。絵際に表裏
の重なり合いはない。裏面に柄色の糸は回っていない。横編地に多い「アーガイ
ル（Argyle、Argylle）」は、その代表的な柄である。インターシャ（Intarsia）と
は「寄木細工」「象嵌」を意味するイタリア語。

c）リバース演出

　リバーシブル（Reversible）とは、裏表が同じゲージで編まれていること。だが、
裏表は、①異色、あるいは②異組織、③異光沢の編地である。編み方は、裏糸と
表糸を編針の角度を変え、さらに糸の張力を違えて給糸して編むプレーティング
＆リバーシング編が用いられる。編機にはダブルニードル機、シングルニードル

機などが使われる。

ダブルフェイス（Double Face）は、表裏の糸番手とゲージがともに異なっている。それによって、表裏のテクスチャーが異なる多様な緯編地ができる。リバーシング編（緯編の編み方の一種）を用い、編機はダブルニードル機や両頭式編機などを使う。織物のリバーシブルとの相違に要注意だ。

● 経編地の編地柄

経編地の特徴的な配色柄とその編機は次のようになる。

その柄は、基本組織（デンビー編、コード編、アトラス編）に、さまざまな変化組織や編糸を組合せて表現される。

ストライプ柄（縦縞、バーティカルストライプ）、アーガイル柄、ダイヤ柄（Dia）、ジグザグ柄などのラッセル編地には、ラッセル編機を使う。

図1―2―26
ラッセル編機によるアトラス編（バンダイク編）
組織模型画：小笠原 宏

ダイヤ柄には、トリコット編機で編んだトリコット編地、ミラニーズ円型編機で編んだミラニーズ丸編地などがある。

ラッセルジャカード柄やラッセルリバーなどは、ジャカード装置を装備したラッセル編機で編んだもの。アウター用編地も作られている。

バイアスストライプ（ダイアゴナルストライプ）、バイアスチェックなどは、円型ミラニーズ丸編機を使って作られる。〈→本項のC）編レース〉

経編は、緯編では表せない繊細なストライプ柄（縦縞）や、ダイアゴナルストライプ柄（斜め縞）などの表現を得意とする。編幅が広い（2m）ことから、ストライプ柄は「横使い」で服に用いられてもいる。編糸には、化学繊維のフィラメント糸が多用される。

編地柄の表現内容によって、編組織・編み方、ゲージ、編機、編針などは異なりもする。それらの選択・組合せは、柄の表現性に留まらず、服地としての風合いやボディ感の創出にも関わっている。

〈⇒Ⅳ―19 テキスタイルCADシステムとアパレルCADシステム〉

079

A）－2－⑧　仕上り幅と目付の重視

　ジャージーは、編組織が同じでも、後加工（仕上）によって風合いが著しく変化する。それは織物よりも激しい。仕上とは、縮絨の強弱、毛足の長短、毛羽の粗密などの程度や、起毛の姿かたちに変化をつけることなどを指す。

　「例えば、梳毛の 40 ～ 45 番単糸を用い、口径 33 インチの丸編機を使って、20G で編む。スムースであれば軽い縮絨で 155㎝、ミルドで 150㎝、強い縮絨で 145㎝と、仕上り幅を変える。当然、見た目も触れた感じも変わる。ポンチローマであれば 160㎝幅で編み上げ、ノーマル仕上で 160㎝（生地幅）× 1m（長）で 235 ｇにするが、強く縮絨して地を詰め（生地幅は 150㎝に縮む）、250 ｇの重さに変える。これならコート地になる。このようなわけで、取引では編地幅と目付（g/m²）が重視される」（小笠原宏、2016）

　高価で親水性（吸湿性が高い）の繊維、あるいはそれを使用した生地の商取引で、その重量（目方）を測るときには要注意である。ポイントは、①繊維・生地の吸湿状態と、②置かれている環境の湿度。生地の重さは意図的に操作できるからだ。繊維・生地に湿気を与え、重くさせる。測る場所の湿度を高くしておき、その湿気を吸わせ、重くさせる。このようなことが可能であるだけに、「公定水分率」の知識が必要になる。

　公定水分率は、羊毛が 15.0％、絹が 11.0％、麻（亜麻、ラミー）が 12.0％、綿が 8.5％などとなっている。測定するときの標準状態は、気温 20 ± 2℃、湿度 65 ± 2％である。

B）成型編地

B）－1　成型編地と無縫製ニットウェア

●成型編の編地
　成型編の編地の名称と編機の関係は次のようである。

図1—2—27　成型編の分類

　成型編地とは、成型機（横編機、フルファッション編機＝ Full Fashioned Knitting Machine、FF 機）で横編したパーツ（パターン）、あるいは目的の形状の編地を指す。成型編することを「ファッショニング（Fashioning）」という。

　丸編成型編機（ガーメントレングス機＝ Garment Length Machine）で作る成型編地は「ガーメントレングス編地」と呼び、作り方が異なる横編のものと呼び分けている。丸編成型編機は「セーターマシン」とも呼ばれている。セーター用としてよく用いられているからであろう。

　無縫製ニットウェアは、編糸から直接、服に編立てしたもの。反物にならないで、編んだそばから服の形になり始める横編物の一種である。「Yarn to Garment」ともいわれるこの製法は、コーンから引いた糸をそのまま編成するから、糸の風合いがそのまま編地に表現される。商品に島精機の「ホールガーメント®（WG®）」や英国の「インテグラルガーメント（Integral Garment）」などがある。

●成型編地

　成型編地には横編地とフルファッション編地があり、いずれも用いられている。横編機も FF 機も、「目減らし」「目増やし」によって編地の形（パーツ）を自在に作る。「タックワーク（Tuck Work）」「振り（ラッキング）」で、変化ある編地柄を種々多様に編み出す。編地の点から見れば、ほぼ同じである。

　横編の成型編地は、各パーツをその形状に編んだもの。これを「切り離し→その1着分をリンキングして→ニットウェア」にする。

　横編機を用途で大別すると、生地編機と成型編機になる。成型編地を得ようとすれば、その狙いに応じて横編機か FF 機かを決め、使い分ける。

図1—2—28　変化編の目移し（Transfer）

目減らし

目増やし

組織模型画：小笠原 宏

●フルファッション編地の特長
・編目がきれい
・編目を綴り合わせた（つなぎ合わせた）箇所がカットソーのように盛り上ることなく、目立たず、仕上りが美しい
・編地の伸縮性が失われない
・カットロス（裁断ロス）が極めて少ないから、高級・高価な素材を使える
・横編機の編み方を用いることができる。天竺編とその変化組織を中心に、多様な編地柄の表現ができる
・編地内に異なる編み表現を編み込むことができる。インターシャである。パーツ全体を別の編み方にすることもできる
・編成中に編糸を替えることができる。多色切替えも可能
・目減らしの箇所に編目が重なって、ファッショニングマークが現れる

●成型編地のつなぎ合わせ方法にリンキングがある
　リンキング（Linking＝かがり縫い）とは、双方の編地の編目と編目を同時に目刺しして、縫糸で綴り合わせる手法である。編地の伸縮性を損わず、継ぎ目は比較的平らである。リンキングには2つの方法がある。
・手かがり（ループとループを手でかがり縫いする）
・リンキングミシンでかがる
　これに対して、流し編地（成型せずに編んだ生地）からの服づくりは、「編地を裁断（Cut）し→ミシン縫製（Sewn）して→服にする」。この服を「カットソー」

と呼ぶ。きちんといえば、「カット・アンド・ソーン（Cut and Sewn）」。このつなぎ目（縫目）の箇所は畝状になり、なめらかな肌触りにはならない。

●フルファッション編機（FF機）の機構

　横編機として基本は同じだが、機構に異なりがある。FF機は、横編機を2〜20台、横一列に連結した姿に見える。その1台を1セクション（Section）といい、1つの編成単位とする。セクションごとに針床と給糸口を備えている。機の大きさはセクション数で表す。10セクションであれば、前身頃10枚を10枚同時に編み上げられる。サイズ違いも色違いも同時にできる。

B）−2　ガーメントレングス編地

　編地は、専用の丸編ガーメントレングス編機で、着分を1単位とし、連続して編む。その際、「単位間ごとに、捨て糸（抜き糸）を入れる→その糸を抜き去ると1着分に分離できる→分離した編地から身頃部と袖部を取出し→リンキングを主に縫製し→1着の服」にする。この編機を丸編成型機（丸編成型編機）、セーターマシンとも呼ぶ。

B）−3　横編ニットウェアの編地のデザイニング

　カットソーづくりは、出来上っている編地（ジャージー）から始まる。それに対して、横編ニットウェアづくりは編糸づくりから始まる。横編ニットウェアとは、一般的にアウター（外衣、アウトウェア）を指し、「出来映えの80％は編糸で決まる」といわれている。その糸づくりは、色糸のビーカー出しやカラーミックスの混紡糸、交撚糸を作ることである。デザインイメージに適合する編糸との出会いや選択、出会った糸から服のイメージを創出するために、イタリアへ探し求めに行くことも含まれる。イタリアには編糸メーカーやヤーンデザイナーが多数存在し、創作を続けているからだ。

ニットデザイナーの本務はニットウェアの創作である。その頭の中にはシンプルにしてハイエンド、気流にビブラートするようなシルエット、色糸が響き合うファンタジックな編みの服がイメージされている。それを実現するためには、編糸との出会い、糸使い、編組織、編機、仕上効果の熟知・駆使を前提に、技術・技能と手間が必要なリンキング手法の指図能力を修得することも厭わない。

　横編機やフルファッション編機は、変化に富んだ形状の糸（意匠糸）が使え、表情豊かな編地を作ることができる。経糸挿入横編機は、横編組織に異色の経糸を加え、多彩にして変化ある編地柄や、縦横に伸びる横編地を作る。このような強みに、並みの丸編地や経編地は太刀打ちできない。

　編地のデザイニングは工業デザインである。フィーリングだけでは編物（布・服）としてのデザイン表現はできない。テキスタイルデザインは「プリント図案→プリント服地→織物服地→編物服地→ニットウェア」と順を追うにしたがって、工業製品の色彩が濃くなる。デザイニングに工学的思考と設計が必要になっていく。ここまでくるとレオナルド・ダ・ヴィンチ的職人が務める仕事である。製品を作るだけの職人ではなく、アーチストとしてのセンスある職人たちの舞台。あるいは、ニットデザイナーと編み職人との試行錯誤と切磋琢磨による協働製作になる。

　このようなカットソーとニットウェアをハイファッションとして認めさせ、モードの中に位置づけたのは、次のクリエーターの創作活動である。

●ミッソーニ（MISSONI）〜編み色の魔術師
　イタリアのミッソーニ夫妻は、「ミッソーニスタイル」といわれるスタイルを創出した。その特徴は、①カラーミックス糸の創作、②その色糸のマルチプルカラー配色という、二重仕掛けの「並置混色的」効果が醸すファンタジックなカラーワールドである。暈したような、滲んだような色柄表現は、編組織に特有なもの。これに絣糸使いが加わる。多色使いは、遠目には混色し、カラーミックス効果（色調）を現す。

　このような色柄を心とすれば、その身体は新たに開発した編組織が作り出す平らな編地である。ストライプ、ボーダー、ジグザグなどの表現は編機の得手。パッ

084　第Ⅰ部　服地ができるまで　❖　第2章　服地の生産・流通

チワークはコンピュータージャカード機にとって容易い仕事。緯編機（横編機、丸編機）、経編機（ジャカードラッセル機を含む）、ラッセル漁網機などを見事に使い分けている。編地の形状はジャージー、ガーメントレングス編地、成型編地とさまざま。経編の流し編地を「横使い」して服を作ることも行っている。

　この「編み色の魔術師」は、経営理念・思想を明確に持ち、実践している。その１つは、ファクトリーブランドを持つニットメーカーとしての、工業デザインの合理性に基づくデザイニング・設計である。だだし、それに偏ることなく、おしゃれなセンスとコラボレーションしている。２つ目は企業規模の適切さと産地立脚の堅持、３つ目は人間的生活の堅持、などなどである。

●ソニア・リキエル（SONIA RYKIEL）〜ニットファッションの先駆者

　フランスのソニア・リキエルは、ジャージー、ガーメントレングス編地、成型編地を熟知し、その特性を服に変換したデザイナーである。さらに進めて、それらの違いを着合わせて楽しむという、おしゃれなスタイルを創出した。それは、筆者のように織地を当然視してきた目と、まとってきた身体にとって、実に新鮮な衝激だった。当時、日本ではその服を解体・分析するなど、すべてにわたって研究したものだった。彼女は「スティリスト＝ Styliste（仏語）」であり、「ニットファッションの先駆者」でもある。

　〈→本項のＣ）編地と編機、編立ての関係。Ⅱ－２－11 ニットデザイナー。コラム8 編糸と織糸の違い、編地の調達。Ⅰ－２－４ レースメーカー〉

Ｂ）－4　成型編地の生産・流通

　ジャージーは、服地卸の商品としてアパレルメーカーと商取引される。それに対して成型編地は、ニッターとアパレルメーカーの直接の取組みとなる。服地卸の介在は無用である。ジャージーや織物服地は見込生産（自社工場）・製産（委託工場）されるが、成型編地にそれはない。すべてニットデザイナー主導（ニットウェアデザインに基づく）の受注生産となっている。

コラム3

解ける。解れる

「編物は解ける。織物は解れる」と秦砂丘子さん（ファッションデザイナー）はいった。彩りのビブラートを話し合っているときに。

織物を形づくる糸は、ほぼ直線的に縦横に交錯しているが、編物の糸は曲がりくねって絡め合い、広がる。織物に感じる几帳面さとは異なって臨機応変さがある。織物を形づくる織糸が構造する姿かたちは2次元的で、単純である。一方、編物の編糸がとる姿かたちは、3次元的で複雑である。

アウターで用いられるジャージーは、ダブルニットが多い。その構造は複雑で、細糸が用いられていることから、肉眼で知るのは難しい。編地と織地を判別できない業界人は多い。織物デザイナーやプリントデザイナーが編物デザインに取っ掛かりにくいのも事情は同じである。専ら織地を用いてきたアパレルデザイナーにとっても同様。構造体（ニットウェア）としての空間把握・動態把握、造形思考の切替えは難しい。

図Ⅱ－2－29　織物と編物の組織の違い

  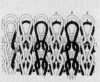

一重織物　　　シングルジャージー　　　ダブルジャージー
（平織組織）　（緯編：天竺編）　　　（緯編：両面編）

編組織模型画：小笠原 宏

C）編地と編機、編立ての関係（総括）

ここまでに述べてきた編み関連の事柄を総括し、次頁で図解する。

図I−2−30 編地と編機の関係一覧

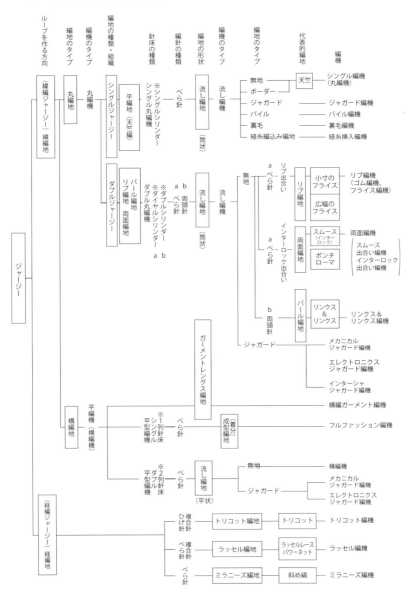

表 I−2−1　編機と編地の形状一覧

	編　機	編　地	形　状	製品化
横編	横編 ジャージー機	流し編地		→カット＆ソーン （ミシン縫製）
	横編 ガーメント レングス機	ガーメント レングス編地	抜き糸	→リンキング or ミシン縫製 着分ユニット
	横編成型編機 （フルファッ ション編機）	成型編機	パターン形状の編地　→リンキング 8セクションの編機（身頃8枚、同時に編成）	
	無縫製 ニット機 （ホールガーメ ント®機）	無縫製ニット		
丸編	丸編 ジャージー機	流し編地		→カット＆ソーン
	丸編成型編機	丸編成型編地	抜き糸	→リンキング
経編	トリコット編機 ラッセル編機 平型ミラニー ズ編機	流し編地		→カット＆ソーン
	円型ミラニー ズ編機	流し編地		→カット＆ソーン

Ⅰ—2—4　レースメーカー

　糸レース(リバーレースやトーションレースなど)、編レース(トリコットやラッセルレースなど)、刺繍レース（ケミカルレース、チュールレース、エンブロイダリーレース、アイレットレースなど）を機械で作る。

A）加工方法による分類

　レースメーカーは、透けて見える地に模様を表す方法の違いによって、次のような専業に分かれている。

図Ⅰ—2—31　加工方法によるレースの分類

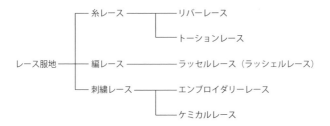

B）糸レース（Bobbin Lace）

　糸レース（ボビンレース）は、糸を撚る（捩る）、あるいは組んで作る布レースの総称。レースを作る方法の違いで次の3タイプに分類される。

●リバーレース（Leaver Lace）
　「レースのクイーン」と賞賛され、希少で、高価である。リバーレース機で糸を撚り合わせて（Twisting）作られる。ラッセルレースの技術向上により、作られる量は少なくなっている。

●プレーンネット（Plain Net）
　小さな正亀甲目を表している。糸を撚り合わせて作る「網地」である。

●トーションレース (Torchon Lace)
　細幅でテープ状の、粗い目のレース。幅は20cm以下。縁飾りによく用いられる。
トーションレース機（組物レース機）で組合せ（Plaiting）て作られる。

C）編レース（Knitting Lace）

　編レースは、ラッセル編機で作ったレース模様の経編地。「ラッセルレース」
または「ラッシェルレース（Raschel Lace)」と呼んでいる。編機にはレースラッ
セル編機が使われる。リバーレースや刺繍レースと見紛うものが高速で量産され、
安価で、多用されている。「ラッセルリバー」「落下板」などと呼ぶレースである。

●ラッセルリバー（Raschel Leaver Lace）
　糸レースのリバーレースに似て、太めの糸の輪郭線と、その内側を埋める細め
の糸の粗密によって、繊細にして濃淡豊かな諧調を表す、高級感のあるラッセル
編のレースである。

●落下板（Fall Plate Raschel Lace）
　落下板とは、「落下板ラッセルレース」の俗称。柄糸は地組織に編み込まれず、
両端のみが留められ、横方向に浮き、地組織の上に立体的な模様を表す。落下板
を装着したレースラッセル編機で作られる。

　レースラッセル編機は、3つに大別できる。

①フレンチラッセル編機
　無地機とも呼ぶ。4～8枚の筬を持ち、基本組織であるデンビー編、アトラス

編（バンダイク編）、コード編、鎖編などシンプルな組織の編地（パワーネットなど）に使われる。太い糸や天然繊維（綿、麻、羊毛、絹など）の糸が使えるから、織物でも編物でもない、「これなあに？」といわれる服地を作ることもできる。

②多枚筬ラッセル編機

　地組織を作る地筬と、柄を表現する多数枚の柄筬を備えている。今日ではこの機の多くがジャカード装置を付け、コンピューターで操作されている。そのことから、ジャカードレースラッセル機と同じとされている。この機では変化ネットの技法も用いられる。多枚筬ラッセル編機には2タイプがある。

・レースラッセル編機……チュール組織を用い、亀甲目（レース目）のラッセルレースを作る。「チュール網の地を作りつつ→模様経糸で柄を線描きし→その内側を振り糸の粗密で埋めて濃淡を表していき→レース模様を作る」。柄の太い輪郭線を「ライナー」という

・カーテンレースラッセル編機……マーキゼット組織を用い、角目のマーキゼットカーテンレースを作る。マーキゼットは「角目の編地を作りつつ→その角目を糸で埋めたり、透かし目にしておいたりして→モザイク状の模様を表す」。マーキゼットは、鎖編の1本1本を、横方向に入れた挿入糸で連結したもの。ラッセル緯糸挿入装置を使い、織物のように編幅いっぱいに入れる

〈→コラム2　織物の風合いに近い経編地づくり〉

③ジャカードラッセル編機

　ジャカード装置を付けたラッセル編機の総称。コンピューターで操作される。この機には、ラッセルレースを作るレースジャカード機と、アウター用ラッセルジャージーを作る機の2タイプがある。

・レースジャカード編機……多種の変化ネットで、繊細にして大柄なリバーレースのような「ラッセルリバー」や、リバーレースの高級感に比肩する今日的感覚のレースも作ることができる。ジャカード装置付きの多枚筬ラッセル機がこれである

・ジャカードラッセル編機……変化ネットを用いてアウター用のジャージーを作る

図Ⅰ—2—32　レースラッセル編機を中心としたラッセル編機の分類

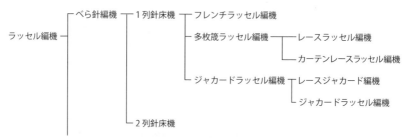

※べら針からコンパウンド針（複合針）の使用へと移行している。高速化が目的。

　現今の趨勢からすれば、編機は2つに大別できる。図Ⅰ—2—32を従来の姿とすれば、現在進行中の状況は図Ⅰ—2—33のようになる。

図Ⅰ—2—33　現在の編機の分類

　多枚筬ラッセル編機もジャカード編機も、コンピューターでの制御が大勢となっている。コンピュータージャカードラッセル編機は、多種多様な編組織（変化ネット）を用いて、多様な編柄を表現できる。次のように指摘するメーカーもある。「ジャカードラッセル編機が表現する柄は今、レース目や角目の他に、アウター用には変化ネットが主流になっている。これは1枚の編地の中にいろんな種類の変化組織を表現し、リバーレースに比肩する高級感を漂わせる」（川下晴久、双葉レース、2016）。
　コンピュータージャカードラッセル編機の利点は、
・柄出しが速く、試編がすぐにできる

・柄の表現が自由自在（柄行(がらゆき)、構図の設定・変更、拡大・縮小など）
・柄の記録、呼び出し、組合せが容易
・柄出しの費用が低い
・小回りの生産、試編ができる
などである。

コンピュータージャカードラッセル編機は、織機のコンピュータージャカード織機と同じ原理である。〈→Ⅰ－2－2 織布業 D）織機の分類〉

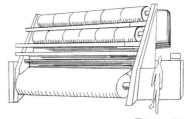

図Ⅰ－2－34
コンピュータージャカードラッセル編機

レースラッセル編機は、機種によって編糸の使い方、模様の表し方が異なる。糸質の違いで編機を改変したりもする。

「例えば、フレンチラッセル編機でモール糸、ウール糸を使うのであれば、編針を太くして、セッティングを変え、ガイドアイ（導糸針）の孔を大きくする。これらの工程は手作業でなくてはならず、2～3週間もかかる。セッティングとは、『編機に掛かっている経糸を切り→編針を外して→付け替える、あるいは編針を抜いてゲージを変更する→筬合(おさあわ)せをする。新しい糸を1本ずつガイドアイに通す（糸通し、筬通し）。その後→編みつけをして編成準備を完了させる』こと」（川下晴久、『チャネラー』2001・2月号＋筆者インタビュー 2016）

筬合せとは筬の取付け位置などの調整。編みつけとはセッティング変更後の作動確認のこと。

「ラッセルレース編機は、基本的に大量生産向き。少量生産の別注への対応は難しい」（川下晴久、2016）ことから、アパレルメーカーはニッターや服地卸の手張(てば)りから選択・調達することになる。

トリコット編機で編んだ経編地のトリコットレースや、丸編機で編んだ緯編地のレーシーニットなどは、編レースとはいわない。だが、素人目にはレースと見えるこの存在は軽視できない。糸レースとラッセルレースを判断できない不慣れなアパレルデザイナーもいる。これに便乗する業者もいないわけではない。

〈→Ⅰ－2－3 ニッター。⇒Ⅳ－19 テキスタイル CAD システムとアパレル CAD システム〉

D）刺繍レース（Embroidery Lace）

刺繍レースには3タイプがある。
①透けた基布に刺繍した糸で模様を表すもの。ex.）チュールレース
②刺繍した糸の模様だけで、基布がないもの。ex.）ケミカルレース
③基布に孔を開けて模様を表すもの。ex.）アイレットレース

●チュールレース（Tulle Lace）

チュール地に刺繍したもの。「チュールづくり→刺繍」の2工程で作られるから高価になる。チュールはラッセル編機やチュール専用トリコット編機などで作られる。

●ケミカルレース（Chemical Lace）

ケミカルレースの基布には、水溶性ビニロン（PVA）が多用される。「刺繍してから基布を溶かし去る」ことで、刺繍糸で表現した模様だけが残る。「ギューバーレース」「ギュビールレース」などの別称がある。

●アイレットレース（Eyelet Lace）

鳩目（Eyelet）のような小さな丸い孔が模様を構成している綿レース。孔の縁は糸でかがってある（絡げて縫う）。

刺繍レース地と刺繍服地の違いは、地（基布）が透けている、地に孔が空いているなどで、向こうが透けて見えるか否かで決まる。透けているものがレースである。刺繍は模様が複雑になるほど生産能率は低減し、加工賃が高くなる。

刺繍には、レギュラー機、ジャイアントエンブロイダリーレース機などが使われる。ジャイアントエンブロイダリーレース機で多用されている機種は、13.7m機（15ヤード機）である。20m機などもある。レギュラー機とは9.1m機（10ヤード機）のこと。13.7m機が刺繍する幅は13.7mである。機械幅は18m、高さは

4.5mと巨大である(レギュラー機の高さは3.5m)。機の上下2段に分かれた枠に、基布を横にして垂直に張り、その幅を刺繍し、13.7mの長さのレースを作る。この上下2段の基布を同時に刺繍する刺繍針は1000本以上。一斉に作動する針の下部に備えた錐(きり)は、小さな孔を開けることができる。

図I—2—35　ジャイアントエンブロイダリーレース機

提供:伊藤一憲

自動的に色糸を切替え、多色の刺繍レースを作るカラーチェンジ機もある。CGSデータを利用する生産が行われている。フロッピーディスクによるパンチング、LANで作動させる「直レース機」などが使われる。

図I—2—36　エンブロイダリーレースとケミカルレースの工程

```
                                          ┌ [基布]
[パンチング用製図] ─ パンチング ─ [パンチングカード]
                          ├ [パンチング見本] ─ 刺繍 ─ [エンブロイダリー原反]→
                          └ [刺繍糸]
                                    ┌ カッティング
→補修 ─ シャーリング ─ 仕上加工 ┤                  ┌ [エンブロイダリーレース]
                                    └                  └ [ケミカルレース]
     ┌ 毛焼き、溶解
     │ 精練、漂白
     │ 染色、仕上
     └ 樹脂加工など
```

※パンチング用製図を「ドラフト」ともいう。図案をもとに「糸の通り道」をつける図面。作り手の技術力が表れる最重要工程。

E）レース地の幅、大きさによる分類

レース服地はその幅と大きさによって分類される。次にその関係性を示す。

図 I－2－37　レース地の幅、大きさによる分類

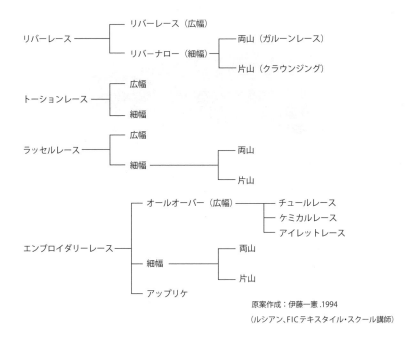

原案作成：伊藤一憲 .1994
（ルシアン、FICテキスタイル・スクール講師）

● 広幅レース（92cm以上）
　全面が模様で埋まっているものを「オールオーバー（All Over）」と呼ぶ

● 細幅レース（13～20cm未満）
　広幅として作られ、晒加工してから、細幅に裁断して作る

● リバーナロー（Leaver Narrow）
・ガルーンレース……両ボーダーにスカラップ（飾り編）がある。両山である

・クラウンジング……片ボーダーにのみスカラップ※がある。片山である

※帆立貝（Scallop）の貝殻のような波状の縁取り。

●アップリケレース（モチーフレース）

　単位の模様を切り離して服に縫い付けられる装飾的なレース。華麗なレースをワンポイントとする服のデザインに利用される。襟レースなどがある。

Ⅰ—2—5　ファブリックワーク

　装飾を立体的に表現する服地づくりを、織り、編み、レースを用いずに、針を使って作る手芸的技法の総称がファブリックワーク（Fabric Work）である。その技法を目的効果で大別すると、はっきりとした陰影を表す技法と、目立った透け目を表す技法に分けることができる。種々ある技法を挙げる。

・キルティング（Quilting）

・スモッキング（Smocking）

・ピンキング（Pinking）

・コード刺繍（Cording Embroidery）

・シャーリング（Shirring）

・ファゴティング（Fagoting）

　これらは手芸技法の名称だが、製品名としても用いられている。また、同系の技法の総称でもある。実際ではさらに細分された技法・名称が用いられている。

　ファブリックワークでは、1種類の技法だけを用いる場合もあれば、複数の技法を混用する場合もある。本項ではキルティングを中心に述べる。

A）キルティングのファブリックワーク

　キルティング製品をキルト（Quilt）、マトラッセ（Matelassè）と呼ぶ。キルティングは、表地（キルトトップ）と裏地の間にシート状のキルティングわたを挟み、

097

ステッチ（Stitch）し、一体（1枚）にして、キルトとして完成させる。

　ステッチとは、指縫いのことである。それによって、模様が生地上に盛り上って現れる。直線的ステッチであればタイル張り状、ダイヤ柄、畝などが、曲線的ステッチであれば波（ウエーブ）が、マシーンメードを感じさせる幾何模様として表現される。表地と裏地を異素材（テクスチャーが異なる）にしたり、色・柄を違えたりすれば見た目にも楽しいクラフト的表現が生まれる。一般的にはここまでである。

　表地と裏地の形状・性状を異にしたり、縫糸の性状を地糸と違えれば、表面効果は著しいものとなる。これにスモッキングやピンキングなどの技法を加えると、キルトとは見えない、さりとて織りでも編みでもレースでもない表情が現れる。それとは、立体的な模様、透け模様、縮縮効果、膨れ（ブリスター）効果、ギャザー、アンチ貫糸効果、トランスペアレントカラー効果である。また、薄くて軽いキルトをベースに、スリムなシルエットを表現できる。しかも、保温効果が高い服地が得られる。このレベルになると、用いた加工法の判別は難しく、生産コストはブラックボックスの中である。

　いずれの技法も機械を使っている。キルティング機、機械ミシン、多頭ミシン刺繍機などである。

・スモッキング……襞飾りのこと。襞山をすくって表す
・ピンキング……つまみ縫いで、ぷっくりとした形態や折れ山を生み、それを規則的に配置して表すこと
・多頭ミシン刺繍機……多数台のミシンを、横一列に並べつなげたような刺繍機

B）その他の技法

・コード刺繍……紐で描いた盛り上った模様を、地に縫いつけて表す
・シャーリング……生地を寄せ縮ませて、ギャザーを作ること。そこに、装飾的なしわや襞ひだが生まれる
・ファゴティング……レースのような透け目を作る

C）技法のコンプレックス

ファブリックワーク創作のポイントは、多種多様な技法の熟知とユニークな組合せにある。ここに各種素材の性状把握・活用が加わる。キルティングとステッチ、刺繍、レース、オープンワーク、カットワークなどの技法の境界はあいまいである。現場では取混ぜて用いられている。そこに着想のヒントがあり、即、試作が可能な環境もある。

製品の出来映えや新奇性は、職人の技量とセンス、創意によって決まる。加えて、加工機や器具（アタッチメントなど）の独自な改変・用い方がある。このような物づくりは、工房型のデザイン企画、加工生産である。デザインの発想は、モノを作る「手」から生まれる。生産現場発のクリエーションである。「アパレルデザイナーと、製品化に必要な技術と設備を持つ作り手が直接会い、フェイス・トゥ・フェイスで意図する表現に最適で合理的な素材・加工技法を練り、オリジナル商品の創作が叶えられる」（林千寿、2009）のである。

ファブリックワークは価値観の共有による少量多品種生産、いわば「価値観生産」が基本になる。

Ｉ―2―6　染色加工業

生機をそのまま服地にすることはなく、染色仕上加工を経て、色柄を表し、布に表情を作り、風合いを生み、ボディ感を現すように、着心地良くなるように調整され、製品反となる。こうしたことから、染色加工はキーインダストリーに位置づけられる。染色加工業は染工場（せんこうじょう）とも呼ばれる。

Ａ）染色加工

精練・漂白、染色・捺染（なっせん）、仕上加工、特殊加工などを一括して、「染色加工」と呼ぶ。
染色加工業には、精練・漂白と染色、それに続く後加工（仕上加工や特殊加工）

を一貫して行う工場大手と、精練・漂白、浸染、捺染、製版、仕上・整理などを分業する専業の中小規模の工場がある。

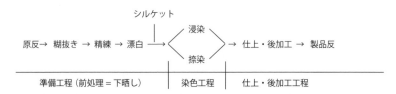

図 I—2—38　綿織物の染色加工工程

染色加工の役割は次の4点である。

①色を表す……原綿、原毛、トップ、生地糸、生機、製品などに、精練・漂白、シルケット（マーセリゼーション）、浸染、捺染などを施して、色や模様を表すこと。白色にする、褪せた色にする、素材色を表す・残すことなども含まれる
②体裁を整える……染色加工した後に、生地幅を整えたり、形態を安定させたりすること
③テクスチャーを与える、風合いを生む……起毛して毛羽を出したり、揉んでしわを与えたり、擦って艶を出す、縮絨して地を詰めるなどのことをする。しぼを発現させるなど
④機能を与える……高分子加工（樹脂加工）、高密度・高収縮加工などを施して、服地に目的の性質・機能を与えること。自然な感じを出すだら干しもある

染色加工業者が行う染色や高分子加工は、化学の分野に属している。その点で、紡績、撚糸、織布、編立てなど、物理分野の加工業者とは異なっている。染色加工業者は、浸染や捺染などの染色方法や染色機の種類、染色するもの（被染物）、仕上・後加工の内容などによっても専業に分かれる。染色方法を便宜上、次のように分類する。

図1−2−39　染色方法の分類

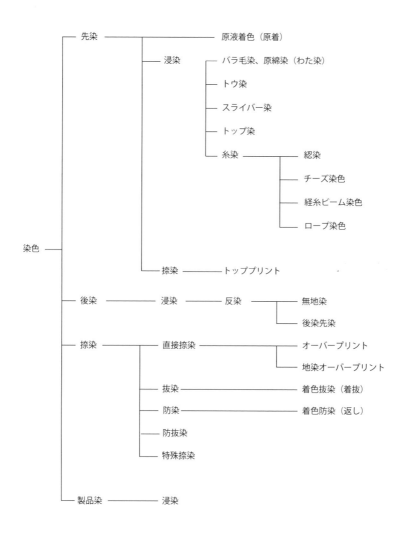

※製品染を、セーターの場合は「成形（型）品染」「ピース染」などと呼んでいる。

B）精練・漂白などの前処理工程

捺染の場合、精練・漂白を含む前処理の一連の工程（綿布では毛焼き、糊抜き、シルケット、蛍光増白。羊毛織物ではクロリネーション。合繊織物ではヒートセット）を、「下晒し」と呼んでいる。染色する生地を染下生地（染生地）という。

それぞれの工程の役割・効果は次のようになる。

図1—2—40　綿織物の前処理（下晒し）工程

●毛焼き（Singeing）

短繊維織物の糊抜き工程に先立って行われる。布面に出ている毛羽を燃焼して除去すること。それにより、光沢が出たり、風合いが変わる。染料の浸透が良くなり、捺染の色柄は鮮明に染まる。

●糊抜き（Desizing）

織布工程で、経糸に付けた糊（経糊付け＝サイジング）を溶かし去ること。

●精練（Scouring）

繊維、糸、布に施し、不純物を取除くこと。工程中に付いた汚れも不純物である。何を不純物とするかは、デザイン意図によって異なる。目的に対する不要物という捉え方が実際的。例えば、素材色（色素）、羊毛の油脂（グリース）の存在である。

・絹織物の場合

セリシンを除去する。それを糸の状態で行う「糸練り」と、布の状態で行う

「布練り」がある。糸練りした糸を「練糸」と呼ぶ。練糸はそのまま用いられるか、糸染して色糸にして、無地や織柄などの先練織物に用いる。布練りした織物を後練織物という。白生地である。これに無地染、捺染（プリント）などを施す。

　先練りするか、後練りするかは、求める風合いやボディ感によっても決まる。目的とする染色効果も、セリシンを留め置く度合で決まる。精練を生糸や生絹織物に施すことを、「練る」という。

・羊毛織物の場合

　「洗毛」と呼ぶ工程が精練に相当する。それによって、牧場で剪り取ったままの原毛（脂付羊毛＝ Greasy Wool）に付いている油脂、土砂、汗、糞尿などの汚れを洗い落とす。一方、グリースを戻す、あるいは保持して、撥水性・耐水性と保温性、ラノリンの香りを保持したフィッシャーマンズセーター（オイルドセーター）やアウトドアウェアを愛好する人たちもいる。

・絹、ポリエステル織物の場合

　絹やポリエステルなどの強撚糸織物にしぼ（皺）を発現させることを、「しぼ立て」「しぼ寄せ」と呼ぶ。クレープ（縮緬）を作る工程の 1 つである。しぼとは、強撚糸に掛けた強い撚りが、もとに戻ろうとして布面に表すしわである。

・綿織物の場合

　単糸の摩擦による毛羽立ちや切断を抑えたり、双糸の包合性を高める目的で付けた経糸糊を溶かし去る。あるいは、強撚糸の撚りが織布中に戻らないように付けた「撚り止め糊」を除去する。綿縮の製法でもある。糊付け・糊抜きが能率的にできる経糸糊の調製は、染色効果や風合いに関わる重要なノウハウである。

　撚りが戻り、糸が絡むことをビリ、スナールと呼び、織布不能となる。

●漂白（Bleaching）

　漂白は、次のような目的で行う。

103

・白無地づくり

　糊抜きや精練で多くの不純物は除けるが、色素（素材色）はほとんど除去できない。これを消し去り、白色にする。生地糸を晒糸に、生機、グレー（Gray Fabric）を晒織物にする。この工程の重要性については、現場からはこんなこだわりも聞かれる。

　「綿の精練・漂白の方法には、従来の苛性ソーダや塩素を用いる方法と、まったく用いない方法がある。それとは、オゾン漂白とTZ酸性酵素法（KBツヅキ）。いずれも環境にやさしく、綿を脆化するおそれはない。綿布にすると、ふわふわとした肌触りと高い吸水性を現す。皮膚障害のおそれは無用。原綿の選択と、その素材の良さを活かす糸づくりには、そこまでこだわる」（渡邊利雄、2016）

・下地づくり

　次の染色工程できれいな染め色を表せるように、染下生地であるプリント下地や地染用下地を整える。

・素材色づくり

　素材色（ナチュラルカラー）をきれいに表現したり、適度に残して、その素材である証しとする。こうした素材色に、リネンの「リネンカラー」「亜麻色」、ペルー綿の「生成の色」、綿の「生成」、羊毛のウール白などがある。素材色に見せかけた染め色もある。漂白した綿布に化学染料で染色した生成色やシルキーなポリエステルフィラメント織物に施す、絹の「練色」を模した「色味付け」はこれである。

〈⇒Ⅳ—31 服色、布色（織り色、編み色、染め色）〉

●シルケット（Silketting）

　「マーセライズ加工（Mercerizing）」「マーセル化加工」ともいう。シルケットとは和製英語で、国内のみで通用する。綿糸や綿織物、綿ジャージーなどを、①絹のような光沢を生ませる、②縮まないようにする、③きれいに染まるようにす

る加工。糸と布の２段階で施し、効果を高めることもなされる。これを「ダブルシルケット」という。布の段階で施すことを「反シル」と呼んでいる。

●蛍光増白（Fluorescent Whitening）
　漂白した綿織物に、見せかけの白さを与える加工（蛍光増白剤で処理し、可視光線として反射する青紫色を補うとともに、反射光量を増やす）。例えば、ワイシャツ地（ホワイトシャツがなまった国内のみ通用の呼び名）に用いられる。

●クロリネーション（Chlorination）
　染色工程中での羊毛織物の防縮と、染料の吸収を良くするための前処理のこと。

●ヒートセット（Heat Setting）
　ポリエステルなど熱可塑性繊維の織物やジャージーを、目的の形状にする処理。染色加工工程をスムーズに運ぶためのプレセット、中間セット、仕上セットなどと段階的に用いられる。製品反への「ファイナルセット」もある。

●リラックス処理（Relaxation）
　ポリエステル加工糸織物に、梳毛織物のような嵩高と伸縮を生ませる。「加工糸織物の生機を→熱水の中で揉み→仮撚加工（仮撚り糸）に仕掛けておいたクリンプ（捲縮）を発現させて→加工糸織物や加工糸編物（ジャージー）にする」。連続式加工である。加工糸織物は、フィラメント織物（長繊維織物）でありながら、スパン織物（短繊維織物）の風合い（スパンライク）を持っている。

●しぼ寄せ（Creaping）
　しぼのあるポリエステル強撚糸織物にする工程である。その工程は、「強撚糸織物の生機を→熱水の中で揉み→強撚糸の撚りを戻し→しぼを発現させる（しぼ立て）」となる。バッチ式生産工程である。
　しぼと似た形状に「しじら」がある。これは、しぼとは形成の仕方が異なる。

しぼは強撚糸の撚り戻しで現れるが、しじらは糸配列の粗密、経糸の張力差、織組織、糸・布の縮ませ加減などで表現される。しぼ縮みの服地に綿縮、クレープ、縮緬などがあり、しじらには阿波しじら、シアサッカー、梨地などがある。

●アルカリ減量加工（略称は減量加工、N処理）

ポリエステルフィラメント織物に絹織物のようなやわらかさを生み、ドレープが現れるようにする。その工程は、「生機に→アルカリ（苛性ソーダ）を用いてポリエステルフィラメントの表面を溶かし→凹凸にし、細くする」。その糸が織組織の中でわずかに動くことで、風合い効果が生まれる。布は軽くて、薄くなる。減量する度合で風合いは違いを見せる。　〈⇒Ⅳ—9 絹織物服地と「練り」〉

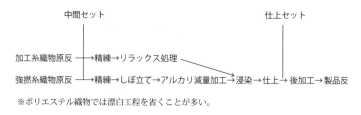

図Ⅰ—2—41　ポリエステルフィラメント織物の仕上・後染工程

※ポリエステル織物では漂白工程を省くことが多い。

C）浸染（Dip Dyeing）

浸染は、「繊維、糸、布、服を、染液（染槽）の中に浸漬し、表裏全面、糸の芯までを均一に1色で染める」染色法の総称である。染着させた後、余分になった染料や助剤を除去するために、水洗とソーピングを行う。使用染料によってはフィックス処理（色止め）を施す。

浸染は、先染と後染（反染）に分けられる。

●先染

1色に染まった繊維（原液着色、バラ毛染など）、トップ糸（トップ染糸）、

染糸（糸染）などを作る。先染とは布になる前（先）の状態で染めること。

●後染

後染服地(無地もの)、後染先染服地、ドミナントカラー配色効果をねらったオーバーダイの服地や製品染した服などを作る。後染とは布にした状態で染めること。

図Ⅰ—2—42　浸染の染色機と先染、後染の関係

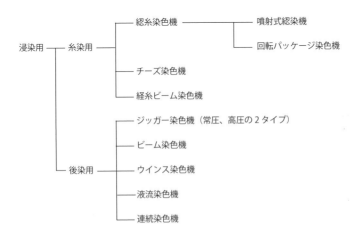

C）—1　先染

C）—1—①　先染の方法

先染の方法には次のような種類がある。

●原液着色（原着）

紡糸原液に染料あるいは顔料を加え、着色し、紡糸する。その色糸を「原着糸」と呼ぶ。化学繊維に用いられる。

●バラ毛染

紡毛を繊維の状態（バラ毛）で浸染する。

●トップ染

「梳毛を束ねて紐状にしたスライバーを→トップ（Top）の姿かたちにして→浸染する」。この糸を「トップ染糸（そめいと）」と呼ぶ。トッププリント糸は捺染して作った糸をいう。

●糸染

生地糸（きぢいと）を浸染して染糸にすること。毛織物では、糸染を「ズブ染」とも呼ぶ。

図I―2―43　先染の方法

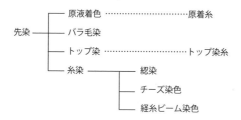

インヂゴブルーのデニムづくりには、ロープ染色を用いる。経糸を染める方法の一種である。染まった糸の外側はインヂゴブルーで、芯部は白である。これを「なか白（じろ）」と呼ぶ。

一般に、無地糸（染糸、単色糸）や無地織物は糸の芯まで同色で、濃淡の差なく染まっている状態を「良し」と評価する。染色技術はこれを目指して改良を重ねてきたが、ロープ染色はこれとは真逆なのである。

※インヂゴとは藍（あい）の色素である。

●羊毛織物服地の染色方法

羊毛織物服地づくりでは、次の4つの染色方法を使い分けている。

①バラ毛染（Loose Stock Dyeing）

　1回の染色量（染色ロット）が多く、大量生産に適している。紡毛織物服地の織糸づくりに多用される。

　紡毛紡績にはトップという形状はなく、トップ染もない。バラ毛染は、炭化中和したバラ毛を浸染すること。異色に染めたバラ毛を混紡して霜降糸を作る。単糸杢である。

②トップ染（トップダイ＝ Top Dyeing）

　梳毛織物服地（ウーステッド）の織糸づくりに用いられる。

　トップとは、梳毛のスライバー（ロービングヤーン）を筒状に糸巻きしたもの。トップ染したスライバーを紡いで作った糸がトップ染糸である。トップ染糸（トップ糸）は、織組織に乱れを起こさず、きれいな布面を作る。そこで、この糸を用いた服地は「トップ」を冠し、「糸染や反染の服地よりも高級」と市場で評され、高価格で売買される。

　梳毛織物服地で「先染」とはトップ染を指す。トップ染糸で無地糸や撚り杢が作られる。異色のトップを混紡して霜降糸も作られる。霜降糸はトッププリントでも作られている。その理由は、「プリントトップの霜降り効果はこなれが良いのが特徴」（堀栄吉、元ミリオンテックス、『毛織物の基礎知識』洋装社、1993）であるからだ。

③糸染（ヤーンダイ＝ Yarn Dyeing、ズブ染）

　糸染で作った染糸は、糸がもつれたり、毛羽立っていたりする。触感はトップ染糸よりもやわらかい。布面はトップ染糸を使った服地と比べて、スッキリ感が劣る。

④反染（ピースダイ＝ Piece Dyeing）

　生地糸で織ったままの反物（生機）を浸染する。浸染、後染、反染については後述する。

図Ⅰ—2—44 梳毛織物と紡毛織物の染色工程

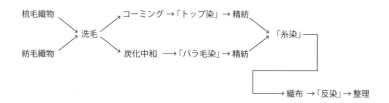

C)—1—② 糸染するときの糸巻きの姿による先染の分類

前項で触れなかった綛(かせ)染、チーズ染、経糸ビーム染について述べていく。

● 綛染（Hank Dyeing）

綛(かせ)とは、綛枠で輪状に巻き取った糸束のこと。その糸を「綛糸(かせいと)」という。綛糸は管糸(くだいと)に比べ、強く引っ張られることなく作られている。そこで、膨らみのある絹糸、羊毛糸、綿糸などに用いられる。綛を染める綛染は少量の糸染に用いる方法で、柄ものの柄糸づくりによく用いられる。絣糸(かすりいと)や、ビンテージ感のある服地づくりに用いられる斑糸(まだらいと)なども、これで作られる。

染機は、噴射式綛染機が多用されている。染液を噴出するスピンドルに綛を掛け下げる。すると、染液は綛糸を伝わって流れ落ち、綛は少しずつ回転し、斑(むら)なく染(し)みる。糸は引っ張られないから、膨らみを保つ。

● チーズ染（チーズ染色 = Cheese Dyeing）

チーズとは、管（ボビン）を芯にして巻いた円筒状の糸巻き。これを縦に積み上げ、円盤上のチーズキャリアに取付け、釜状のチーズ染色機に入れて染める。百数十個のチーズを1ロットとして一気に染める量産型で、糸染の主流の方式である。染液は芯から出され、側へと貫通する。染糸は綛染に比べて、膨らみに欠ける。斑糸も作られている。

図Ⅰ—2—45
チーズ染色機
（蓋を開けた状態）

110　第Ⅰ部　服地ができるまで　❖　第2章　服地の生産・流通

●経糸ビーム染（Beam Dyeing）

経糸ビームは、多孔の円筒状のロールに経糸を幾重にも巻いたもの。経糸ビーム染色機に収め、染液を孔から内側、外側へと貫流させて染める。

C）－1－③　バラ毛染とトップ染の長所・短所

・染め色に深みがある。しかも、染色堅牢度が高い
・染めたバラ毛やトップを用いた霜降糸の色には豊かさがある。糸染や反染では表現できない独特な味がある
・染色ロット差（ロット違い）を感じさせない（糸にすると）
・クイック対応、小ロット対応は難しい
・見込み外れのリスクが大きい

C）－1－④　糸染の利点

・きれいに整った布面が得られる
・色斑（染斑）のない無地ものが得られる。中希、エンディングなどが起きない。中希（リスティング）とは耳部と地との色違い、エンディングとは染め色が反始から反末に向かって濃度変化していること
・シャンブレー効果（イリディセント効果）が得られる
・多色使いの縞柄や格子柄を、整った形で表せる
・紋織特有の色柄表現が得られる
・深い織り色が表せる（繊維や糸の芯まで染みるから）
・強撚糸織物にきれいな無地が得られる
・全反が同色で得られる（ロット違いが起きない）
・クイック対応、小ロット対応ができる
　一方、次のような弱点がある。
・染色コストが高い（染色ロットが少量の場合）

・見込み外れのリスクが高い（売れ筋が見えない時点で糸染するから）
・残糸の消化が負担になる。残糸とは織布後に残る未使用で不要となった織糸

C）－1－⑤　反染の利点

・染め色が鮮明である
・クイック対応、小ロット対応が可能。しかし、1反では生産効率が低く、染めの引き受け手は少なく、あっても後回しにされたり、割高になる。期中の追加発注（追加染め）でも同様
・染色ロット違いが起きる。反染については次項で述べる

C）－2　後染（反染）

C）－2－①　後染（反染）の呼び名

　後染は、反物状の生地（Piece Goods）を浸染すること。「反染」「後染（Dip Dyeing、Piece Dyeing）」「無地染（Solid Dyeing）」「ピースダイ（Piece Dyeing）」などの呼び方がある。用語としては "反染" は毛織物に用いられ、"後染" は綿織物、絹織物、ポリエステルフィラメント織物に対して用いられることが多い。
　後染（反染）は表裏両面同色の無地ものを作る方法だが、「後染先染もの」を作る技法でもある。例えば、羊毛織物に綿の縞糸を入れて反染すれば、縞柄ができる。生地糸で柄を織り、後染すれば柄ものになる。

C）－2－②　後染（反染）をする目的

　後染（反染）をする目的は、次の4点にある。

①織地や編地の無地もの（色無地）を作る

無地とは色無地を指し、白色の場合は「白無地」と呼び分ける。

②地色を染めた＝地染したP下を作る

　地染オーバープリント服地を作るため、P下に地色を染めておき、柄色の捺染に備える。柄を抜染で表す場合は、可抜性染料を使い地染する。

③後染先染織物を作る

　後染先染織物は後染織物である。が、先染織物と見紛うものである。先染織物は布になる以前の状態（繊維、トップ、スライバー、糸）で「浸染またはトッププリントしてから→染糸、霜降糸、交撚糸などを作り→その糸で織り、織物にしたもの」。その工程は多く、長い加工期間を要す。

　これと反対に、繊維の染色性の差異を利用する後染先染織物は簡便である。作り方には次のような方法がある。

・「使用染料で染まる白色の繊維・スライバーと、染まらない繊維・スライバーを混ぜ合わせて糸（異染色性の混繊糸、混紡糸）を作り→その糸で織った織物を→反染（後染）すると→シネ調を表した織物」ができる

・「使用染料で染まる白色の糸と、染まらない白色の糸を撚り合わせて1本の糸（異染色性の交撚糸）を作り→織って織物を作り→反染すると→シネ調（杢調）の織物」ができる

・「使用染料または染色温度で染まる白色の糸と、染まらない白色の糸を縞状、格子状に配列して織り→白色の交織織物を作る。これを→反染すると→縞もの（縞柄、格子柄）」ができる。織組織を「紋織（ドビー織、ジャカード織）にすれば、草花柄やモアレなどの織柄を表した織物」ができる。染色性が異なる糸の「染色性が同じ糸だけを経に、他方の糸を緯に配し→織ると→シャンブレー効果やメタリック効果を表す織物」が得られる

　このような用い方をする染色方法に、異色染、クロス染、片サイド染（片染）などがある。これに異収縮性の糸を仕組むと、シアサッカー擬きができる。

　ポリエステル繊維では、通常のポリエステルとは異なる染色温度100度（常圧）

で染まる「カチオン可染ポリエステル（CDP）」が活用されている。CDPの開発で天然繊維との複合素材の染色が容易になった。後染先染の手法はジャージーやニットウェアにも用いられ、ミックス調やストライプなどを表現している。

後染先染は、アパレルビジネスにとって利点が大きい。アパレルメーカーは服地の供給サイドに異染色性の白生地を備蓄させておき、商品色を決定・発注した期近・期中に後染させる。それによってクイック、小ロット、低コストが容易になる。しかも色外れのリスクは低くなり、売り増しも可能になる。ただし、用意させた白生地の未消化分の負担（未引取在庫）は消えない。

④オーバーダイの配色効果を現す織物服地を作る

すでに色柄表現されている織物の全面に異色を重ねて1色を施す染め方。それによってドミナントカラー配色効果を得ることができる。ex.）先染織物の「泥染め」

C）－2－③　後染（反染）に使う染色機

反物の浸染に使う染色機は、浸染中の生地の姿かたちで2タイプに分けられる（図Ⅰ－2－46）。

図Ⅰ－2－46　染色時における生地の姿かたちによる分類

●拡布状で染める染色機

拡布状（生地を拡げた状態）で染めるときには、ジッガー染色機、ビーム染色機、連続染色機を使う。

- ジッガー染色機……「生地の反始と反末をそれぞれのロールに留め→その生地を染槽（染液）に浸し、2本のロールの間で交互に巻き取りながら、染液の中を通して染める」
- ビーム染色機……「生地を多孔の円筒状の金属ロール（ビーム）に巻き付け→染液をロールの孔から外側へと出し、貫流させて、染色する」

図Ⅰ－2－47　ジッガー染色機

- 連続染色機……「連続的に移動してくる拡布状の生地に→染料をパッド（パディング）し→連続スチーマーで蒸熱、あるいは乾熱させて染着させ→ソーピング→水洗→乾燥させる」。綿織物へのパッドスチーム染色、ポリエステル織物へのサーモゾール染色がこれである

※パディング（Padding）とは、生地を処理液（染液など）に通した後、ロール間に挟み、含んだ液を絞ること。と同時に、均一に浸透させる。

●ロープ状で染める染色機

　生地を、手拭いを絞ったような姿かたち（ロープ状）で染める。このタイプには液流染色機、ウインス染色機がある。

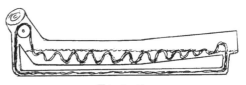

図Ⅰ－2－48
円筒状で長大な高温高圧式液流染色機

- 液流染色機……循環する染液の噴流に、生地をロープ状で流しながら染める。ポリエステル織物などに使われる高温高圧式液流染色機を「サーキュラー」と呼ぶ。この機はしわ加工にも使われる。綿や羊毛などには常圧式が使われる（図Ⅰ－2－48）
- ウインス染色機……ロープ状の生地を、回転するリール（枠車）で染液の中に循環させながら通して染める（図Ⅰ－2－49）

図Ⅰ－2－49
上方に回転するリール（ウインス）があるウインス染色機

●染色機のバッチ式、連続式

　拡布状で浸染する染色機には、次の2タイプがある。

・バッチ式……繊維（バラ毛）や糸、生地を、染色機の容量ごとに（ロット単位に）分割して染色する。そのため「ロット違い」が発生する。染色加工工程の1段階ごとに処理していく、非連続的な染色である。液流染色機やチーズ染色機、トップ染、バラ毛染、トウ染（Tow Dyeing）などをするパッケージ染色機、噴射式綛染機などはバッチ式である。流行り廃りの激しいおしゃれ服の服地づくりには不可欠な方式

・連続式……全量を途切れることなく連続して染色する。または、その加工工程の各段階を一気通貫で処理する。例えば、「染料や薬剤をパッドし→連続スチーマーで蒸熱して染着させる→染まった布をソーピングし→水洗→乾燥させる」。綿織物のパッドスチーム染色では、各段階の機械が連続的に配置され、連動するシステムになっている。少品種大量生産に対応する方式である

●拡布状で染める染色機の利点・弱点

　拡布状で染色するバッチ式染色機には、ジッガー染色機とビーム染色機がある。連続式染色機には、連続染色機がある。それぞれ利点・弱点が異なるため、使い分けされている。

・ジッガー染色機（Jigger Dyeing Machine）

　利点……小ロットの染色ができる

　　　　　色合せがしやすい

　　　　　染槽に用意する染液の量（浴比）が少量（省エネになる）

　　　　　しわや擦れが起きない

　　　　　染色機が安価

　弱点……縦伸びする（生地に張力が掛かる）

　　　　　エンディングや中希が起きる（染色不均一）

　　　　　ペーパーライクな風合いになる

　　　　　ロット違い（バッチ式による）が起こる

・ビーム染色機（Beam Dyeing Machine）

　利点……大ロットの染色ができる

　　　　　エンディングが起きない

　　　　　しわ、毛羽立ち、耳巻きなどが起きない

　　　　　ある程度のセット効果がある

　弱点……高密度織物に不向き

　　　　　巻いた生地の芯部と外周部、両耳部と地の染め色に不均一が起きる

　　　　　モアレ（木目模様）が起きる

　　　　　ペーパーライクな風合いになる

　　　　　染色機が高価である

・連続染色機（Continuous Dyeing Machine）

　利点……染斑が起きない

　　　　　ロット違いが起きない

　　　　　大量生産できる

　弱点……多品種少量生産ができない

　　　　　染色機（染色システム）が高価である

●ロープ状で染色する染色機の利点・弱点

　ロープ状で染色するバッチ式染色機に、ウインス染色機、液流染色機がある。バッチ式後染機の主流は液流染色機である。各機の利点・弱点は次のようである。

・ウインス染色機（Wince Dyeing Machine）

　利点……エンディングが起きない

　　　　　風合いが良い

　　　　　染色機が安価

　弱点……染斑が起きる（染液がロープ状に絞られた布の中にまで循環しない）

　　　　　ロープじわが起きる（染色中の布はロープ状に絞られているから）

　　　　　縦伸びする（工程中、経糸の方向に引っ張られるから）

　　　　　擦れが起きる（ロープ状に絞った布が擦れ合うから）

・液流染色機（Jet Dyeing Machine）

　利点……染斑が起きない（均染する）

　　　　　エンディングが起きない

　　　　　縦伸び、幅の入りが少ない（生地への張力が低い）

　　　　　ロープじわがほとんど残らない

　　　　　ジャージーを染められる

　弱点……毛羽立つ

　　　　　染色機が高価である

　　　　　染色機が大きく、設置面積を広くとる

D）捺染（Printing）

　捺染（なせん）とは、布に模様を染め表す染色法の総称。一般的には、型版を使って色柄を染める方法を指す。プリント服地を作る方法でもある。服（Tシャツ）や糸（絣糸）、シート状の繊維などに色柄を染める技法としても用いられる。染料や顔料を色材（色料）として用いる。これらの併用も行われる。

　捺染と浸染の技法の違いを、プリント服地に多用される染料の場合で説明する。「染料を、糊料を溶いた捺染糊に混ぜ込み、色糊を作る→型版を使って→色糊をプリント下地（P下）に印捺する。印捺は捺染機、あるいは手捺染で行う→印捺布は乾燥され→蒸されて（蒸熱）→染着する→水洗→ソーピング→乾燥→捺染布」。

　捺染では、蒸された糊を媒体として染着させる。浸染では、染料を溶かし込んだ染液（加熱された）の水を媒体として染着させる。染料と繊維との染着の関係は同じでも、捺染と浸染では、染料の扱い方、染色操作、後処理が異なる。その発色にも違いを見せる。

　印捺とは、柄を表したい箇所に色糊を摺り付ける、押し付けるなどして置くこと。印捺されただけの状態では染着していない。洗う、揉むなどをすれば、色材は剥離する。それで生まれる剥げた感じを、プリントデザイン表現に利用したりする。

色糊とは、捺染糊に染料と助剤などを混ぜ合わせたペースト状のもの。捺染糊の調製は、捺染工場にとって最重要なノウハウである。

D）－1　染料と顔料の捺染工程での違い

染料は、染料と顔料の２つに分類され、捺染工程が異なる。

図 I－2－50
染料の場合

繊維の中に入って染まり着く

図 I－2－51
顔料の場合

固着剤に混入させた顔料を布表に固着する

● 染料の場合

「印捺した生地を→蒸熱（スチーミング）し→染着させる。次に→水洗→ソーピング（加熱洗浄）をして、無用となった色糊を洗い落としたり、染着をより確かなものにする→乾燥→捺染布」となる。

● 顔料の場合

「印捺した生地を→乾熱処理して顔料を固着させる→捺染布」となる。
顔料のみを用いた捺染や捺染布を顔料プリントと呼ぶ。

D）－2　捺染法の分類（染料の使用を主にした場合）

捺染の一般的な技法には次のようなものがある。

図 I－2－52　柄の染め表し方

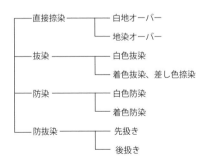

●直接捺染（Direct Printing）

　染料を含んだ色糊、あるいは顔料と固着用樹脂を含んだ捺染糊を用いる。

・白生地の上に印捺する。Over Print と呼びもする

・地染した生地に印捺する。これを「地染オーバー」（Over Print on Dyed Goods）
という

●抜染（Discharge Printing）

　抜染剤を含んだ捺染糊、あるいは染料と抜染剤を含んだ捺染糊を用いる。

・地染した生地の上に抜染糊を印捺して、地色を消し（抜く）、生地白で柄を表
す。これを「白色抜染」という。その箇所（柄）の白度を高める目的で、白色顔
料、蛍光増白剤を印捺することもある

・地色を抜くと同時に、その箇所に柄色（差し色）を差し入れ、色柄を表す。こ
れを「着色抜染」という。「差し色捺染」とも呼ぶ。工程が複雑なため、染め不
良が発生する危険度は高い。広い地型（地色）に小柄を表す色柄の場合に用いる

●防染（Resist Printing）

　防染剤を含んだ捺染糊、または染料と防染剤を含んだ捺染糊(防染糊)を用いる。

・「染色を防ぐ防染糊で印捺してから→地色を全面に印捺して覆う、あるいは浸
染する。防染糊を印捺したところは染まらないため→水洗・ソーピングすると→
生地白の柄が現れる」。これを「白色防染」という

・防染糊に染料を混ぜると、防染しながら柄色を染め着ける。これを「着色防染」
という。「返し捺染」「かえし」とも呼ぶ

●防抜染（Discharge-Resist Printing）

　ポリエステルフィラメント織物のプリント服地づくりに多用される。防抜染は、
可抜性染料の地色を抜染剤を含んだ柄色（色糊）で抜き、色柄を染め表す。「先抜き」
と「後抜き」の２つの方法がある。〈⇒Ⅳ—11 防抜染〉

　防抜染には色柄表現の自由さ、省力化、加工日数がかからないなどの利点が

ある。地色を与える工程（浸染工場）と柄色を与える工程（捺染工場）の2工程を、同一工場内の1工程で行うからである。抜染、防染、防抜染などの捺染法は、フラットスクリーン捺染における「地型(ぢがた)の送り」の拘束から解放してくれる。微妙にして複雑な色柄表現を可能にした技法である。地型とは、地色を与える型。

〈⇒Ⅳ—13 染料と服地の染色〉

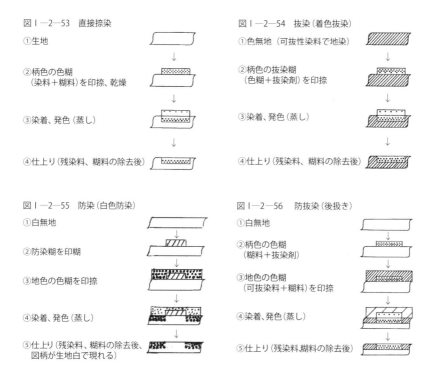

●特殊な捺染技法（特殊捺染）

ブロックプリント（木版捺染）、フロックプリント（植毛プリント）、オパールプリント、スカルプチャープリント、箔プリント、リップル・塩縮(えんしゅく)、発泡プリント、エンボス（型押し）、パンチングなどがある。これらと、通常の捺染を組合せてなされたりもする。〈→本項のF）—2 特殊加工〉

121

E）デザイン表現と捺染機器

プリント模様の構図は図Ⅰ－2－57のように分類される。ここでは、よく用いられる3つの構図について述べておく。このような模様表現を可能にする捺染方法と機器を紹介する。

図Ⅰ－2－57　プリント服地の柄の構図

- ピースもの ─┬─ ワンウェイ（One-way）
　　　　　　　└─ ツーウェイ（Two-way）
- ボーダーもの ─┬─ 両耳ボーダー
　　　　　　　　└─ 片耳ボーダー
- プリーツもの
- パネルもの ─┬─ スカーフ柄
　　　　　　　├─ BS柄
　　　　　　　├─ AB柄
　　　　　　　├─ パネルプリント
　　　　　　　├─ ピースパネル
　　　　　　　├─ エンジニアードプリント
　　　　　　　└─ ハンカチーフ柄

ツーウェイ
（Hiromi Shimazu「PrincessHiromi」）

スカーフ柄の服装
（Hiromi Shimazu「Princess Hiromi」）

AB柄の服装

AB柄の印捺時における型順
（上2点スカート用。下はツーウェイ柄）
KOKORO PRINT

エンジニアードプリントの服と型面の色柄構成。（グンゼ「ノナ」）
KOKORO PRINT

パネルプリント服地。1型に着分のパーツが収まっている。
（フィノベステート）
KOKORO PRINT

- ピース（Piece）もの………単位の模様（1リピート）が反始から反末まで繰り返され、連続して表されている。多用される構図
- パネル（Panel）もの………BS柄、AB柄、1着分のパーツが1型(ひとかた)に表されているパネルプリント、エンジニアードプリントなどの総称。これらはフラットスクリーン捺染で染められる
- ボーダー（Border）もの………耳に沿って帯状に模様が配されている構図。両耳ボーダーと片耳ボーダーの2タイプがある

E）－1　捺染の方法と機器

　捺染機には、フラットスクリーン捺染機（オートスクリーン捺染機、走行式スクリーン捺染機など）、ロータリースクリーン捺染機、ローラー捺染機、インクジェット捺染機（バブルジェット機など）、転写捺染機などが使われている。ハンドスクリーン捺染(てなっせん)（手捺染＝ハンドプリント）は、今も行われている。
　捺染機は、プリント数量（生産ロット）や表現する色柄、生地幅、生産日数、コスト、求める品位などによって使い分けられている。

図Ⅰ－2－58　捺染機などの種類

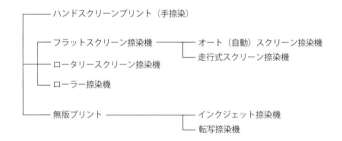

●スクリーン捺染
　スクリーン型を使って印捺する捺染の総称。「色糊を→スキージでスクリーン型の版面に擦り付け→スクリーンの目から押し出し→P下に印捺する」方式で

ある。スクリーン型にはフラットタイプとローラータイプがある。間欠的印捺と連続的印捺である。

● ハンドスクリーン捺染

「P下を捺染台へ張り付け（地張り）→フラットスクリーン型を布表に置く→スキージで印捺→印捺した生地（印捺布）を板面から剥がし→印捺布を乾燥させる」などの作業を人手で行う方式。地張りとは、板面に布を貼り仮留めすること。

型や印捺操作に自由度があり、職人の技巧ならではの染色表現も得られる。使用色数（型枚数）は30色位と無限に近い。この自由度は配色効果を多様にし、経済効率を高めることにつながる。「ハンド」「ハンドプリント」と呼ばれる。

生地幅は、職人の腕がスキージを適切に操作できる範囲の44インチ（約110㎝）。2人で操作すれば150㎝も可能である。生地の長さは30〜50ｍ位。

ハンドスクリーン捺染の色柄表現は、スッキリとした絵際、しっかりとした（鮮明で深い）色面。これはドライ・オン・ドライ（Dry On Dry）の効果。加工生産に小回りがきくのが特徴。

図Ⅰ-2-59　ハンドスクリーン捺染

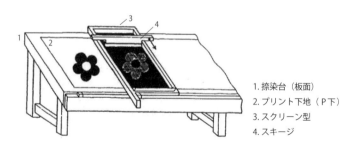

1. 捺染台（板面）
2. プリント下地（P下）
3. スクリーン型
4. スキージ

● オートスクリーン捺染機

フラットスクリーン型を使った印捺作業を代行する捺染機。「オート」「オートプリント」「スクリーン」と呼ばれている量産対応の方式である。

「捺染機に装着された型の下方に、エンドレスベルトに乗ったP下が来て停止

すると→型は降下して→P下に密着し→印捺する→すぐさま型は上昇し、次を待つ→印捺布は次の型の下へと移動する」という工程。型枚数は12〜16枚位。

スキージの動きは直線的で、操作に自由度はない。型のリピートは、20インチ、24インチ、30インチ、33インチ、60インチなどとある。ウェット・オン・ドライ(Wet On Dry)である。AB柄のパネルプリントは、この捺染機で染められる。

図I—2—60　オートスクリーン捺染機（ベルト式自動スクリーン捺染機）

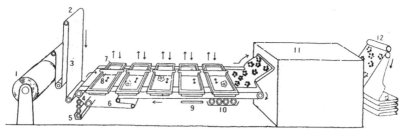

1. ロール巻きしたプリント下地	6. エンドレスベルト	11. 乾燥機
2. コンペンセイター	7. スクリーン型	12. 振り落とし装置
3. プリント下地	8. スキージ	
4. フォロドラム	9. ヒーター	
5. 地張り用糊付装置	10. ベルト洗浄装置	

●走行式スクリーン捺染機

ハンドスクリーン捺染を省力化した方法で、染上りはハンドスクリーン捺染に近い。「捺染台に張ったP下の上方にフラットスクリーン型が移動し→定位置で下降して→印捺する」。ウェット・オン・ウエットである。

全自動式と半自動式がある。

●ロータリースクリーン捺染機

円筒形のスクリーン型を使う捺染機で、量産対応する。

「ロータリースクリーン型が、エンドレスベルトに乗って移動してきたP下に→回転しながら印捺する」。そのため、エンドレスなストライプや、精密に繰り

返す水玉柄、市松柄、地型などの表現に便利。型のリピートは、16インチ、24インチなどとある。

　印捺は、空洞の円筒形の型の内側から色糊を押し出して行われる。ウェット・オン・ウェットである。ロータリースクリーン型にはパーファレイト式とガルバノ式の2タイプがあり、色柄表現によっても使い分けされている。起伏が少ないP下が条件になる。

図Ⅰ—2—61　ロータリースクリーン型と印捺

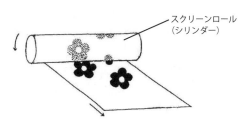

図Ⅰ—2—62　ロータリースクリーン捺染機

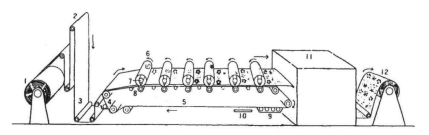

1. ロール巻きしたプリント下地	5. エンドレスブランケット	9. エンドレスブランケット洗浄装置
2. コンベンセイター	6. ロータリースクリーン型	10. ヒーター
3. プリント下地	7. スキージ	11. 乾燥機
4. 地張り装置	8. プレッシャーボール	12. 印捺完了した生地

●ローラー捺染機

　「柄を凹状に彫刻した銅ロールの版が、回転しながらP下に印捺する」。そこで、ストライプや水玉柄、市松柄などの印捺に便利。色糊は刻まれた凹状の狭い箇所

に溜められ、P下に印捺される。版のリピートは、5インチ、10インチ、15インチなど。したがって、色面が狭い小柄が多く、その染め色は浅い(カラーバリュー＝最終染着量が低い)。色数は4色位。ウェット・オン・ウェットである。量産対応する機である。

　平らで伸び縮みしないP下であることが条件になる。マス見本染は作成されない。配色効果の点検・修正は、本加工の印捺開始直前の捺染機の傍らで、刷り出された「インプレ(In Play)」を見て、ごくわずか行う。ホビーソーイングでお馴染みの綿の「マシーンプリント」はこれである。かつては極細な点や線、段彫りの諸調などで、色柄を優美に表す捺染機として用いられていた。

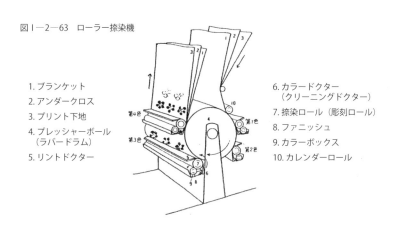

図Ⅰ－2－63　ローラー捺染機

1. ブランケット
2. アンダークロス
3. プリント下地
4. プレッシャーボール
　（ラバードラム）
5. リントドクター
6. カラードクター
　（クリーニングドクター）
7. 捺染ロール（彫刻ロール）
8. ファニッシュ
9. カラーボックス
10. カレンダーロール

●インクジェット捺染機

　シアン、マゼンタ、イエロー、ブラックのインクをP下に噴射し、色柄を表す。「デジタルプリント」の一種であり、無版プリントの一種でもある。多品種少量生産、短納期対応。製版経費や色糊が不要なことから、見本づくりにも利用されている。

　弱点は、捺染機が高価で、ランニングコストもインクも高価であること。捺染速度は一般に低い。色柄のデジタルデータ化の経費は高い。したがって、生産コストが高くなる。

　染上りは、裏抜け（裏通し）が悪く、染め色が浅い。色面、糸目、絵際（柄、

127

地型の輪郭）にあいまいさがある。そのため、軽薄な色柄表現になる。微妙な諧調の軽さを求めた多彩な表現に利用されることが多い。

工場設備面では、長い捺染台や大量の用水、水洗・排水処理装置、型置き場などが不要。工程面ではスクリーン型とトレースフィルムの製作、色糊作成も省け、工程の省略、工期の短縮が可能、薬剤や色料（色糊など）の無駄がない（発色率が高い）などの利点がある。加えて、環境への負担を低減できる点から、「サステイナビリティー（持続可能性）」の思想に添える。

図柄のデータ（デジタル記録）保存・再使用が簡便で、配色替えの1カラーのロットも少量で可能。これにより、製品反の在庫負担が軽減できる。

色料には、酸性染料インク、反応染料インク、分散染料インク、顔料インクなどがあり、P下の組成によって使い分けられる。これについては、工場によって使用染料の得手・不得手やP下の下処理の優劣などが絡む。

この捺染法は開発途上にあり、日・米・欧の機器メーカーが競って進めている。「インクジェット捺染の利用は増え続けている」（吉田隆之、2016）、「インクジェットの時代」（大家一幸、2017）と見られているが、「単色や単色調の色柄はスクリーン捺染で行うなど、色柄によって使い分けている。その理由は、製版代と画像データの作成代の差にもある」（蔭山寿夫、2016）という対応も見られる。生産面では良いこと尽くめだが、色柄表現の美しさから見ると万々歳とはいい難い。

〈⇒Ⅳ—17 自動色分解機とトレース。Ⅳ—18 デジタルプリント。Ⅳ—19 テキスタイル CAD システムとアパレル CAD システム〉

●転写捺染機

転写紙に置いた色柄をP下に転移する捺染機で、乾式と湿式の2タイプがある。一般的である乾式について説明する。

・乾式転写捺染機

ポリエステルプリント服地（薄地で平らな織物、ジャージー）に多用されてい

る。商取引では「Transfer Print（トランスファープリント）」と表記される。

　「転写紙に →色柄を分散染料でグラビア印刷し →その転写紙をP下に圧着・加熱して（連続的に）→色柄をP下へ転移する →捺染布」の工程で模様を表現する。その後の水洗や蒸熱などの後処理は不要。転写作業は、連続的に高速で行われる。

　印刷された転写紙はロール状に巻かれている（シート状の転写紙も作られている）ので、エンドレスなストライプ柄に対応できる。ただし、染め色の表現は浅い。染め色は昇華堅牢度が低いため、アイロン掛けには注意が必要になる。服地の色柄として染まった昇華性の分散染料（固体）が、縫製工程や家庭での「アイロン掛け（熱）で→再び気化（気体）し→密着している別の部分の布の中に入り込み→冷やされて→固体となって昇華汚染する」からである。色柄を印刷した転写紙は商取引されている。

　　〈⇒Ⅳ―15 ウェット・オン・ドライ捺染、ウェット・オン・ウェット捺染。 Ⅳ―18 デジタルプリント〉

E）―2　捺染用スクリーン彫刻型

　スクリーン彫刻型の製版方法には、次の2つが用いられている。

●トレースフィルムを使う写真製版法
　「トレーサー」と呼ばれる職人の目と手の技量と感性による型づくり。

●自動色分解機を使う製版法
　「自動色分解機（カラースキャナー＝ Color Scanner）と連動するスクリーン型彫刻の実用化は、製版分野の変革のみならず、プリント服地づくりに変化をもたらしている。インクジェット捺染との連動の域を越え、スクリーン捺染の工程にまで及んでいる。主流であったトレースフィルムを使う写真製版法に代わる勢いで採用されつつある」（林秀憲、大染工業、2016）。これは、加工生産方法の変

129

化に留まらず、プリント服地の色柄表現にも著しい違いを生んでいる。服を買い、着る人の美意識を変えることになるかもしれない。

〈⇒Ⅳ—16 色材混合系色彩体系、網版印刷系、CG系の色表現。Ⅳ—17 自動色分解機とトレース〉

E）—3　プリントコストと柄行

　プリント服地のコストは、プリント図案代と製版代の占める割合が大きい。したがって、プリント数量の多寡でメーター当たりの経費は高低する。1柄に必要とする型版の数の多少も関係してくる。また、染料の使用量の多少は染め代に反映する。使用量の多い・少ないは、色面の広さ・多さや、染め色の濃淡（ex.淡色地型、濃色地型）などで決まる。1柄当たりの配色数と使用する色もこれに加わる。柄行はコストと深く関係してくる。
　柄行とは、生地にモチーフが充填される様子である。柄行は4つに分けられる。

図Ⅰ—2—64　柄行の分類

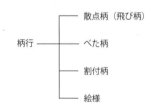

● 散点柄（飛び柄）
　地にモチーフが散っている柄。地が生地白であれば、染料の使用量は少ない。しかし色糊の飛沫で広い地に染みを作らないよう、細心の注意が必要になる。

● べた柄
　全面がモチーフで埋まっていて、地が見えない柄。染料（色糊）で覆われているから、染料の使用量が多くなり、染料代は高くなる。

●割付柄
<small>わりつけがら</small>

同一モチーフが規則正しく四方に繰り返されている柄。型版の合いに寸分の狂いも許されない市松模様や水玉模様などがこれに当たる。粗雑な印捺操作は不可。

●絵様
<small>えよう</small>

天地のある1枚の絵のような柄。パネルプリントで染められる。散点柄、べた柄、割付柄よりもコスト高になる。

E）ー4　プリント図案

プリント図案は、染め表したい色柄を紙面や布面に表現したもの。「ペーパーデザイン」「スケッチ」とも呼ぶ。プリント工程では次の2段階に分けられる。

①アイデア図案（オリジナル図案）

色柄のイメージを描き表したもの。海外図案のほとんどはこれである。昨今ではインクジェットプリント機でオンクロスしたものが多くなり、絵具で紙面に描き表した図案は激減した。

②調整図案

捺染しやすく、捺染不良が発生しないよう、しかも配色替えしやすいように、アイデア図案を改修したものである。調整とは、寸法、色数、図形の整形、拡大・縮小、削除・加筆、送り付け、型口付け、捺染技法への適応などを施すことをいう。

F）後加工（仕上加工、後工程配慮加工）

後加工を「仕上加工」「特殊加工」「後工程配慮加工」に分けて述べる。

131

図I―2―65　後加工の分類

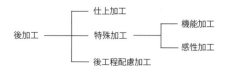

F)―1　仕上加工

一般的な仕上には次の2つの目的がある。

●商品としての体裁を整える

　幅の寸法を正し（幅出し）、歪みを直し、地の目を通す（布目調整）、斜行（編目曲がり、捩れ）を正す、しわを伸ばすなどで整える。薄糊付け（仕上糊）で張りを持たせる。ガス焼きして布表をきれいに見せるなどである。

　偽装目的の仕上もある。例えば、ジャージーにおける一時的斜行矯正。斜行した編地を、そうではないもの（A反）に見せかけるために、コースとウェールの位置を強制的に直角にさせ、固定するセットである。これが天然繊維を主に用いた編地であれば、その編地を用いた服は時間の経過や洗濯によって型崩れをきたす。編地が斜行したもとの姿に戻るからである。服が菱形に歪んだり、脇線が捩れる、形が左右不均衡になるなどといったことが起きる。

●織地・編地が秘めている特性を発揮させる

　織地・編地に用いた繊維の持ち味、糸の構造（形状・性状）、糸色、糸使いと組織などの活用が主眼。例えば「風合い出し」を行う。織っただけ、編んだだけの布（生機）は、ごわついていたりして服地としては未完成である。肌に馴染む、身体の動きに添う風合いにして完成となる。そのために次のような加工を施す。

・綿織物の場合

　綿繊維の可塑性、吸湿性、収縮性などを活かして、艶出し、しわの発現（しわ

加工効果の）、防縮するサンフォライズ加工などがある。

・羊毛織物の場合

　羊毛繊維の縮絨性を活かした縮絨や、起毛、剪毛（シャーリング＝ Shearing）、刷毛、ナッピングやプレスなどを施す。ジャージーでは、縮絨とそれによる起毛と剪毛が多用されている。

・絹織物の場合

　絹繊維が持つ「色沢」を発現させる「艶出し（フェルトカレンダー仕上）」、縮緬の「しぼ寄せ」などがある。

・ポリエステル織物の場合

　ポリエステル繊維の熱可塑性を利用した寸法安定のヒートセット、折り目をつけるプリーツ加工、ダウンプルーフの高密度・高収縮加工（シレ加工）、トリコットのティッシュ加工などが行われている。これらの加工には、加湿、加熱、加圧、圧縮、摩擦など、物理的な加工機器が使われる。

Ｆ）－２　特殊加工

　特殊加工の目的は、感性的側面（見た感じ、触れた感じ）や機能・性能的側面（丈夫さ、便利さ）に、より高い付加価値を与えることにある。
　機能加工と感性加工を高付加価値加工とも呼んでいる。

●機能加工

　ねらいは、①布地の弱点を補う、②布地に本来はない機能を与える、③性能を強化するなど。加工の名称には、それぞれの目的効果が冠されていることが多い。
　防しわ・防縮、防撥水・通気（ラミネート、コーティング）、難燃・防炎、防汚・制電（SR 加工）、消臭・抗菌（衛生加工）、UV カット（紫外線防止加工）、 形状

133

記憶・形態安定（液体アンモニア加工）、抗ピル、目詰め（シレ）、スリップ防止、防虫、斜行矯正ヒートセット、ボンディングなどがある。

　これらの加工の方法には、①物理的作用を加える、②薬剤を付与する、③樹脂膜を形成する、④膜や布を貼り合わせる、⑤加熱溶融接着をするなど種々ある。目的を冠した加工名称は同じでも、その方法は複数ある場合が多い。それらは繊維素材、求める効果の内容・程度、経費（コスト）などによって選択される。

　例えば、ポストキュア（Post Cure）、液体アンモニア加工、VP加工などは、形態保持を目的とする加工方法である。防縮加工にも、綿布へのサンフォライズ加工、高分子加工（Resin Finish）、羊毛織物へのクロリネーション、シュランク仕上、高分子加工、合繊織物へのヒートセットなどがある。

　加工方法で多用されている高分子加工とは、合成樹脂で布を処理する樹脂加工の別称である。例えば、羊毛の防縮を目的とするスーパーウォッシュ加工（Super Wash Finish）、綿布やポリエステル・綿混織物に光沢を付与するDG加工（Durable Glaze Finish）などがある。

●感性加工

　服地のボディ感、触知感（風合い）、衣擦れの音、きしみ、テクスチャー（表面効果）、色艶、模様などに関わる加工である。艶出し（チンツ加工、DG加工など）、微起毛（サンディング）、重量（グラフト加工）、減量（アルカリ減量加工、バイオ加工＝酵素減量加工）、柔布（ブレーキング）、裏糊付（バッキング）など。本項では、特殊捺染を中心に、装飾効果を目的にする加工名を示すにとどめる。

〈→本項のD）−2 捺染法の分類〉

　模様を表す特殊な加工には、布面に生じた凹凸や植毛で透かしを生んだり、箔押しの有無で布面の光沢の対比を表現するなど、さまざまな技法がある。

1）捺染技法による、リップルプリント（Ripple Print）、塩縮（えんしゅく）（Salt Shrinking）、フロックプリント（植毛加工＝ Flock Print）、オパールプリント（Opal Print、抜蝕加工＝ Burn-out Finish）、スカルプチャープリント（Sculpture Print）、箔プリント（Foil Print）、発泡プリント（Foaming Print）など

2）機械的方法による、エンボス加工（型押し＝ Embossing Finish）・モアレ加工（Moiré Finish）、しわ加工（Crease Mark Finish、Crush Finish、Wrinkle Finish）、ワッシャー加工（Washer Finish）、パンチング（Punching）など

　ジャージーには、さまざまな起毛技法が用いられている。剪毛して毛羽・毛房を剪り揃える。毛房をクラッシュする、ナッピングする、シープ仕上などである。「シャギーニット（Shaggy Knit）」は起毛技法で作られた製品。

Ｆ）－3　後工程配慮加工

　次に続く工程をスムーズに運ぶための加工である。前述のクロリネーション、シュランク仕上、ヒートセットなどにも、この役割がある。丸編地には２つの仕上加工がある。
・丸仕上……円筒状の丸編生地を押し圧して、平らにする
・開反仕上……円筒状の丸編生地を切り開き（開反）、平らな１枚の編地にする。天竺編地は、切り開いた両耳（織物の両耳に相当する箇所）に「ガミング（Gumming）」する。ガミングとは、編地の耳がまくれるのを防ぐため、合成樹脂を 1.5cm 幅で両耳に帯状に与えること。編地幅にはガミング部分を含まない。この部分は後の工程で切り捨てられる

Ｇ）製品染・成形品染

　製品染とは服を浸染すること。パドル染色機が使われる。服を白色の状態で備蓄しておき、期近・期中生産にクイック対応する。セーターなどの編んだ服にも施される。この場合、「成形（型）品染」「ピース染」と呼んでいる。
　収縮差が異なる服地を縫い合わせて作った服を製品染すると、テクスチャーやシルエットの表現がおもしろい服が得られる。縫糸と地糸との収縮差も活用される。

H）製品洗い

　製品洗いとは、服にしてから施す「洗い加工」の別称である。「新品なのに、洗い晒しの感じ」がする服になる。製品洗いによって、脱色の効果と、うっすらとした毛羽立ちや、擦れで着古した感じ、よれっとした感じを出す。「ユーズド（Used）」「ビンテージ」の感じである。シャビーシック（Shabby Chic）感覚でもある。

　技法に、ウォッシュアウト加工、ブリーチアウト、ストーンウォッシュ、バレルウォッシュなどがある。服地が破れていたり、孔が空いていたりする「ダメージ加工」もある。これとは異なる効果を生む利用に、異素材縫合せで生じる異収縮による「しわの出」がおもしろい服づくりがある。自動反転し洗浄するロータリーワッシャー機が用いられる。

Ｉ―２―７　整理業（羊毛織物の仕上をする業）

A）毛織物の整理業

　織り上がった毛織物は、ゴワゴワで、艶がない。そこで、洗絨、縮絨、起毛、剪毛、蒸絨、艶出し、補修を施す。これらの整理（仕上）によって、毛織物服地は完成品（製品反）となる。

　整理とは仕上のことで、これは毛織物業界独自の呼び方である。「紡毛織物は仕上で化ける。梳毛織物は織機で作り、紡毛織物は仕上げで作る」（堀栄吉、元ミリオンテックス、『毛織物の基礎知識』洋装社、1993）とさえいわれるほど重要な役割を担っている。整理（仕上）は、次のような工程で行われる。

①洗絨（Scouring）
　石鹸、あるいは洗剤を溶かした湯槽の中で、生機をグルグルと回しながら洗うこと。汚れを落とすとともに、風合いを生む重要な工程である。

②縮絨（ミリング＝ Milling）

　生機に湿気を与え、揉んで、地を詰まらせ、厚みをつけ、寸法を安定させること。布の両面に毛羽が生える。羊毛繊維のフェルト収縮性を活用して、「こし(腰)」「ぬるみ」のある服地に仕上げる重要な工程である。縮絨に通すことを「ミルド（Milled）」という。「メルトンは好きだが、厚くて重いのが嫌」という声に対応して、フラノに強縮絨して軽量感を持たせた新タイプのメルトンが生まれた。今やこれがコート地の常識となっている。

　梳毛のジャージーでも、縮絨の技術は風合いや見映えを左右するキーである。スーツやジャケットに用いられるリブ編のミラノリブには弱い縮絨が、両面編のモックミラノやインターロック（スムース）には縮絨が施されている。強縮絨をして寒気を通さないダブルジャージーの服など、新しい服種の開発にも活用されている。

③起毛（ライジング＝ Raising）

　布面を引っ掻き、糸から繊維を引き出し、これを毛羽にする（毛羽立たせる）。薊の棘を使う薊起毛は、高級服地づくりにだけ用いられる。一般的には、針布を使う針布起毛である。前者は経緯糸ともに起毛でき、後者は緯糸を起毛する。いずれも起毛機で行う。

④剪毛（シャーリング＝ Shearing）

　起毛した毛羽を剪り揃える、あるいは残らず剪り取ること。剪り揃えると風合いや艶が生じる。意匠剪毛機を使えば、剪り込み模様が表現できる。表裏を剪毛する両面剪毛機もある。

⑤毛焼き（シンジング＝ Singeing）

　剪毛で取り切れない毛羽を焼き取ること。毛羽がなくなることで、ぬるみがなくなり、さらりとした夏服地になる。「ぬるみ」とは、羊毛の弾むやわらかさと織物の表面のなめらかさを合わせた触感の表現。擬態語である。

⑥艶出し（グレイジング＝ Glazing）

　艶をつける、ぬるみ、こしをつける加工。羊毛が本来持っている美しい光沢が滲み出ている、品の良い艶を「底艶」と呼ぶ。これを出すペーパープレスは、高級なウーステッドだけに用いられる。能率の悪い加工である。

これに対して、人工的についた、またはつけた艶を「付け艶」と呼ぶ。「こし（腰）がある」とは、弾むやわらかさがあって、しわになりにくく、ついたしわが消えやすい回復力を持つという意味。それによってドレープを表す。仕立て映え、着心地の良し悪しに関わる大事な要素である。

⑦蒸絨（デカタイジング＝ Decatizing）

織物をドラムに巻き取り、温度と圧力をかけ、蒸気で湿気を与えてから、冷却し、セットする。布目を正したり、しわや耳折れを直す、微妙な光沢とこしをつけるなどを行う最終仕上である。

⑧補修（フィクシング＝ Fixing）

織物の欠点を修理すること。織上りや、整理上りの段階で、人の手で丁寧に直す。毛織物服地づくりには不可欠な重要工程。「フィックスする」という。

コラム4

 ウーステッドとウーレンファブリック

　梳毛織物服地の別称「ウーステッド（Worsted）」は、スーツ地に代表される。その雰囲気はドレスアップ感覚、ソフィストケートである。中肉から薄地の服地が多い。

　紡毛織物服地の別称である「ウーレンファブリック（Woolen Fabric）」には、ツイード、フラノなどがある。こちらはスポーティーで、ざっくりとしてラフなカントリーっぽさを演出する服地だ。一方、「シャネルツイード」ともいわれたファンシーツイードは、やわらかで表情豊かな布面、華やかな雰囲気を醸し、レディスのスーツやジャケット、コートなどに用いられている。毛羽が特徴のメルトンやモッサ（ベロア）、ビーバーなどのオーバーコート地は紡毛織物である。中肉から厚地の服地が多い。

梳毛糸（ウーステッドヤーン＝ Worsted Yarn）は、毛足（繊維長）で5〜110mm 位の長いメリノ羊毛を用いた糸である。羊毛をよく梳き（コーミング）、短な毛を取除き、並行に引き揃え、隙間が少なく（密度が高い）締まっていて、光沢がある。双糸にして多用される糸である。

紡毛糸（ウーレンヤーン＝ Woolen Yarn）には次の3タイプがある。

①梳毛紡績で落ちた短な毛（20 〜 50mm 位）を用いたもの。上質な紡毛糸には新毛（ヴァージンウール）を用いる

②反毛で得た再生ウール（再生羊毛）や副産羊毛など、長さも太さも違う雑多な毛を整毛し、調合して用いた並級品。意匠糸

③獣毛、ヘア（Hair）を用いた高級品

紡毛糸の毛（繊維）は絡み合い、隙間が多く、膨らんでいて、やわらかい。毛羽立っている。紡績工程でコーミングがなされず、糸を構成する繊維の平行度合は低い。

それぞれの糸の特性は簡単に体感することができる。梳毛織物と紡毛織物のそれぞれから糸を1本ずつ抜き出し、撚りを戻して解すのである。すると、双糸は単糸に分かれる。その単糸を解すと、パラッと解れて1本の繊維になる。容易に抜ける（解ける）のは梳毛糸。絡み合っていてスルスルと抜けない（解けない）のが紡毛糸である。

〈→Ⅲ—3—4 化合繊の普及がもたらしたもの〉

B）羊毛織物服地の染色と整理の工程

毛織物の整理は、綿、絹、ポリエステルの織物とは異なり、特有の方法（工程）を採る。その生産ロットは1 〜 20反単位と「細かい（少ない）」、多品種少量生産である。

綿の生地織物、ポリエステルの後染用織物のような連続式生産工程ではなく、

バッチ式を採っている。「クラフト的」ともいえる。梳毛織物と紡毛織物の違い、メンズとレディスが求める風合い・地合いの違い、そうした事情による加工工場などの違いで、加工工程は複雑な違いを見せる。その一例を図Ⅰ—2—66と図Ⅰ—2—67に示す。

図Ⅰ—2—66　梳毛織物服地の場合

●染色・紡績・織布工程　※トップpt.=トッププリント

洗毛→「スライバー」→ コーミング →「トップ」┐
　　　　　　　　　　　　　　　　　　　　　└→ 精練・漂白→ トップ染 → 精紡→「霜降糸」→ 織布→「生機」→
　　　　　　　　　　　　　　　　　　トップ pt.→ 精紡→「霜降糸」→ 織布→「生機」→
「スライバー」→ 精練・漂白→ 精紡→「生地糸」→ 糸染→「染糸」→ 織布→「生機」
　　　　　　　　　　　　　　→「生地糸」→ 織布→「生機」→ 反染→「生地」→

●整理工程（無地織物服地の場合）

下場は精練・漂白工程など濡れた生地を扱う
＜下場＞

「生地」→汚み抜き→毛焼き→煮絨→洗絨→脱水→反染→縮絨┐
┌───┘
└→乾燥→剪毛→刷毛→艶出し→蒸絨→補修→「製品反」
＜上場＞

上場は仕上工程で、乾いた状態の生地を扱う。クリアカット仕上、ミルド仕上など

図Ⅰ—2—67　紡毛織物服地の場合

●染色・紡績・織布工程

洗毛→化炭中和 →「バラ毛」→バラ毛染 ┐
　　　　　　　　　　　　　　　　　　└→ 精紡→「霜降糸」→織布→「生機」→ 整理
　　　　　　　精紡→「生地糸」→糸染→「染糸」→ 織布 →「生機」→ 整理
　　　　　　　精紡→「生地糸」→織布→「生機」→ 反染 →「生地」→ 整理

140　第Ⅰ部　服地ができるまで　❖　第2章　服地の生産・流通

●整理工程

※紡毛紡績の工程は梳毛紡績と比べ簡単である。トップという中間製品は作らない。
※紡毛織物の整理工程（方法）は品種によって異なる。整理工場によっても違う。しかも同じ工程を何回も繰り返すことが多い。多種多様である。

Ⅰ―2―8　服地卸・コンバーター

A）服地卸業の分類

　アパレルメーカー（アパレル製造卸、SPA）と服地メーカー（紡績・化合繊メーカー、染織編メーカー）の間にあって服地の卸をする業である。服地卸業には次のようなタイプがある。
・服地卸・コンバーター……従来型卸商
・紡績・化合繊メーカー系……別会社（カンパニー）
・染織編メーカー系……メーカー直販
・商社系……総合商社、専門商社
　本項では、コンバーティング機能を持つ婦人服地卸について述べる。

●従来の服地卸業の構造
　服地卸業には産元、元卸、服地卸があり、服地は「産元→元卸→服地卸→アパレルメーカー」の順に卸される。
・産元……産地元卸商社、産地元売商社の略称。産地卸の一種。自社のリスクで服地を製産（委託生産）・仕入れして、卸売りする。売り先は元卸である
・元卸……アパレルメーカーへの卸売りはせず、服地卸に仲間卸しをする。商品である服地（生地）は、産地卸や機屋（織布メーカー）などから仕入れる。原糸

141

メーカーの代理店的役割もする。服地卸の力が低下したことから、服地卸の役割
も担うに至った。集散地にある
・服地卸（生地卸）……服地をアパレルメーカーに卸売りする業者

●服地卸の３タイプ
・コンバーター……「服地製造卸」といい換えると分かりやすい。自社のリスクで、
自社オリジナルの服地を揃える商品企画機能や、生産機構のオーガナイズ機能
を持っている。
・問屋……服地を元卸などから仕入れて、アパレルメーカーへ卸売りする。また
はリスクを持たずに売り継ぎ、手数料を得る
・服地卸……コンバーターの機能と問屋の機能を併せ持つ服地の卸商

B）服地卸の機能

　服地卸の主な働きは、需給調整機能である。アパレルメーカーと服地メーカー
の間にあって、双方の適品の整合を図る、過不足ないように供給する、適時に受
け渡すなど、生産・流通の経済効率を高める役割を果たす。その役割を全うする
ため、次のようなサブシステム（機能）を持っている。
・商品揃え（エディトリアル）機能……仕入品、自社商品、国産品、海外産品など、
自社が取扱う服地の構成・編集など
・商品企画機能……服地の企画・開発、デザイニング。加工生産指図と工程管理。
原材料供給先との開発連携など
・生産機構のオーガナイズ機能……加工生産工場との関係維持。OEM（相手先ブ
ランドによる生産）事業、ODM（相手先ブランドによる商品デザイン・設計・生産）
事業の運営など。自社工場を持つ服地卸も存在する。生産者への金融・保証など
も行う
・販売・販促機能……企画の提案、アパレルメーカーとの共同企画。国内外の販
路開拓・市場確保、価格設定・維持、代金回収、卸売り、プレゼンテーション、

リスク機能（備蓄機能）、バッファー機能など

・物流（デリバリー）機能……製品反・預り反（未納品）の保管・整理・出入管理、着分の裁断・配送、包装・梱包、原反・見本反の配送など

・品質管理機能……商品の物性、染色堅牢度、外観などの検査

●コンバーティングとコンバーター

　コンバーティングとは、自らのリスクで服地を企画し、デザインと仕様、仕入れた生地や糸を、染色加工業者、織布業者、ニッターなどに渡し、加工を委託する。出来た製品反はアパレルメーカーに卸売りする。見込製産である。英語のConverter（変換装置）に由来する。

　コンバーターは、アパレルメーカーの意向を受けて服地の調達や別注製産も行う。「異素材組合せ」のアパレルデザインに必要な素材を提供したり、「慣れきっている素材に『意外』と感じさせる風合いが欲しい」などの要望に応じて、「産地間移動」の加工生産を手配 ・管理し、服地を製造する。

　アパレルデザイナーの「わがまま」「無理難題」とも思える要望の数々を黙々と具現化するコンバーターは、デザイナーズブランドにとって素材企画・開発スタッフ的な存在であり、片腕になっている。

・異素材組合せ

　同色で異なるテクスチャー（風合い、ボディ感）の服地を組合せて１着の服、あるいはコーディネートを作るときに用いる異タイプの服地の混用を指す。例えば、先染織物服地とプリント服地のカラーコーディネートで特定の１色を双方に用いる場合、その基準とする布色を織物に表現した織り色にする。そのため、「加工生産に取掛る順は先染織物が先で、プリント服地はその後になる。織り色を基準に、染め色を合わせる」（小山正夫、東京ロマン、1989）

　このような異繊維や異加工の手配、各工場の生産・納期管理は、コンバーターが得手とするところである。

143

・産地間移動

加工工程を前段と後段に分け、前段をA産地で行い、後段はB産地で行って、製品反にすること。

例えば、「木綿の風合いを持つポリエステルフィラメント織物服地」を求められれば、福井で織り、浜松で仕上げる。その理由は、北陸産地で織りから仕上まですべてを行うと、いわゆる「合繊合繊」した感じの、どこにでもあるポリエステルフィラメント織物服地になるからである。

・DCブランド

デザイナーズブランド（Desingner's Brand）とキャラクターブランド（Character Brand）を一括りにした呼び名。デザイナーズブランドは、デザイナーのクリエーティビティーが売り。キャラクターブランドは、アパレルメーカーの企画デザインスタッフの時代感覚が価値。

DCブランドはいずれも感性重視で、それを表現できる服地を求める。その点で、市場性重視（売れ筋追求）で無難なデザインに終始するナショナルブランド（NB）とは異なる。コンバーターにとってデザイナーズブランドの注文内容は手間ひまがかかるうえ、発注量も少ないため、割に合わない仕事ではある。それでも、創造性や感性面で得るところがあれば、ギブ・アンド・テイクの関係になる。

C）受注生産、見込生産

コンバーターや服地メーカーなどの生産（自社工場）・製産（委託工場）への入り方には、受注生産・製産と見込生産・製産の2通りがある。

図Ⅰ-2-68　生産と製産

●受注生産・製産

注文を受けて作ること。出来た製品は速やかに納品する。これを「バイオーダー（By Order）」という。デザイナーズブランドが用いる服地に多い生産の仕方である。色替え、配色替え、素材置換えなどのカスタマイズや完全な別注などもある。

●見込生産・製産

自らのリスクで製品反を作り、在庫し、販売する。ここには新作品や継続品（定番）がある。見込生産・製産することを「備蓄」「手張り」と呼ぶ。服地では織布業、ニッター、コンバーターなどが行う。リスク負担の軽減を希求するアパレルメーカーにとって、備蓄する「ストック型服地卸」の存在はありがたい。その「リスク機能」を利用できるからだ。

この他に、あらかじめ半製品を作っておき、受注が入ってから意向に沿った加工を施した製品の生産に取掛る方法も行われている。別注色を付ける、後加工を施すなどである。受注生産と見込生産の中間をいく方法といえる。

D）中間排除と商品企画機能の行方

問屋無用論（1962）の高まりや、産地服地メーカーと行政、流通大手の「服地卸外し」の動きの活発化（1998、ジャパン・クリエーション開催）もあってか、服地卸は衰退した。要因の1つは、価格ダウン、別注・小口、期近・期中、クイック納品やバッファー機能の強要などによる収益低下、採算割れであった。

服地卸外しをしても、それが担っていた商品企画機能やエディトリアル機能、生産機構保持機能は必要である。それらの肩代わりを産地の服地メーカーやアパレルメーカーがしなければ、市場に供給される服地のバリエーションは乏しくなり、アパレルサイドの選択・使用の幅は狭くなる。おしゃれ心を弾ませない。生き残った服地卸大手への依拠は進み、服地卸大手による寡占化が、売場に並ぶ既製服の同質化にもつながっていった。服地卸大手の主な仕入先は海外産地といわれている。「3T」と呼ばれる服地卸大手の影響力は強くなった。産地服地メーカー

の状況はさらに厳しくなった。

　アパレルメーカーは、「服地卸、服地メーカーを失えば、自らの基盤を損なう」ことに思い至らず、コストカットとリスク回避を根本とした低コスト、QDに終始。服地の企画開発機能や生産機構の維持・発展よりも、当面の使い勝手の良さが関心事。「マーケティングマイオピア（近視眼的経営）」とみえる。「リスクテイキング」の思考と技術を軽んじる経営に危うさを感じる。

　産地の服地メーカーの企画内容と服地の品種には偏りがある。そのうえ、企画機能の持続、糸の手当、価格の設定、販路開拓、代金回収、後継者・要員確保、取引先に対する抵抗力、生産設備の維持・向上、生産連携など課題は山積し、自立・発展に不安定要素を抱えている。

Ｉ—２—９　テキスタイルデザイナーと柄師

　服地や糸のデザインをする職種は、次のように分かれている。

A）専門分化されたデザイン職

●製品分野による専門分化

　織物、ジャージー、レース、プリントファブリック、ファブリックワーク、意匠糸などを作るデザイン職がいる。

●業務による専門分化

・図案家……染織模様の考案・図案制作、製品化用の調整図案の作成などをする。今日ではテキスタイルCADシステムを駆使した色柄の制作が広く行われている。「テキスタイルデザイナー」と称している

・テキスタイルデザイナー……染め、織り、編み、レース地のデザイン・設計をし、その商品・製品化のために、繊維素材・材料や加工技法などの設定、試作、加工生産工程中のデザイン管理（ボディ感、風合いも含む）などを担う。「柄師」

146　第Ⅰ部　服地ができるまで　❖　第２章　服地の生産・流通

はここに位置づけられる

・カラーリスト……図柄の配色、色糸・色無地の色出し、ビーカー出し、型出し（製版指図）、「どぶ」「柄ぐせ」「色ぐせ」の修正などをする。マス見本の設計・指示も行う。どぶは、ワンピースドレスの広い面で目立つ調製不良

・ヤーンデザイナー……意匠糸のデザインをする（編糸分野が主）

・テキスタイルプロデューサー型テキスタイルデザイナー……加工技術・生産形態を熟知・活用し、生産者と協働して、産業デザインとしてのデザイン（ボディ感、テクスチャー、模様、布色などを総合した商品・製品化）を担う

　模様ぐせ、どぶ、柄ぐせ、色ぐせとは、ピース構図の模様の1単位（1完全組織）の送り（リピート）によって布面に現れるモチーフや色の不均等な配置の様子のこと。これにより、色柄が伸びやかで均整に展開しなくなる。ドビー織物やジャカード織物、ピース構図のプリントファブリックで発生しやすい。

B）柄師の職務

　毛織物分野で働く柄師はファブリックデザイナーであり、次のような職務を担っている。

・織物設計……織糸、織組織、仕上幅と長さ、織下し幅と長さ、整経長、筬通し幅、糸配列、綜絖や筬の通し方、経緯糸密度（経糸本数、打ち込み数）、経緯糸の総量、織下し重量・仕上り重量（目付＝g/㎡）などの設計

・織糸設計

・風合い、軽量感、ボディ感、目付の設定

・布面の表現の設定

・仕上加工の設定

・色柄の考案、制作、色出しと、織物組織図・縞割り表の作成

　縞割りとは、糸染織物設計（Weave Design）のことで、播州産地で使われる用語。地糸と縞糸（色糸）の所要本数を調べ、縞の配列を決めて「1縞（1リピート）」を割り出し、部分整経を設計する。糸量の計算を正しくすることで原糸ロスの発

生を防ぐ務めも兼ねている。

・柄組み、馴（枡馴れ）、マス（枡）見本の構成（枡馴）。マス見本織布の「立ち合い」

・原材料の選定、撚糸や染色の仕方などの指示

・織機、使用器具の設定

・色糸見本、糸質見本、組織見本、仕上見本、風合い見本などを管理する

　毛織物服地のデザイニングは、技術的側面の業務が多い。自由で多彩な模様づくりに傾注するプリント服地のデザインニングとは対照的である。コンバーターやアパレルメーカーに所属するテキスタイルデザイナーの多くは、機屋と組んでいる柄師ほどの織物設計能力がない。感覚的な意向出し、イメージの提示の域を出ない。テキスタイルデザイナーと称している図案家にも織物設計の能力はまずない。編地、捺染の設計・管理に対しても同様である。

　編地のデザイニングであれば、イタリアと伍していくために、編機の機構、編針、選針機構を熟知し、編組織を発見し、新しい編地を創造する工学的知見と感性を併せ持つアーチストが求められる。また、これまでに見たこともない編地を作る編針や編機の開発には、そうしたニットデザイナーの存在と、ニッターの編立てデータを共有する編機メーカー、編糸メーカーの協働が欠かせない。

I—2—10　テキスタイルプロデューサー

　テキスタイルプロデューサーとは、加工生産システムを駆使して、デザイン意図を服地の形に具現化する専門家である。テキスタイルプロデュースとは、ファッションビジネス、服づくり、服地づくりに関わる「個々の要素をつなぎ、新しい価値を創造すること。それは『エンジニアリング』である」（遠藤宣雄、2013）といえる。

　テキスタイルプロデューサーは、ファッション動向や業界動向や物づくりの現場力を把握したうえで、次のような働きをする。

・感性と理知的な判断を駆使して、産業デザインとしての服地づくりをディレクションする

・繊維素材や加工技術、生産形態を熟知し、素材供給者や生産者と協働してデザインコンセプトを商品化する
・売り先や発注者との意思疎通を図り、彼らの目的成就に努める。服地メーカーのデザイン企画の売り込みなどをする
・成果の把握と検証をし、データ化する
・デザイニングの諸管理をする（費用対効果も含む経営的感覚を働かせる）
・企業内外のデザイン組織の維持と活性化を図る
・デザイニング環境の最適化を図る
・風合い、ボディ感、着心地の設定、点検など

　感性だけのテキスタイルデザイナーや図案家では担いきれない職務内容である。この職種は、ミニコンバーターの社長職に多く見られる。その者たちの姿を、物づくりの現場でしばしば目にする。

〈→Ⅲ—1—3 服地のデザイニングの働き〉

コラム5

クリエーターのイメージを服地にする

　クリエーターが語る服の姿や着こなしなどのイメージを聞き、服地を設計し、生産工程中のデザインの管理までするのは、コンバーターのテキスタイルデザイナーやテキスタイルプロデューサーの役目である。その物づくりは「まるで雲をつかむようなイメージを共有することから始まる」（吉田隆之、1999）。

　「服のイメージを具現できる服地の姿かたちをイメージする→近似する現物（見ながら触れられる）を用意する→イメージする服地を実現するための構成要素（繊維から糸、組織、織機・編機、染色・仕上・後加工、工場まで）

> を列挙する→仕様書（加工指図書）を作成する→白無地の試作→シルエット
> の表現性の確認→色・柄のデザイン制作・決定→試染・試織→見本布・反→
> 本加工→製品反」へと進む。この間、未完の現物を前にしてクリエーターと
> 意見交換を重ねることによって、次第に姿かたちが現れてくる。
> 　これが、感性第一のデザイナーズブランド（デザイナーズアパレル）興隆
> 期から続くオリジナル創作の現場である。

Ⅰ—2—11　時代に仕掛け、時を駆け抜けたレーヨン服地

　「今や無価値。合繊の時代」と放棄されたレーヨン織物を、新感覚のアパレル
素材として創生し、大流行を起こした素材企画・開発の事例を紹介する。そこに
は、服づくり・服地づくりの相互作用と、ビジネスとしての経済合理性・効率性
を求める姿かたちがある。繊維工学とおしゃれな衣服の間の深い溝、隔たりがあ
ることにも気づかされる。

A）新しい意味の発見と価値づけ

　きれいなドレープが表現されたストレッチ性を持つレーヨン織物服地を生み出
し、そのトレンドの発端を作ったのは、当時（1970年代中盤）、荻原に在籍し
ていたテキスタイルクリエーターの高橋幹（M.T STUDIO）である。
　当時は丈夫で、長持ち、簡便なポリエステルフィラメント織物服地の全盛期。
ファッションショーで跳ねたり踊ったりするモデルの身体の動きにポリエステル
服地が添えず、ふわつく、まくれ上がるなどの有り様に「みっともない」と感じ
た高橋は、その解消を重さと吸湿性のあるレーヨン織物に求めた。「時代遅れの
繊維」と見捨てられていた人絹（レーヨン繊維）織物に新しい意味を見いだし、「古

150　第Ⅰ部　服地ができるまで　❖　第2章　服地の生産・流通

い人絹ではなく、新しいレーヨン」の織物加工生産システムの構築を目指したのである。

システムとは、モノとコトを最適に相互作用させ、目的成果を得るための仕組みである。レーヨン織物におけるモノとコトの組合せとは次のようになる。

・モノの要素……原糸、織糸（生地糸、染糸、晒糸）、生機、P下（無地、白無地）、糊料、染料など

・コトの要素……番手、撚り回数、糊付け、密度、糸配列、織組織、織機の選定、糸の張力、回転数、精練の方法、収縮率の設定、染色の方法、染料や薬剤の選定、仕上の内容などの技術・技能。それらに加えて、全工程の設計、職人（技能者）の編成、細心な生産管理など

このようなシステムで創作したレーヨン服地の特長は、①優美なシルエットを表す「落ち感」、②トロ味、③自然な感じのしわ、④しっとりとした触知感、⑤染め色のきれいさ、⑥吸湿性、⑦丈夫さである。これらを備えた服地は、偏見のない若いデザイナー（デザイナーズアパレル）の共感を呼び、新しい感覚の服づくりへ向けたコラボレーションに発展した。この服地を最初に見て、触れ、用いたのは、菊池武夫（当時ビギ）である。松田光弘（ニコル）、川久保玲（コム・デ・ギャルソン）、山本燿司（ワイズ）など「TD・6（TOP DESIGNER 6）」（1974～）のデザイナーたちが続いた。いずれもパリコレでの活躍に意欲を燃やし、新しい感性の服地を求めていた。

この動きは、原宿のヤングカジュアルのデザイナーたちに伝播していく。中野裕道（ビバユー）は、高橋が作るレーヨンプリント服地だけを用いたファッションショーを原宿で開催。着色抜染で色柄を表現した服地は、動き跳ねるモデルの身体に寄り添い、そのシルエットは終始、美しかった。このショーをきっかけに、レーヨン服地は衆目を集めることになった。それは「アンチポリエステル」とも映った。

「着る『モノ』としての丈夫さや簡便さに価値をおく時代から、着るという『行為』のおしゃれさに価値を見いだす時代へと変わる」と予感した高橋のレーヨン織物服地の企ては、着る「人」の価値観をも変え、成功したのである。

B）価値観の消耗

　これを商機と見た化学繊維メーカーは、生産量と販売量の増大に動き出した。レーヨン織物を作る機屋（織布業者）やコンバーターが続々と出現。百貨店アパレルはその服地を求め、百貨店は売場にその服を並べたがった。化学繊維メーカーは都心の有力百貨店と組み、メーンフロアで自社製の生地を用いた服のファッションショーを催した。

　この時点で、レーヨン織物服地は新しい局面に入った。高橋はレーヨン織物服地づくりから手を引く。クリエーティブなデザイナーをして惚れさせた初期レーヨン織物服地の終焉である。

　原材料や中間製品、製品は手に取って見ることができるが、加工生産に流れる物づくりの思考までは見えない。思考を具現する職人たちの存在や働きを理解することは難しい。大量生産・大量販売・大量消費の目論みに応じられる新規な生産システムは、おいそれとは構築できない。高橋がレーヨン織物に与えた価値観（新しい意味）と、それを実現するクラフト的なシステムは無視され、イメージだけが利用された。その結果、レーヨン服地づくりは「安易」と捉えられるようになり、作られた服地は安づくりの、安価な商材へと変わってしまった。

　作り方が変われば、作られる服地の表現内容も変わる。それまでは有杼織機で手織りのようにゆったりと織っていたが、経糸張力が強い高速織機に替えられた。それで作られた織物の風合いは、ポリエステルに似ていた（ポリエステルライク）。品物の呼び名は同じでも、見た目と触れた感じ、着心地は異なっていたのである。レーヨン服地の弱点を承知で着ることができず、許容できない人までも客にしようとする販売拡大策はクレームを多発させることとなった。

　やがて、簡便性が持ち前のポリエステル繊維やアセテート繊維に、レーヨンタイプが登場してきた。これを利用することによって、能率的で効率的な生産が可能になるからだ。「レーヨンの落ち感が味わえる」ポリエステルフィラメント織物はトレンドに乗った。着る人がレーヨン擬きに不満を感じなければ、需要はそちらへ移る。話題の服を着られさえすれば気が済む人にはこれでよかったのだ。

これに似た現象は、後にレンチング社のテンセル®やモルデンミルズ社のフリースでも起きた。

　後期のレーヨンプリント服地は、原宿・青山のトレンドをポップな色柄に染め表し、ヤングファッションとして一世を風靡した。この頃に生まれたのが「ピンクハウス」（金子功）の花柄で、その表現スタイルは1983〜85年に定まった。

　DCブーム（1982年前後）の中心地となっていた原宿でレーヨンプリント服地を彩ったデザイナーに、坂井直樹の流れをくむ木村恭一と五藤雅起（ともに国洋が原宿に設けたミニコンバーター「DENIER」のスタッフデザイナー）がいた。

　レーヨン織物服地は、価格が比較的安価で、しかも繊維メーカーによる「ルート販売」の規制はなく、ミニコンバーターや弱小零細のDCアパレルにとっては取扱いやすく使いやすい素材になっていた。とはいっても、レーヨン織物服地の弱点は解消されていなかった。「であるから、いいのだ」と主張し、それに共感するコアな若者をターゲットにし続けたDCアパレルは弱小のまま消滅への道をたどった。一方、レーヨンライクのポリエステル服地に切替えたDCアパレルは、「ちゃんとした会社（百貨店と商取引できる企業）」になっていった。ミニコンバーターも同様だった。

　その中で、高橋はレーヨン織物（フィラメント織物）から、天然繊維のスパン織物へと転換した。紡績と組んでレーヨンステープルやスフ糸を用いた混紡糸、カバー糸、織物などの開発に取組んだ。重布織機を用いずに作った、軽目で、ドレープを表すウール・レーヨン交織の二重織物服地は、熊谷登喜夫（トキオクマガイ）がメンズコートに採用するところとなった。

C）転生

　このような経緯から、高橋は当時難儀していたテンセル®の風合い出しを引き受けることになった。この取組みを成功させたのが、高橋が構築したレーヨン織物の加工生産システムだった。かくしてテンセル®は日の目を見て、その珍妙な風合いで一大旋風を巻き起こすことになった。

・レーヨン……ビスコースレーヨンを指す。セルロース系の再生繊維の一種

・レーヨン織物……レーヨンフィラメント織物のこと

・スフ織物……レーヨンスパン織物のこと

・テンセル®……セルロース系の再生繊維の一種であるリヨセル繊維（精製セルロース繊維）。当初はスパン織物。きれいな染め色をプリントで表せなかった。だらっとしたボディ感で、型崩れしやすかった

・風合い出し……硬くて無表情な化合繊の布を、身体に添い、繊細な表情を表す服地に変えること。触れた感じ、まとった感じ、見た感じに魅力を生ませる加工。絹の練り、苧麻の打布、毛の縮絨・起毛などに相当する重要な仕上加工

D）繊維工学とおしゃれな服との深い溝

レーヨンのドレスをまとって劇場や音楽堂に集うロンドンの若い女性たちは幕間の社交の場にあって目に麗しく、その静かに描くドレープと落ち感は優美であった。1974年。この頃、ロンドンはケンジントンハイストリート界隈で収集した100枚を超すレーヨンドレスを分析し、日本のレーヨン技術書を渉猟し、研究を重ねていたのが高橋だった。「ウルフコートの下の、裸身にまとった1枚仕立てのレーヨンドレスの姿に、目指すところを見た」と話す。

当時の日本では、レーヨン服地の加工生産システムは消滅していた。生産に携わった技能者も失せていた。残存していたのは「人絹の縮緬風呂敷」ぐらいであった。東洋レーヨンは東レに、帝国人絹は帝人に改称していた。

「レーヨンは時代遅れ。合繊の時代」と、荻原はレーヨン織物服地の開発を中止し、高橋は会社を辞め、独立した（1974年）。染色技術界の権威者でもあった経営者の目には、流行のおしゃれ服とそれを着て楽しむ人の心の揺れに立脚するコンバーティングは「非合理」の極みに映ったのだ。荻原のプリント服地（KOKORO-PRINT）事業は、有力な合繊メーカー1社のポリエステル素材に絞られた。時の風向きに乗る戦略のなれの果ては事業の廃止であった。

繊維工学（繊維、高分子、紡績・紡糸、糸、織編、生地、染色仕上）、被服材料学と、

おしゃれな服・きれいな服地には類縁性はあるが、断層している。と、実感させた。

I—2—12　海外デザインエージェンシー

　パリやリヨン、コモ、北欧で制作されるテキスタイルデザインと、それに関わる情報を輸入し、服地・インテリア・テキスタイル関連企業やアパレルメーカーなどに販売する業者である[※]。

　1960年頃までには、パリやミラノ、ロンドン、ニューヨークなどのファッション誌やトレンドカラー見本帖（「カラーカード」）、服地の見本帖（「サンプルブック」）、ビンテージの布見本帖（「オールドブック」）・古着、アート系図書などのデザインリソースの取扱いが多かった。空輸されるそれらから、日本の服地・アパレルファッション業界は服・服地・服飾品デザインの制作や商品揃えのヒント、ファッション写真のヒントなど、多くを得ていた。

　フランスやイタリアの服地サンプルをたくさん貼付した「BIL BILLE」「PARIS ECHO」「ITAL Tex」などのサンプルブック（定期刊行）が大量に輸入・販売されたのは、1950年に始まる糸偏ブームの時代である。繊維、紡績などと関わりのある業種は儲けに儲けた。

　当時、日本の繊維の中心地は大阪だった。「ガチャ万」なる言葉を生んだ尾州の毛織物業者は栄華を極めた。ガチャンと機音を発すれば万のお金が入ってきたからだ。機音とは、織機の緯入れ運動で生じる衝撃音のこと。フランス、イタリアの服地サンプルブックは儲けの種ともてはやされ、飛ぶように売れた。京都はプリント服地で沸いた。先斗町にプリント服地卸商や図案家たちの羽振りのいい姿が見られた。プリント図案家は羨望される職種だった。アート系図書・図版は彼らに求められた。

　1968年、コモのパオロ・ファーカス（PAORO FARKAS）が、自ら制作したプリント図案を引っ提げて来日販売。これをきっかけに、パリのポール・ハギタイ（PAUL HARGITTAI）、コヴァルスキー（KOVERSKY）、リヨンのロバート・ヴェルネ（ROVERT VERNET）などの有力スタジオ（アトリエ）で制作された「海外

155

図案」の輸入（販売代行）が加わった。ロンドンの図案が入ってきたのはその後のことである。前者の表現はエレガンス、後者はポップが売りであった。

　持ち込まれるデザインを待っていては負けになる。高感度なデザインをどこよりも早く得るために、好機を読んで、かの地のアトリエへ発注・買付けに出向くことは、海外メーカーとの争奪戦でもあった（当時、筆者は VIVIANE HAYEZ &（ヴィヴィアン　アイエ）YVES VACARISAS〈シャンティ〉招聘も担っていた）。（イヴ　ヴァカリサス）

　「今日では、海外テキスタイルデザイン（さまざまな手法によるいろいろな表現物）の取扱いが主となっている。日本のアトリエからは得られない利点があるからだ。それとは、

・デザインに西欧のトレンド情報が詰まっている
・アトリエが提案するトレンドの表現に適切なデザイン手法が工夫されている
・デジタルファイル付き（データ付き）のデザインがなされている（2006〜）
・備蓄されているデザイン（アトリエの自主制作＝見込生産）から選択できる。
これに対して、日本では注文による制作（受注制作＝受注生産）である」

　と大原直（2017）は語る。

※草分けの海外書籍貿易商会の創業は 1951 年、神戸。

I—2—13　バッタ屋

　換金目的で投げ売りされる反物を、現金で買取る業者である。この取引のあり方を「二束三文、捨値半掛けでバッタに売る」という。その反物とは、アパレル（にそくさんもん）（すてねはんがけ）メーカーや縫製業者の残反、服地メーカーの BC 反、出目、服地卸のデッドストッ（ざんたん）（でめ）クなど。これらを少量仕入れたいアパレルデザイナーやアパレルメーカー、ホビーソーイングする人などに切り売りする。通常価格よりも安価(半値八掛五割引)で、（はんねはちがけ）現金取引する。アパレルビジネスの裏方的存在である。

・BC 反……不良反、不上りの総称。不良の程度で B 反、C 反に分けられる（ふあがり）
・出目……受注したメーター数を納めた後の余った織物。その処分は織布業者に任される。原糸メーカーから支給された原糸の余分を用いているので、糸代はゼ

ロである。織布業者の儲けになる。これは不良反の発生による欠反に対処するための慣行

・デッドストック……売れ残った服地、売れなかった服地、未引取在庫（服地）などの不良在庫品

・ばった……投げ売り。「ばった売り」ともいう。その業者を「バッタ屋」と綴る。バッタ屋が懸案の不良在庫をきれいさっぱり片付けてくれる（買取ってくれる）様子を、剣豪がばったばったと切り倒すときのスカッとする感じと重ね合わせた擬音・擬態語（オノマトペ）。オノマトペは風合いの表現によく用いられる

I―2―14　服地屋

　服地をメーター売り（切り売り）する小売店（業）。国内外産の種々の服地、裏地、芯地、付属品、シーチングなどを品揃えする。

　綿服地専門の服地屋を「コットンショップ」と呼んでいる。アパレルデザイナー、学生、ホビーソーイングする一般人が対象。服地屋は、既製服が盛んなニューヨークやパリにも存在する。

I―2―15　エージェンシー

　販売代理業者である。織布業者やニッターなどの服地メーカーから見本布を預り、欧米あるいは集散地のアパレルメーカーに提示して注文を受ける。その代金が服地メーカーに支払われてから、コミッションを服地メーカーから受ける。

　商社は、凝った作りの服地の少量の取扱いが不得手である。単純な作りの服地を大量に扱うことを望んで行動する。そのため少量生産の特異な服地の輸出は、現地のエージェント、あるいは日本の専門商社と取組んで行うことになる。

　これとは逆に、海外の服地メーカーの在日エージェンシーもある。海外のアパレルメーカーのために、日本の素材情報の収集・調達を行う日本のコレスポンデントもある。

Ⅰ—2—16　産地

　同種同類の服地を生産するための各工程を分業する者や企業、その産物を流通させる業者などが集まっている地域。各産地には得意とする品種がある。

A）服地の主要産地

　日本国内には、次のような服地の産地がある。
- 合繊長繊維織物の北陸三県（福井、石川、富山）、見附、栃尾
- 毛織物の尾州（一宮を中心とする地域）
- 綿織物の遠州、知多、泉州
- 綿先染織物の播州、亀田
- デニムの三備（備前、備中、備後）
- 麻織物の湖東
- 絹・化合繊紋織物の福井、富士吉田、桐生、米沢
- 縮緬の丹後
- 綿縮（綿クレープ）の高島
- 別珍・コーデュロイの福田（天竜社）
- 綿の搦み織の遠州
- 各種の繊維・糸を用いた織物の八王子
- テリークロスなどのパイル織物の今治
- ハイパイルやシールなどのパイル織編物の高野口
- 合繊ジャージーの福井、石川、富山
- 綿ジャージーの遠州、和歌山、墨田
- ウールジャージーの尾州

　などなど、この他にも全国に多数散在する。京都はプリント服地の産地であり、

図 I−2−69　服地の産地などの所在

足利にはレーヨンや綿など各種繊維の生地に捺染できる工場があり、能代には横浜産地から移ったスカーフやハンカチーフなどの捺染工場がある。

織物産地（織場）には、産物の精練、染色加工、整理を得意とする染工場が存在する。鶴岡には、絹の機業とともに精練工場が存続している。その精練工場が小松など他産地の産物まで一手に引き受けている。川俣には、絹の機業のみが残っている。これと似た歯抜け現象は各産地で起きている。縫製、ニットウェア、スカーフにも産地はあるが、往時の勢いはない。

「服地産地の変容は常態化している。産地の特産とは異なる品種の創作に熱心で、産地の枠からはみ出す"脱産地"の機業もあり、他産地と連携した加工生産も行われている。産地に留まる機業の扱い品種も多様に変化している。産地内の分業のあり方も変容している。商取引形態にも違いが出ている」（八木英樹、三景サンテキスタイル、FIC テキスタイル・スクール講師、2002）

今や「産地」と一括りに捉えるのは、実際的ではない。個々の企業の事業活動をつぶさに見る必要がある。明日を変える事業が生まれかかっている、かもしれない。

〈→Ⅲ—2—3 産地性。Ⅲ—4—5 次世代が動き始めた〉

B）産地が変容した要因

産地・産地メーカーの変容には、外的要因と内的要因がある。外的要因は産地の1機業で取除くことはほぼ不可能だが、内的要因の解消は簡単ではなくとも経営の知恵次第で可能な余地もある。外的要因をうまくこなして内的要因を有利に転換し、プラスの状況を作り出すという変容のあり方もある。

●外的要因

既製服の国内生産の激減と製品輸入の増大、海外ブランドの侵入と競合激化、国内市場の長期的低迷（内需の不振）、低価格志向（服地代の低減、受注単価の低下）、加工生産コストの増大、輸出の不振などが挙げられる。

顧客の価値観とライフスタイルを見ると、「衣生活」の低コスト化、簡便化、購入の減退、トレンド（軽量化、ストレッチ性、ボディ感、色・模様表現、利便性＝機能性）の長期的変化などが起きている。これも外的要因に加わる。

これらの事柄を、人口の減少・市場の縮小、少子高齢化・対象顧客の減少、格差・市場の2極化（階層固定化）、地方における人口流出・東京への集中化、先行きへの不安感などが覆っている。

●内的要因

内的要因の本質は、このような事業環境下で経営者が抱く気持ちと行動である。「リスキーなうえに作業は煩雑化し、長期的な低収益で『割に合わない』」という気持ち。高度技能者の高齢化とこれからの技能者の育成難、事業後継者難などもあり、家内工業の持続に困難を感じる。これら複合的な要因から生じるのが「自分の代で廃業したい」という思いである。そうなると、機械・設備投資への躊躇、製品・サービスを開発（プロダクトイノベーション）する意欲の減退が起こり、経営の思考と技術も疎かになり、未来へのチャート（Chart ＝海図）を描けない、という負のスパイラルに陥ってしまう。

その一方、「ここに留まれば無念な滅びしか残されていない」と変転を決意し、創意工夫し、知見を広めて自己革新する経営者も現れている。新たな姿かたちへの変容が始まっていることにも着目したい。

〈→Ⅲ—1—11 グローバルな生産・流通構造。Ⅲ—4—5 次世代が動き始めた 事例① T・NJの「他をもって代え難し」〉

Ⅰ—2—17　集散地

各産地の服地を集めてアパレルメーカーに販売する服地卸が集まっている地域。東京、名古屋、京都、大阪など。ここにある卸を「集散地卸」と呼ぶ。

第3章　副資材と服飾品の生産・流通

I―3―1　副資材

　広義の「副資材」は、副資材と付属品に分けられる。表地である服地を主資材とすれば、裏地（ライニング）や芯地は副資材となる。リボンやテープ、紐、縁飾り用レースなどの布製品、パッドなども副資材。ここまでは繊維品である。

　留め具であるボタンやホック（フック・アンド・アイ）、スナップ、ファスナー（ジッパー、面ファスナー）などは「付属品」とされる。「アパレルパーツ」とも呼ぶ。これらに、ネーム（織ネーム、プリントネーム）やラベル、ワッペン、縫糸を加え、「副資材」「服飾資材」と呼ぶ。

A）裏地

　綿やポリノジック、キュプラ、ポリエステルなどの織物裏地は、浸染業者や糸染業者と連携する織布業者が作る。編物裏地は、経編ニッターや緯編ニッターが作る。プリント裏地は捺染業者が作る。これらの裏地を総合して扱う裏地卸も存在する。

　裏地模様、裏地と表地のカラーコーディネート、柄のコーディネート、マッチメートなど、服装の色柄を演出する裏地は、表地（服地）のデザインと合作される。これを主導する裏地卸も存在する。

・裏地模様……裏地、あるいは服の裏側（内側）にある模様。脱いだコートやジャケット、ボタンを外したときに見える裏地の色柄は、着る人のおしゃれ心のあり様がうかがえて楽しい。裏地は、隠れた美、粋、機知などを表現できるアパレル素材である　　　　　　　　　　　　〈→1－3－3服、服装の色・柄演出〉

B）芯地

芯地には接着芯と非接着芯があり、それぞれに専門メーカーが存在する。接着芯は表地の裏に接着させて用いる。非接着芯には、オーダーメードの紳士服に用いる毛芯がある。

接着芯が既製服に多用されているのは、次の4つの理由からである。

①既製服の縫製工賃を低く抑えるため。縫製工程の芯据え作業をしやすくする、縫いやすくして熟練工を不要にするなどして、生産性を高める

②速く縫えることで、期近・期中生産、短納期を可能にする

③表地を多種多様にする。これまで使用不可だった布（物性に難点がある布）を補強し、使えるようにした

④形状が変化する表地を用いた服のシルエット保持など、デザイン表現の多様化

芯地は表地と裏地の間にあって目立たない、縁の下の力持ち的な存在である。芯地の素材には、不織布、織物（織地）、編物（編地）がある。

C）紐

紐には、組紐（Braid）、織紐、編紐、撚紐などがある。

・組紐……平打ち組紐（平らな紐）、丸打ち組紐（円筒状の紐）などがある

・撚紐……ロープなどがある

・編紐……リリアンなどがある

それぞれの紐は、組紐メーカー、細幅織物メーカー、ニッターなど、加工方法別に専業で作られている。

D）ネーム、ラベル

ブランド名やメーカー名、産地名、図柄などを織り表したもの、プリントしたものなどがある。表記に留まらず、装飾効果を持つものもある。

織ネームは、ジャカード組織で織った細幅織物。シャツの襟裏の首筋部分に縫い付け、襟吊（えりづり）として使えるものもある。織マークは、織リボンや紋リボンとともに、細幅織物産地の丸岡（福井県）で作られている。

E）副資材の業者

副資材や付属品の分野には、それぞれの専門メーカー（アパレルパーツメーカー）、卸問屋（アパレルパーツ卸）がある。

縫製に際しては、表地と副資材、付属品が揃っていることが必須である。縫製工場は、揃っている順に工程設計をして作業に入るから、工場への投入は「揃えて、早期に」が大事になる。副資材とこまごまとした付属品を表地とパックして、国内外の縫製工場へ供給する業者も現れている。縫製拠点の海外移転に伴って、副資材も現地の縫製工場へ配送される。そのための物流網（国際物流）が構築されている。

I—3—2　服飾品

服装を完成させる服飾品、ことにアパレル販売アイテムとして軽視できないスカーフ、ストール、傘地について説明する。これらは服・服地とのコーディネート演出を意図して作られることも多い。

A）スカーフ、ストール

ラグジュアリーブランドは、スカーフとストール、それらを活用したブラウスやスカートなどを重要な商品としている。スカーフ、ストールと服地では、その生産・流通がまったく異なるが、デザイン面では緊密な関係にある。

スカーフは正四辺形（四角形）、ストールは帯状の矩形（くけい）である。加工方法は、無地織物、先染織物、プリントもの、横編もの、経編もの、レース、手工芸的染織や刺繍など、さまざまある。

織物のストール、マフラーは、服地の織布業者が副業的に作るものも多い。経編のマフラーは経編業者が編む。プリントのスカーフやストールは、スカーフ専業者が企画・デザインし、専業の捺染工場にプリントを依頼し、縁の手巻き（ハンドロール）やフリンジなどは小巻屋に依頼して作る。プリントのスカーフやストールは、プリントハンカチーフとともに横浜が産地として世界的に有名である。

　シルクのプリントスカーフは、「布の宝石」として染織技巧の粋を集めて作られる。プリント服地の作りとの違いは、次の4点である。

①色柄の染上りが「裏抜け（裏通し）」で、裏表が分からないように染められる

②P下の組織が凝っていて、繊細である

③首にやさしい肌触り

④首回りを飾る布の造形表現を重視している

　シルクスカーフのP下は、スカーフ用に規格（織設計）され、織布、精練などを施して作られる。プリント服地のP下とは異なっている。匁付は8〜16匁、18匁と、服地よりも軽目（服地は16匁以上が一般的）である。

　スカーフやストールは、裏模様や先染織物服地とのカラーコーディネート、プリント服地とのマッチメートなど、服装の色柄演出で連係プレーをしたりする。プリント服地のパネルもの（BS柄、AB柄、パネル柄、スカーフ柄）やハンカチーフ柄などは、スカーフとハンカチーフの捺染技法に由来している。

　パネルもののデザイン創作は、アパレルデザイナーが演出する服装の色柄イメージをもとにして、パタンナーとテキスタイルデザイナーが加わり、協力して行う。〈→122頁・図Ⅰ-2-55参照。AB柄の服装、パネルプリント服地、エンジニアードプリントはテキスタイルデザイナー若栗毅のデザイニング（荻原）〉

　BS柄の服装の普及は、フランスのエルメス（HERMÈS）、イタリアのジャンニ・ヴェルサーチ（Gianni Versace）によるところが大きい。スカーフの色柄構図には絵様とピース＆ボーダーの2タイプがあり、前者が多用される。後者はイギリスのハーディ・エイミス（Hardy Amies）がよく用いていた。

　先染織物ストールは織布工場にとって、収入源として軽視できない。

B）傘地（雨傘、パラソル）

傘地には、プリント織物、無地織物、先染織物、レース地などが用いられる。服地とのカラーコーディネート、マッチメートを図るものもある。

傘地は、二等辺三角形の布を8枚、長い辺を縫い継ぎ、円型にし、1本分とする。プリント地の柄の構図には、ピースものとパネルものの2タイプがある。パネルものは、1枚の絵のような全面柄となる。考案は藤曲興治（テキスタイルデザイナー、荻原）である。

I－3－3　服、服装の色・柄演出

●服、服装の構造
A.1着の服の内で配置・表裏　ex.）片身替り、裏地模様
B. 着合わせ（服装としての服種の組合せ）
C. 服と服飾品の取合せ

●色・柄の表現方法
1. 布色の組合せ
　　a. カラーパターン（Color Patern）……異色の無地と無地の組合せ。構造B
　　b. リバーシブル
　　c. 異テクスチャー（異素材組合せ）
　　d. 黒地・柄コーディネート（共通色）
2. 柄の組合せ
　　a. 裏地模様、片身替り
　　b. マッチメート（Match Mate）……同柄の大柄、小柄の組合せ。構造B
　　c. 柄のコーディネート（テーマ・コーディネート＝ Theme Cordinate）……
同テーマで、モチーフと構図を違える。配色共通。構造B　ex.）AB柄

第Ⅱ部
アパレル製造・小売りと素材調達

第1章　縫製業と服地

Ⅱ―1―1　本来のアパレルメーカー

　生産設備（ミシン、編機など）を備え、縫製、編立てをする工場が、アパレルメーカー（アパレル製造業＝ Apparel Maker）である。だが日本では、既製服製造卸を「アパレルメーカー」といい、ミシンを備えて縫製する生産者を「縫製業」「縫製工場」と呼んでいる。

Ⅱ―1―2　縫製業

　縫製業は一般に、アパレルメーカー（既製服製造卸）から純工料、属工料（じゅんこうりょう　ぞっこうりょう）を受ける下請けと見なされている。その中で、今日ではファクトリーブランドを付けた服を自販する縫製業者が、イタリアのそれのように存在するようになった。

●純工
　表地と副資材、付属品、デザイン、型紙（パターン）、仕様を預り（あずか）、服に縫い上げる賃加工仕事。

●属工
　表地を預り、副資材と付属品は自前（縫製工場）で調達し、服に縫い上げ、加工賃と副資材代、付属品代を受ける取引形態。

●ファクトリーブランド（Factory Brand）
　縫製工場が自社のリスクで商品企画をして、設計（パターンメーキング）し、

服地の手当や裁断などの縫製準備と縫製を行い、作った服に自社の商標を付けて自販するもの、あるいはそれを行う事業形態。これを行う縫製業者を「アパレル製造業」と呼んでいる（本多徹、アパレル工業新聞、1997）。

その立ち位置は、製造業としてのアパレルメーカーである。それに対して既製服製造卸（アパレルメーカー）は、商業に立脚している。その違いが両者の事業観、価値観の違いとなり、服づくりにも、服そのものにも表れることになる。「工人」と「商人」の、服（商品）への思い入れの違いである。

Ⅱ—1—3　生地買い・製品売り

縫製業者が副資材や付属品を仕入れるとともに、指定された表地を服地卸または発注者であるアパレルメーカーから仕入れ、縫製し、服にして、受注枚数（着数）分をアパレルメーカーに売り渡す取引形態を「生地買い・製品売り」という。縫製業者に対する工賃は製品代として支払われる。

この取引のことを服地卸は「工場納め」といい、服地代金は縫製業者から受け取る。縫製工場と服地卸の間でトラブルが発生しやすい取引形態である。

ニッターの場合は、「糸買い・製品売り」という。アパレルメーカーにとってこの流通形態は、省力化と材料ロスの負担回避、服地、副資材、付属品の仕入資金不用（仕掛在庫なし）など、メリットが多い。

加工途中、あるいは用意してある服地や半製品、生地、糸などを「仕掛品」「仕掛り」と呼ぶ。仕掛品は、生産を依頼した企業（アパレルメーカー、コンバーターなど）の在庫品（仕掛在庫）である。完成品であれば未引取在庫である。それらは依頼企業の台帳に記載されていなくても同様である。

発注担当者の異動で問題化するケースが多い取引形態でもある。すでにかかった費用や処理経費は未払いになることが多い。「上司の認めを得ずに、担当者が勝手に発注した。担当者を解任したから許せ」のひと言で落着。取引上位の企業が意図的に行うこともなくはない。

また、縫製業者が縫製賃の低下（工賃ダウン）を強いられることも常態化して

いる。縫製の多くは海外に出され、国内の縫製業者の受注量は激減した。「国内に縫製業は不要」とするアパレルメーカーもあって、縫製業者の数も激減した。国内に発注される仕事は、クイック対応を要するもの、小ロット対応になるもの、縫製が難しいもの。そのうえ工賃ダウンでは採算がとれない。

　生き残るために、生地買い・製品売りで高めた能力をもって、「Japan Quality」の活用を望む米欧のブランドとの直取引に乗り出さざるを得なくなる。この段階に至ると、服地の提案・調達まで自社で行うことになり、国内外の服地メーカーとの直取引に及ぶ。アパレルメーカーに従属する必要性は低くなる。

　このような「アパレルメーカー抜き」の動きはすでに始まっている。ドメスティックなアパレルメーカー大手が中心になって進める純正国産表示制度「J∞QUALITY」の思惑を超えた事象である。

Ⅱ—1—4　モデリスト

　モデリスト（Modelist）の役割は、服づくりの全工程に関わりながら、アパレルメーカーが担う企画・設計と縫製工場が担う縫製準備・縫製をマッチングし、良い服を作ることである。それは、分断されている状態のアパレルメーカーと縫製工場を連帯・協働させることでもある。

　マッチングとは、アパレルメーカーのデザイナーが描くデザイン画・絵型、あるいはパタンナーが作ったパターンに反映されたデザイン・企画意図を工業パターンに正しく置換え、縫い上げる一連の工程の最適化を図ることである。アパレルメーカーから渡された、そのままでは縫えないパターンを縫製工場で修正するなど、作業の無駄を省くことも含まれる。

　モデリストは単なるパタンナーではなく、縫製工場のパターン修正担当者でもない。より高度な技術専門職である。その働きは、「原型パターンの作成→応用→試作サンプル→最終サンプル→工業パターン作成」という工程に関与し、「縫製工場への縫製指示・説明→製品服の品質・技術面での責任を負う」ことである。

〈→Ⅲ—4—5 次世代が動き始めた 事例② JNMA とアパレル製造業へ転身した縫製業者〉

第2章 製造卸・SPAと服地

Ⅱ―2―1 アパレル製造卸

　アパレル製造卸業とアパレル製造小売業（SPA）はともに流通業であり、共通点は「商う商品を自ら製造する」ことである。服地の調達については共通点が多いから、SPAの場合もアパレル製造卸を参照されたい。

　既製服製造卸を「アパレルメーカー」と呼び、略して「アパレル」という。日本でアパレルメーカーと呼ばれる存在のほとんどは既製服製造卸（アパレル製造卸）であり、縫製業ではなく、流通業である。

　日本のアパレルメーカーは、自社の商品である既製服を、自社のリスクで企画・デザインし、国内外の縫製業者にデザイン、型紙（パターン）、縫製仕様書、服地、副資材などを渡して服に作ってもらう。そのことを「製造をする」と称している。ニットウェアは、ニッターのODM（相手先ブランドによる商品デザイン・設計・生産）機能を利用して商品揃え（商品構成）する。それらを、百貨店には「消化取引（消化仕入）」で、専門店には「買取取引（買取り）」を建前として卸売りする。

　卸売りする先との取引ウエートによって、百貨店アパレル、量販店アパレル、専門店アパレルなどと呼び分けられる。

　扱う服種の多少によって、総合アパレル、専業アパレルと分類される。

　総合アパレルは、婦人服、紳士服、子供服などすべての服種を扱う。百貨店アパレルとも呼ばれる大手企業である。専業アパレルは、レディスアパレル（大手、中小、マンションアパレルなど規模はさまざま）、メンズアパレル（スーツを主に扱う）、ヤングカジュアルアパレル、ベビー・子供服、インナーウェア（ファンデーション、ランジェリー、インティメイトアパレル）、アウトドアウェア、スポーツウェアなどの専業がある。特定の服種（ジーンズやパンツ、シャツなど）

だけを扱うアパレルもある。

デザイナーが創業したデザイナーズアパレル（デザイナーズブランド）もある。

アパレルメーカーは、服地卸や服地メーカーなどにとって大の顧客である。その商品企画や素材調達政策、経営状態などに強く影響される。ときに連鎖倒産すら起こすほどである。

Ⅱ—2—2　素材調達の前提

アパレルメーカーと SPA の素材政策と素材企画、それに対応する服地サイドの生産・流通は次のようである。

A）ブランドにおける服地の位置づけ

ブランドにおける服地の位置づけは、おおよそ次の 3 タイプに分けられる。

①コストとしての服地

「服は売上げづくりの商材」とする見方。そこで、用いる服地の品質はそこそこで、生地代は安いほど好都合（低コストになるから）、調達の手間は省きたい。価格を優先し、品質・品位を切り捨てた服は、コモディティー、オーソドックス。流行りの着捨て服に多い。

②設定した低い価格を実現する材料としての服地

上代から割り出した服地の仕入値（生産原価）の高低の幅が狭い。これに従うと、選択・採用できる服地の範囲は狭くなる。これまで築いてきた良質なブランドイメージの維持は難しく、存続すら危うくなる。

③服の魅力としての服地

服地をブランドイメージの最も重要な構成要素として捉える。「服地が決め手」

172　第Ⅱ部　アパレル製造・小売りと素材調達　❖　第 2 章　製造卸・SPA と服地

とするから、服地の仕入価格の高低よりも魅力あるデザイン性を優先する。ブランド独自の表現を可能にするオリジナル素材や服地の開発など、調達の手間は厭（いと）わないとするアパレルメーカーに多い。

　①タイプのブランドでは、少品種大量生産される服地が用いられる。③のブランドでは、多品種少量生産される服地が用いられる。この場合、受注生産の別注品になることが多い。小売価格が低いブランドは低価格の服地を仕入れ、小売価格が高いブランドは高価格の服地を仕入れる傾向がある。

●少品種大量生産と多品種少量生産の違い
　少品種大量生産、多品種少量生産とは、生産の仕方を品種の多少、生産期間の長短で区別する用語である。

・少品種大量生産
　少品種大量生産とは、機械（織機や染色機など）や、その仕掛けを取替えたり、手順を切替えたりしないで作れること。この条件下で作られる服地であれば、デザイン番号（色、柄、糸）が異なっても同一品種とする。ここでの大量とは、仕掛けや手順を切替えずに稼働できる期間が長いこと。期間とは、月、旬、週などを指す。
　少品種大量生産には、2タイプがある。
1）同一規格、同一色柄のもの。チノクロスやシャーティングなどの定番素材の生産に見られる
2）経糸共通で、緯糸の糸質や色を違えたもの。品種名やデザイン番号が違ったりもする。ギンガム、縞ものによく見られる

・多品種少量生産
　多品種少量生産とは、品番、デザイン番号が異なるたびに機械を止め、仕掛け、手順を切替えて生産すること。そのため手間と時間がかかり、稼働している期間

は短くなる。ファッショナブルな婦人服地に多い生産の仕方である。

B）服地のオリジナリティーへのこだわり度合

オリジナリティーへのこだわり度合は、服地の調達の仕方に表れる。「セレクト」「アレンジ」「オリジナル」「コピー」「モディファイ」などがそれである。

●セレクト（Select）

服地メーカーやコンバーターなどが備蓄している製品反、あるいは新作の見本布から選択する方法。「チョイス(Choice)する」ともいう。条件次第でモノポリー（Monopoly＝独占）も可能になる。ex.）留色、留柄

●アレンジ（Arrange）

服地メーカーやコンバーターから提示された服地や新作見本布の一部を変更し、差異を図る方法。自ブランドへの最適化を図ったり、他ブランドとのバッティングを避ける方法でもある。具体的には、布色や配色、柄、糸、密度、プリント下地（P下）、風合い、後加工などを変える。受注生産、別注品になる。

P下を変えることを、「素材置換え」という。プリント服地で、同柄であるが下地を変えることを指す。バッティング（Batting）とは、同じ色柄の同じ規格の服地を用いた服となって、同じ市場でかち合うことである。

●オリジナル（Original）

デザイン（色、柄、テクスチャー、ボディ感）、仕様、生産数量、価格、納期、品質など、自ブランドの意向通りの服地を作る方法。服地メーカーやコンバーター、機屋などに特注して作る。受注生産になる。モノポリーを指すこともある。

オリジナル素材の開発には、服地メーカーとの協働で行う「共同企画」や、アパレルメーカーがデザインを持ち込んで行う場合がある。

174　第Ⅱ部　アパレル製造・小売りと素材調達　❖　第2章　製造卸・SPAと服地

●コピー（Copy）、モディファイ（Modify）

他ブランドの売れ筋を真似る方法。テキスタイル業者は、事件に巻き込まれることをおそれて受注したがらない。

コピーとは、そっくり真似ること。モディファイは、変えてはいるが、似た感じにすること。いずれもオリジナルよりも安価で販売される。紛いものを素早く作って店出しすれば、売れる確率は高い。そのうえ、デザイン料やデザイニングの手間、時間、経費も不要。デザイン使用料の出費もない。試作・開発費も不要など、生産原価を低減できる。デザイナーを必要としない「営業企画」の商品でもある。これを行うアパレルメーカーやSPAは「ノックオフ（Knock Off）」「ファストアパレル（Fast Apparel）」と呼ばれたりする。「経済効率が高い、臨機応変の経営」と賛嘆・羨望もされるやり方である。

●マナー違反

マナー違反とは、アパレルメーカーから加工生産の依頼を受けたコンバーターや服地メーカーが、出来上がったオリジナル素材（製品反）を依頼先に納品するやいなや、無断で他社に販売すること。共同企画した商品であっても、これは背信行為である。提示する見本に紛れ込ませている場合もあり、これをセレクトして事故に巻き込まれることがある。

〈→Ⅱ─2─10 アパレルデザイナー。Ⅱ─2─11 ニットデザイナー〉

C）素材の消化能力の有無

アパレルメーカーを素材消化能力の観点から分けると次のようになる。

●服を売り切る仕組みを持っている

直営店や意のままに動かせる売場、アウトレット、海外処分の市場などがある。このタイプのアパレルメーカーを俗に「店持ちアパレル」と呼ぶ。

●服を販売する力が弱い

　仕入れた服地を消化できない、建値(たてね)で消化できない、不良在庫を抱えるなどの理由で、販売ロットと生産ロットのアンバランスに陥りやすい。このタイプのアパレルメーカーに対して服地メーカーやコンバーターは、バッファー（緩衝）機能の要請や代金回収不能などを懸念し、与信枠(よしんわく)を狭くする。あるいは取引に商社を介在させてリスクヘッジを図る。自社の身の丈に合ったコンバーターや服地メーカーと取組むことが適切だが、「単価に惹かれて、生産ロットに合わせる愚に陥りやすい」（大中良夫、東京繊維協会、日本繊維協会常務理事、1981）。

・プロパー消化率……定価（建値）販売できる割合のこと
・販売ロット……売り切れる販売量。「消化ロット」ともいう
・生産ロット……経済的な生産数量の単位（ミニマムロット、サイズ）は、品種やデザイン、工程、工場の設備、生産時期、採算に対する工場の考え方、原材料の取引単位数量、産地などによって異なる。「梱(こうり)（Bale）」は綿糸の取引単位でもあり、生産単位にもされる
・与信枠……信用で売買する場合、買い手に対して販売可能な金額の上限のこと

D）素材の定番と非定番

　アパレルメーカーが必要とする服地は、定番素材と非定番素材に分けられる。これに対応して、コンバーターや服地メーカーは生産態勢を備える。

図Ⅱ—2—1　定番素材と非定番素材

●定番素材
　定番素材には、年間定番と季節定番がある。年間定番素材は年間通して（前年

と同様に）売れ続ける服地、季節定番素材は特定の季節になると（前年と同様に）売れる服地である。

定番素材の使用数量・生産数量は、一定の売上げが読めるので予算に入れる。生産は、閑散期での少品種大量生産である。生産の始め方・運び方は連続生産あるいはロット生産（断続生産）で、いずれも計画生産。年間定番素材は連続生産されることが多い。

その服地の商品番号（品番）は一定している。定番素材は、長年の経験で見つけることができた適切な規格や加工条件で、一定し、作り慣れているから、低コストで良質、なおかつ品質も安定している。服地として完成品である。需要が流行にあまり左右されない「ベーシック素材」である。

特定のブランドの顔、つまり「ブランドイメージ＝その服地名」になった定番服地もある。服地の品種名は一般的でも、ひと味もふた味も違う作りになっている定評の服地。そのユニークさが広く模倣され、一般的品種として誤用されたりもする。ex.）バーバリー®

定番素材の生産や、あらかじめ見込んだ期中追加生産は、アパレル流通企業とテキスタイル企業の企業レベルの取組みとなる。それに対して、非定番素材の個別生産、ロット生産（断続生産）は、担当者レベルの売買取引になる。

●非定番素材

シーズン素材、あるいはただ今流行中の素材である。加工方法（織り、編み、レース、後染、プリント、仕上など）や使用繊維（綿、麻、羊毛、獣毛、絹、化合繊など）、地合いなどが多種多様である。したがって生産工場は多岐にわたり、産地も多くなる。出来上る日時も異なってくる。

その生産は、繁忙期での多品種少量生産になる。生産の始め方・運び方は、個別生産、ロット生産、あるいは期中追加生産になる。品質は不安定になりやすい。
・シーズン素材……あるシーズン、またはある営業期に販売する既製服に用いる服地。アパレルメーカーの MD カレンダーに沿って、春夏（S/S）、秋冬（A/W）、梅春、春、初夏、晩夏など、その期ごとに素材企画をして用意する。次期への継

続は想定されていない

・MDカレンダー……マーチャンダイジングスケジュール（Merchandising Schedule）のこと。情報収集・分析から始まって店頭展開終了までの作業日程である。月日が設定され、一表になっている

〈→Ⅲ－1－7 アパレル小売業態の店頭展開カレンダー〉

E）生産の取掛り方・運び方

加工生産の取掛り方、作業の運び方には、次の3態がある。

図Ⅱ－2－2　加工生産の仕方

```
┌── 連続生産
├── ロット生産
└── 個別生産
```

●個別生産

さまざまな服地ごとに、生産量の多少に関わらず生産に入るやり方である。受注した都度に仕掛けを変えたりするため能率は低く、生産コストは高くなる。品質は不安定になる。

その原因は、服地ごとに規格（仕様）や加工方法、数量などが異なることから生ずる「不慣れ」にある。そのうえ、同じ作り方を繰り返すことがないから、商品設計や生産の仕方などに最適条件を見いだせないまま終わる。そしてすぐに次の新規の服地の加工生産に移る。この繰り返しに終始するため、商品の完成度は高まらない。流行のおしゃれ服の服地は多品種少量生産の受注生産である。個別生産を「分散生産」といえるが、「都度生産」のほうが実際的。

個別生産は非定常の作業である。このやり方で業界水準、あるいはそれ以上の品質の服地を作るには、かなりの技術レベルが必要になる。どのような注文にも対応できる技術と、切替えのできる生産態勢をスムーズに遂行するマネジメント能力が必須である。このような対応ができる工場は希少である。

178　第Ⅱ部　アパレル製造・小売りと素材調達　❖　第2章　製造卸・SPAと服地

流行の服地を必要が生じた都度に製産（生産）するのが、個別生産である。これは周到に用意した「生産背景」があってこそ可能な生産の仕方である。

●ロット生産

　さまざまな服地を同一品種ごとにグルーピングし、生産ロットとしてまとめ、そのグループ別に生産に入る。個別生産よりも合理的である。服地業者は、見本布を広く撒いて買い手を集め、少量の受注をまとめて生産ロットにし、生産・製産する。受注締切日に生産ロットに未達であれば、生産取止めになる。

　「ノーミニマム（No Minimum）」という営業方法がある。これは、生産ロット（Minimum Lot）未満であっても、受注分は生産に応える。ロット生産は「断続生産」ともいえる。

●連続生産

　織機の仕掛けを変えないで、長期間、続けて生産する。少品種大量生産に用いることが多いやり方である。「集中生産」ともいう。品質は安定する。

F）生産の様態

　生産のあり方には次のような種類がある。

●期近生産

　販売開始時期に近く、商品の生産・供給が可能な、ぎりぎりの時点まで引きつけて行う生産。

●期中（追加）生産

　シーズン途中の追加生産。短納期（クイックデリバリー）が前提になるため、糸や生地の備蓄、生産スペースの確保など（生産背景）の事前の用意が必要になる。これには材料代、前加工賃、保管スペースの確保などの負担がかかる。

●飛び込み

　工場にとっては予定外の仕事である。進行中の生産計画、組んである段取りなどを乱すうえに、飛び込み品の品質を低め、不良反や納期遅れを発生させかねない。生産能率は低く、生産コストはとても高くなり、特別料金となる。これを「特急」と呼んだりする。工場は受けたがらない仕事である。オンラインの服地に「ONする」場合は、この限りではない。それだけで生産する場合よりも、早い納期で、少量生産、低い価格になる。

・ONする……発注された品種が仕掛り中の品種と同一品種であれば、稼働中の織機に追加分の糸を継いで織り続ける。あるいは、織機に張ってある経糸に、望みの緯糸を打ち込み、意図した服地を作ること

・オンライン（On Line）……仕掛っている状態

●閑散期

　工場に仕事が少なく、稼働率が低い時期。低い加工賃の仕事や、手間ひまのかかる仕事でも受けてくれる。

●繁忙期

　各ブランドのシーズン素材の生産が集中する時期。工場はフル稼働している。多品種少量生産、個別生産をする中小の工場は小回りがきくが、この時期には生産能力を超える仕掛り（受注量）を抱え、納期遅れや不良品発生などトラブルが起きやすい。「オーバーブッキング」「キャパシティーオーバー」は、手を遊ばせる事態（仕事がなく操業休止）を回避したいがために起こる。日頃の取引関係がものをいう時期である。

G）加工法と商品企画の関係

　種々ある加工法の経験知と商品企画・デザインの内容には深い関わりがある。無地の服づくりにおける染色方法の種類を工程順に示すと次のようになる。

180　　第Ⅱ部　アパレル製造・小売りと素材調達　❖　第2章　製造卸・SPAと服地

図Ⅱ—2—3　無地の服づくりの染色工程

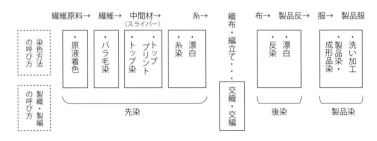

　布色や服色を加工工程のどの段階で施すか、あるいは発現させるかは、商品価値の高低を左右する極めて重要な選択・決定事項である。施色で表す染め色は化学的領域、発現で表す織り色・編み色は機械的領域である。この双方を視角に収めて企画発想し、デザイン表現をすることが大事である。それによって、生産原価、売価、生産ロット、納期などが決まることになる。

　各加工法を駆使できる経験知（実践知）があれば、同じような感じの服地を作ろうとする場合、オリジナルと同じ加工法を用いなくても、別の加工法で可能になる。しかも、素人目には「同じ」と感じさせる出来映えで実現できる。繊維工学とデザイン表現を融合するデザイニング（設計）が、素材調達にも高い成果をもたらす。ここに目を留めるか否かで、経営者の資質が見えてくる。

〈⇒Ⅳ—31 服色、布色（織り色、編み色、染め色）〉

Ⅱ—2—3　アパレルメーカーの今日的命題

　アパレルメーカーが抱える経営課題を３つ挙げる。その解決策は、商人の「主観的な合理的理由」づけと思えてならない。

A）損失回避

　生産・製産の意思決定には、常に次のような負担がつきまとう。

・製品・商品企画の外れによる損失

・企画、デザイン、生産・製産、物流などに関わる費用

・意思決定に対する責任と義務

　これらの負担回避・軽減、取引相手への損失転嫁（バッファー要請）などの手段が講じられる。具体的には、期近発注、初回導入分の多品種少量発注、期中発注、クイックデリバリー、多頻度少量発注・小口納品、低原価、中抜き、費用やリスクの負担をあいまいにした慣習的な商取引（アバウトなど）、アウトソーシング（OEM や ODM の利用、生地売り・製品仕入れ）、商社を入れるなどである。

●商社を入れる

　服地仕入れ代金や縫製工賃などの支払いを、商社に一時肩代わりしてもらうこと。ファイナンス（Finance）機能の利用である。商社にはマージンやコミッションが支払われる。その金額は代金に上乗せされる。服地メーカーは代金回収を確実にするため、それを条件に取引に応じる。リスクヘッジである。

●バッファー機能（Buffer：和製英語）

　アパレルメーカーが自らの企画外れによる損失を服地卸に被せ、それを服地卸が引き受けること。発注反の未引取り、発注反の返品、発注反の転売要請、代金の値引き要求、歩引き、別品種との交換要求、不良品クレーム（マーケットクレーム）などの損失を転嫁する。それを被った服地卸は、これを服地メーカーに転嫁したりする。「誰にばば（トランプのジョーカー）をつかませるか」となる。

・マーケットクレーム……見込み外れの原因がアパレルメーカーの企画精度にあるにもかかわらず、「服地が不良だったから」と難癖をつけて損害賠償を求めること。製品買取りや機会損失への賠償請求などである。服となった製品の買取り金額は高額となり、服地の納入業者の経営に与えるダメージは甚大である

・歩引き……納入した商品の代金の支払い金額から数パーセントを差引いて、納入業者（服地卸、服地メーカー）に支払うこと。それで浮いた金額は想定外の損失・出費に充てたりする。これと似たようなやり方に「据え置き」がある。代金の一定

額を常に未払いにしておくことをいう。納入業者をつなぎ留め、協力させるため
でもある

B）キャッシュフロー経営の推進

　キャッシュフロー経営は、できるだけ少ない事業資金で、それを可能な限り効
率的に使うビジネスモデルである。そのために、固定的な費用を最小限に抑える、
商品を素早く売上げにする（現金化）、仕入代金を決済日までの間、別の事業に
流用する（現金収入と買掛金の決済日までの間に生まれる「回転差資金」）、アウ
トソーシングなど、他人の力をうまく利用し、自らの負担は極少にする（他人の
褌で相撲を取る）。その主な方法は次のようなものである。代金決済の長期化は、
取引慣行の問題として指摘され続けてきた。

●延勘
　納品と引き換えの代金決済ではなく、ある一定期間をおいての支払いのこと。
支払い日を、90日、120日、180日などと先に延ばす。「延べ払い」「掛け払い」
ともいう。

●手形決済
　代金を約束手形で支払うこと。手形には、支払い金額、支払い期日、支払い場
所が記されている。「手形サイト」とは、支払い期日までの待ち日数をいう。
　手形を受けた納入業者が現金に窮すれば、「台風手形（210日）」などの長い
サイトの手形は即、現金化することになる。しかし、手にする金額は額面よりも
減る。期日までの利子を差引いた金額で金融機関などに買取ってもらうからだ。
手形割引である。

　延勘や手形などの代金決済方法は、縫製賃や服地に限らず、着尺（和服地）の
取引でも行われている。比較的新しい方法としては、次のようなものがある。

183

●糸買い・製品売り、工場納め（→169頁）

●アウトソーシング（Out Sourcing）

　自社で行ってきた機能（生産、服地の調達、デザイン、パターン製作、見本服製作など）を社外の業者に委託すること。OEMやODMの利用と同義。その目的効果は次のようである。

・経費の低減・不要化……担当者の人件費を減らす、原材料購入費・仕掛在庫で資金を寝かさない、加工生産設備・製品管理・物流費の不要化、商品企画・デザイン、見本服製作の省力化

・組織・マネジメントのシンプル化……伝達、意思決定、行動のスピードアップを図る。得意な機能（小売りシステムの構築・運用）に集中する。生産部門の都合による阻害を排除する

・資本投下の集中化……小売り機能に資本を傾注する

　製造することで利益を得るメーカーから、モノを売る、ブランドイメージを売る、「売上げを売る」小売業へと転身を図る。これが真の目的である。

● OEMの利用

　発注者のデザインと仕様に基づいて、発注者のブランドを付けた製品・商品を作る業者（OEMメーカー）に委託すること。

● ODMの利用

　提案した商品企画やデザインと、手当している素材で受注し、発注者のブランドを付けた製品・商品を作る業者（ODMメーカー）に依頼すること。製品仕入れと似ているが、発注者に商品リスクがある仕掛在庫である。そのため、ODMメーカーの企画デザイン担当者に、そのブランドへの思い入れが弱いことが多い。

　商社、服地卸、副資材卸、デザイン企画業者などが提供するOEMやODMの利用は、コストを上げる。しかし、直接貿易（直貿）できる企業は少ない。

　ODMの利用まで進むと、もはやアパレル製造卸ではなく、単なる卸商である。

184　第Ⅱ部　アパレル製造・小売りと素材調達　❖　第2章　製造卸・SPAと服地

「大手のアパレル製造卸は商社化している」「服づくりではなく、"売上げづくり"のメーカー」と呼ばれる所以である。

　ここに至って、アパレルメーカー大手の本来の機能の喪失が顕わになってきた。その表れの1つが、アパレルデザイナーのイマジネーション能力の欠落である。服地に接しても、これでどのような服が作れるのかを思い描けない。そのためコンバーターや服地メーカーは、自ら服をデザインし、サンプル服を複数製作して、アパレルメーカー各社の企画会議へ貸し出すようになった。このようなことが常態化し、拡大している。

C）ブランドの商品化

　物づくりによって築いたブランドのイメージ（ブランドロイヤルティー＝Brand Loyalty）が高まると、そのブランド名さえ付ければ何でも売れる状態になる。このようになるとメーカーは「ブランドイメージを商品にしたほうが、モノを作るよりも効率的」と思ったりもする。しかしそれは、そのメーカーを起業させ、存続させてきた社会的使命の放棄につながる。これが進むと、オーナー経営者は自社を高値で売ることになる。人気企業をつくり、その人気上昇期にブランドごと売り払うことを目的とする事業家も現れている。

● M＆A

　大資本による企業の合併・買収である。買収・合併の目的は、有名ブランドを持つメーカーを手に入れ、さらにアウトソーシングによってそのブランド名を付けた服や服飾品、化粧品などを製造し、「ブランドイメージを買わせる」こと。

　このようにしてブランドは、収益最大化のためにブランドイメージ戦略に傾注するマーケティング業者のツールへと変質してしまう。M＆Aで、コングロマリット（複合企業）が誕生する。例えば、有名・高級ブランドの買収による多ブランド戦略を採る LVMH、PPG、PRADA などがある。

〈→Ⅲ－3－3 おしゃれ性と季節性〉

Ⅱ－2－4　今日のビジネス指向と服地

　アパレルメーカー（既製服製造卸）とアパレル製造小売業（SPA）が指向しているビジネス形態、それに対応する服地づくりのあり方、生産の仕方を見ていく。

A）短納期・低コスト・低価格指向

　品質や品位に関わる側面と、リスクやコストに関わる側面がある。本項では前者について取上げる。

　品質が高く、品位のある服地は、原材料代が高く、工程が多く、生産に手間と時間がかかる。ゆっくりと作るなどの理由から、生産原価は上がる。「ゆっくり」とは、機械の運動を低速にして加工する、低速運転する機械を使うなどで、繊維や糸、生地を強く引っ張ることなく各工程を終える、あるいは糸や生地、製品反などを工程と工程の間（各段階）で寝かせ、受けたストレスを解き放つなどのことである。羊毛織物の高級服地においては、寝かすことを「エージング（Ageing）」という。羊毛を生き返らせて、風合いの良い、安定した服地にする工程である。

　高速の織布では、機械の高速に耐え、スムーズな作動を可能にする強くて均一な太さの糸を用い、経糸の張りを強くする。出来上った布の風合いは「ペーパーライク（Paper Like）」になる。

　羊毛織物であれば、「羊毛のふっくらとしたやわらかさを失った硬い糸にして、ピーンと張って織る。この生機を整理しても、失われた良さは戻らない。ウールの持ち味が欠けた服地に出来上る」（岩仲冶喜、岩仲毛織、1981）。こうなると、ポリエステルのウール（スパン）ライク織物の風合いと大差ない。この事情はポリエステルフィラメント織物服地にも通じ、「低速の織機で織布すると、本機（通常の高速機）の織布よりも、しなやかな風合いづくりができる」（川嶋敏男、松文産業、1993）。

　綿織物服地であれば、低能率のローラージン機を使う。この機は、摘み取った実綿の種から繊維をゆっくりと引き離すから、繊維を傷めない。ネップの発生が

少なく、整った糸ができる。この糸で、なめらかで、きれいな布面の綿布（めんぷ）を作ることができる。超長綿（ちょうちょうめん）によく使われるジンである。一般的に使われるソージン機は、能率的だが繊維を傷めやすく、ネップの発生や繊維の切断を起こしたりする。

丸編の綿ジャージーであれば、編立てのときに編糸にテンションが掛からない吊り編機（吊り天）を使ったりする。この機は少し低速で、ふんわりとした、やわらかな風合いの綿編地を作る。ざくっとしたポロシャツや裏毛のスエット、トレーナーなどでお馴染みである。「70口の丸編機の回転数（1分間の）を、通常は22〜25回のところを18回に落とすと、きれいな編目のやわらかな編地に変化する」（小笠原宏、2015）。上等な原材料を用いても、工程次第では上質な服地にはならない。品質・品位、工程、生産原価は互いに相乗的である。

クイックデリバリーに対応する生産方法は、これとは真逆である。加工日数・所要時間は無駄であるから削る。原材料代や加工賃、試作・デザイン費などは「経費である」からゼロにする、もしくは限界まで削減する。このようにして低コスト化、コストカットすれば安ものができる。「安いことはイイコトだ」「良いものが安い」を真に具現するためには、相応の仕組みや仕掛けが不可欠。「Everyday Low Price」は、思いつきやバイイングパワーだけでは不可能である。

〈→Ⅲ－3－3　製造小売業（SPA）〉

コラム6

羊毛の本質を活かす服地づくり

羊毛は自然の状態に置いておくと、もとに戻る。それによって、羊毛織物の本当の地合いが出てくる。この効果を得るために、全工程の1つひとつのプロセスが終わった段階で、空気にさらし、酸素を吸わせる。それによって、羊毛は生き返ってくる。

羊毛織物服地づくりには、原毛から糸、織物（生機）、服地となるまでに
たくさんのプロセスが要る。そのプロセスを羊毛がどう「過ごす」かによっ
て、同じ原料（原毛）を用いても服地になったときには違いが生まれる。
　「紡績の段階で最短4日〜1週間、トップの工程では暗くて一定の室温を
保った場所で1〜2カ月間、置く。織りはともかくとして、整理の段階で
は少なくとも10工程程度、その1工程ごとに2〜3日間、自然な状態に置
くのが理想的。時間が必要である」（岩仲冶喜、『ファッション素材の商品
企画』東京繊維協会、1981）

B）クオリティーあるリーズナブルな服地を合理的に作る指向

　経費を節制し、小ロットでクイックに作る方法は、生産とデザインの現場に存在す
る。繊維や糸の「カラーレンジ」、糸や組織の用い方、糸配列、シャドーパターン効果、
地織模様、マス見本作成、調色の定量混合ネット、配色計画、配色の型と配色指図法、
型版の用い方と製版用意、柄づくり、残糸の活用法、後加工・仕上、似た効果を出
す別の加工方法、素材置換え、商品色のカラーフィックスなどの手法である。
　感覚に溺れない理知的なデザイン思考とプロデュースのみが、これを具現でき
る。生産やデザインに依らないで、新しい価値観と意味を与えるマーケティング
手法もあるが、本書の主旨とずれるので割愛する。

●カラーレンジ（Color Range）
　使用する色数を最小限に絞って、効率的に色を生む技術。羊毛糸であれば、染
める羊毛の色や色糸などの色数を絞り、それを母色として混紡・交織する。それ
によって生まれる糸色や織り色の色域が広くなる色を、「基本色（マザーカラー
ともいう）」として選定することが大事。

●シャドーパターン効果

　同色のＳ撚り糸とＺ撚り糸を配列すると、反射の違いで色が異なって見え、パターンが現れる。ex.）シャドーストライプ、シャドーチェック

●地織模様

　織り進むと、組織によって自動的に現れる地の模様。異色の糸との組合せで模様がはっきり現れる。ex.）シャークスキン

●筋糸効果

　広い無地に、色糸、意匠糸を１本、緯入れする。

●マス見本（枡見本）

　「色馴れ」「柄馴れ」とも呼ばれ「馴」と書く、先染織物やプリントファブリックなどの配色見本布。マス見本の作成は、当面の配色効果を見るだけに留めず、次の展開を見越した商品企画と色柄変化に効率的なマス見本設計計画に基づくことが大事である。それによって、ビジネス成果を倍加できる。

表Ⅱ−２−１　マス見本織の基本型

※正マス（正枡）とは、目的とする配色効果を現す箇所（○印の箇所）。あるいは、正マスを含むマス見本織布全体。脇マス、端マスは、正マス以外の部分。控えマスは、織布メーカーが保存する部分。

189

設計の思考や表現の仕方にはさまざまあり、有用度が高い。

・馴……基準にする色調と揃えた別の色み（配色）の枡見本。"馴をとる"とは、馴を制作すること

● 調色（Color Matching）

染料や顔料を混合して、指示された色を作る作業のこと。「色合せ」ともいう。捺染では、色糊づくりと連動している。色糊とは、混合して作った色に薬剤や糊料を混ぜ合わせて作った捺染糊。コンピューターを利用した調色もある（CCM→341頁参照）

● 色合せ

色見本と同じ色を糸、布に得ること。あるいは、そのための調色作業を指す。

〈⇒Ⅳ—14 定量混合ネット。Ⅳ—16 色材混合系色彩体系と網版印刷系、CG 系の色表現。Ⅳ—20 配色法と配色指図法。Ⅳ—21 型版と配色効果〉

C）カラーフィックスの利点

服色（商品色）を 1～4 色ほどに絞り、その色をブランドが存続する限り使い続ける方法を、カラーフィックス（Color Fix）という。服を魅力的に見せる手段として商品色を扱うのではなく、収益を安定させる手段として捉える思考・技術である。流行の色に右往左往せず、超然としたポジションにブランドを位置づけるというビジネスコンセプトに基づいている。

カラーフィックスの利点は、服づくりにおけるリスク回避、低コスト化、生産の合理化、品質の安定化、売り増しができることなどである。自社のコントロールが及ばない外部要因に左右されないため、仕掛在庫や生地在庫、製品在庫も死に筋にならない儲けの仕組みとなる。

服地づくりにおいては、色糸や無地、色材の備蓄ができるため、低コスト化は容易である。手馴れた加工であるから、生産もスピーディーにできる。カラー

フィックスによって加工指図も単純になるから、指図間違いが起こらない。売れ色の予測精度に対する不安も無用になる。縫製については裁断や縫製作業の流し方が単純になり、副資材は少品種で済む。このような背景から、品質の安定化が可能になる。

　売場においては、全色の「揃えの待ち（荷揃えロス）」が無用になるから、スピーディーな店出しができ、店頭在庫の管理も容易で、クイックな生産・物流対応ができる。これによって、売り増しが可能になる。カラーバランス崩れの心配からも解放され、商品管理データは少量で済む、といったメリットもある。

　カラーフィックスで生まれた余力を、服種やシルエット、服地の材質などの開発に注ぐことができる。カラーフィックスは、商品色を固定するデザイン表現の次元に留まらず、ブランドのビジネスコンセプトを実現するという次元にまで応用可能な思考である。

Ⅱ―2―5　服地メーカーとアパレルメーカーの違い

　服地メーカーとアパレルメーカーは、同じような用語を使っていても、その業務内容は異なる。次のようである。

●生産期間
　アパレルメーカーにとっての生産期間は、服地の発注日から納入日までの間を指す。それに対して、服地メーカーでは、試作や見本布の作成などの受注準備段階を含むから、アパレルメーカーのそれよりも長くなる。受注準備工程とは次のことをいう。
・テキスタイルデザイン（ボディ感・風合い、色柄表現）の考案・制作
・繊維原料や原糸、生機、プリント下地の手当
・撚糸や染色（先染、後染、捺染）の手配
・見本製作（マス見本、見本反、着分）
　これらを始めた時点から生産期間を起算するため、長期になる。その間、資本

が寝ていることになる。その多くは金利付きの借入である。

●生産量

アパレルメーカーには、「大量の発注→大量な生産→原価ダウン」という認識があるようだ。しかし発注・生産の内容によっては、そうではない。

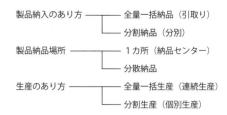

図Ⅱ—2—4　発注・生産のあり方

服地メーカーでは、分納時期に対応した分割生産は、個別生産にかかる手間、所要日数、経費、原材料ロスと同じになり、一括生産よりも生産コストは高くなる。これに次の要素が加わる。
・原材料の手当（仕入資金の金利、原糸、生地の相場変動、輸入原材料の為替レートの高低による原価の変更）
・原材料や製品の保管・輸送（保全、温湿度管理、倉庫料、梱包料、運送料、小口配送に関わる手配・手間などの物流コスト）
・製造計画の中止、未引取りなどの発生リスク
・不良反発生率が高まる。再現度合は、同一規格であっても加工生産の条件が異なるため、前回に生産した反物との布色の不揃いや地合い・風合い違いが起きやすい。これはマーケットクレームの口実にされたりもする

●納期

アパレルメーカーは、「納期の合意ができれば、責務は服地メーカーに引き渡した」と思いがちだ。しかし無理強いの合意であれば、そういう解釈は成り立た

ない。次のような問題が起こりかねないからである。

・加工生産段階でのトラブル発生による、反物段階で見つかる不良反。欠反への対応、納期遅れ

・縫製段階での寸法不安定

・服としての製品段階（売場での陳列、購買後）での風合いの変化、型崩れ

　これらの事象はキャンセルや損害補償、値引き、商品交換に進展しかねない。その責任は、フル操業で応えようとした「服地メーカーの甘さ」にも、それを強請した発注者にもある。トラブル条件付きの受注が服地メーカーには必須になる。

●低コスト、コストカット

　利幅の拡大をコストカットによって図ることが、アパレルメーカーの思惑である。納め値の低減は、納入業者（服地メーカー）にとっては利益の低減を意味する。そこで、使用原材料の低質化、使用量の低減、作りに手間ひまをかけない（作りの丁寧さを省く）などして採算をとることになりがちだ。追い詰められた者が採る一般的な手段である。「忙しいだけで儲けがないのはかなわない」からだ。

　アパレルメーカーが低コストにこだわるのは、売価を据え置きしても薄利多売で利益額を確保したい、値下げしても利益はしっかりと確保したい、売れ残りの処分損失額を低減したいなどの理由がある。

●デザイン制作、見本・着見本・見本服製作などの費用負担

　別注の服地づくりには次のような費用がかかる。

・デザイン制作料（図案、配色）

・マス見本製作費（原糸・撚糸・Ｐ下などの仕入費、織編染・仕上工賃、製版・製紋のデータ化料など）

・見本服製作代（デザイン料を含む）

　これらは多くの場合、社外に対価が支払われている。着見本代は服地メーカー、あるいはアパレルメーカーの負担となる。

　以上の経費は服地メーカーにとっては必要不可欠。しかも、その経費は回収し

なければならない。それに対して服地の発注サイドは、「サービス（無償提供）」あるいは「本加工の製品反の代金に含ませる（込み込み）」などを要請するのが一般的である。

Ⅱ—2—6　生産者と発注者の見方・考え方

　服地の受発注の現場を見ると、生産者と発注者では服地づくりに対する見方・考え方が違うことが分かってくる。

A）生産者の立場

　生産者の気持ちは、売れ筋を、売れているときに、どんどん作りたい（水揚げを多くしたい）。仕掛期間を短くして、早く納め、売上げを作りたい。

　そのためには、不良反が発生しやすいものの受注は避ける、断れなかった場合は不上り・欠反が発生しないように、渡された仕様・デザインを改変する。加工に手間がかかるものは避ける、あるいは段取り替えをしないで作る、手持ちの糸や染料、色糊などを用いる、他の受注品とまとめて作るなどの対策を講じることになる。

　工場経営からすれば、原材料の仕入先や生産形態を変えずに生産したい、年間で平均した生産量を受注したい、生産原価は維持したいのである。

●欠反

　受発注の反数よりも少ない出来上り反数になること。その不足分を追加生産するか、「欠反でよし」とするかが、受発注者間で協議される。ペナルティーを課すか否かも課題になる。再加工は工場にとって負担が大きい。欠反が不良反発生に起因するならば、工場管理（品質管理）に関わる問題である。

●操業度

　織機や編機、染色機など、生産設備の稼働日数の度合。「操業率」「稼働率」と

もいう。操業しない日や時間で失う「水揚げ」（売上げ）は取戻せない。運転休止の機械をもとの調子に戻すことは簡単ではない。休止の機械が多いと「エネルギーの無駄」が生じる。そのため、工場は操業度にこだわる。

　工場生産には、発注に即応できる態勢を保持するために、常設の工場設備、設備の維持、要員の確保、分業の連携維持、原材料供給先の確保などが常に必要である。操業してもしなくても、その費用は固定費としてかかるから、平均した稼働は欠かせない。操業度を確保するために仕掛品を常に抱え込み、オーバーブッキング気味にすることになる。機械を止めないために「儲からなくても、動かすために請けざるを得ない」という立場に置かれている。
　季節性や流行性が強い服地の納期集中、需要の増減の激しさ、ばらばらに入る注文とその多様な品種への対応は、受注生産を前提とした工場経営を難しいものにしている。

B）アパレルメーカーとSPAの立場

　アパレルメーカーとSPAは、シーズンの服地、流行りの服地、ベーシックな服地などを、使いたい数量で、望む時（納期）に、望む価格、求める品質で調達したい。そのために、服地メーカーを2タイプに分けて利用している。

●定番素材や加工に手間がかからない服地を大量に用いる場合
　少品種大量生産型で、トラブルが発生したときに賠償能力がある大手メーカーに発注する。安心と低コストが得られるからだ。多品種少量生産型メーカーが開発した服地を、低価格で入手したいときには、国内外の少品種大量生産型メーカーにコピー生産させたりする。

●少量必要で、加工に手間ひまがかかる服地の場合
　小回りがきく多品種少量生産型メーカーに発注する。このようなメーカーには

量で稼げる容易な仕事は出さない。そのため難しい仕事が多くなる。このやり方を、仕入先である服地卸に対しても行う。

C）服地メーカーの素材発注者への応対

　服地メーカーは、アパレルメーカーやSPAなど発注先の姿勢を見ている。その見立て次第で、受注するか否か、引き受ける内容や程度などを決めている。見立てに要する情報は、現況に留まらず、過去にも遡って調べて収集する。取引ルール違反（「行儀が悪い」）は「過去の汚点」としてカウントする。調査は業界での評価、産地に流布する噂、実話にも及ぶ。分業で成り立つ中小零細のメーカーは、負の連鎖をおそれるため、負の情報はとくに共有される。

　服地メーカーが発注者に対して注視している点は、次のことである。

・企業理念、経営者の事業観
・ビジネスのあり方

　これらを基本として、次に挙げることも加わる。

・取引（発注）の意図……当座の必要を満たすだけの使い捨てか、新規の取組み先探しか
・製品設計、製品、加工などのデータ収集
・取引ルール……本生産開始や製品引取期日の履行実績、代金決済条件の履行実績、決済条件の突然の変更有無、仕掛り中での変更（中止・キャンセル、規模縮小など）と、その賠償意志の有無
・クオリティーアップのための加工方法変更に伴う工賃アップへの同意の可能性
・担当者の職務権限と職務能力、資質、行状など

　アパレルメーカーと服地メーカーは、利害損得が相反する関係にもある。アパレルメーカーによる収奪にも近い事象を見聞きすると、きれいごとではないアパレルビジネスの実相が分かってくる。「ヤクザなビジネス」との呟きを耳にすることもある。

　〈→Ⅱ—2—2 素材調達の前提。Ⅱ—2—3 アパレルメーカーの今日的命題。Ⅱ—2—4 今日のビジネス指向と服地〉

コラム7

付喪神(つくもがみ)は在(おは)す

　古くてボロくなった織機でも、面倒をみながら使っていれば立派に働いてくれる。その機に特有の機能・性能を発揮し、独特な味のある布を織り出してくれる。旧機であれば、製造された時代の価値観を反映した布を作る。

　もう「不用」だと捨て置けば、じきに腐っていく。操短(そうたん)での休止も同様だ。織機に宿る付喪神が去るからであろう。そうなった機を再起動させ、復調にまでもっていくのは容易(たやす)くない。こうした事態を避けたいのが、織り手の立場である。機の働きに感謝しつつ、調整し、動かし続ける状態が最良なのだ。だからこそ、機に感謝し、面倒をみる。

・面倒……①欠損した部品、機台（フレーム）などの手当、②清掃や注油などの手入れ（機嫌良く働いてもらうための整備）、③織物ビームを機にのせる前や、のせてからの織布中など、各段階における調整（品種、求める品質、風合い、品位に適応させるため。織布能率のため）、④感謝の念を表す、⑤機場室内の清掃など

・感謝……仕事納めは機場、染め場、機の煤(すす)払い。大小二つ重ねのお供え餅を供え、注連飾(しめかざり)などをして感謝の気持ちを表し、魔除けをする。正月二日は機場始め（織始(おりはじ)め）。ご機嫌で鳴り出す音は機場を揺るがせ、産地を喜びで充たす。

　絹の産地、富士吉田の機屋であれば、「小正月（1月15日）はお蚕様に感謝し豊収を祈願して、繭玉(まゆだま)を作り飾って盛大にお祀(まつ)りする。繭玉は若木の枝に繭を模した団子をいっぱいに刺した飾り木である。農家では蚕を中二階で飼うなどして、繭を作り生活していた。良い繭から良い生糸をたくさん得ることは絹織物産地にとって生命であった」（宮下昇治、2017）。

「織り手の身体と手機（織機）は一体化している。1反織り上げたとき、機に触れて『おつかれさま』と声をかける。織初には、あがる（経糸が掛かってなくても機に座ること）。染め場には小さい注連飾を……」（矢野まり子、2015）

これらが3年ほど前まで広く行われてきた産地での仕来りである。日本人の機・機場との付き合い方は、使い手・作り手と器物・仕事場との交歓の姿かたちであった。

機器は道具、僕。使い手の意のままに動くのが当たり前。能率的な革新機に置換えるのも至極当然とする合理的思考と、繊維産業構造改善事業（1980〜）により、旧機の多くは廃棄され、目的効果が同じ織機に画一化されていった。織り上がる織物の布面と風合いは似たものになった。多年にわたる奉仕にもかかわらず、感謝されることなく打ち壊された恨みからか、妖怪に変じた付喪神が悪さしているのが今、と感じるのだが、気づいている人は少ないようだ。

器物（織機）に、宿る神（付喪神）を見た使い手（織り手）はすごいクリエーターだ。目には見えない関係を想像（創造）したのだから。

愚直に宿る神在り機始め —— 詠み人知らず

Ⅱ－2－7　受注生産対応の手順

受注したメーカー内の対応の作業手順を、ウーステッドとジャージー、プリント服地を例に見ていく。

作業の構造は、

①目的の服地の姿かたちの設定

②服地の構成要素の拾い出しと確保

③要素の組合せ方法の設定と加工実施

④成果の確認などである。

　構成要素とは、

①原材料、色材、薬品など

②デザイン・設計、加工技法、生産形態

③風土など

　である。

A）羊毛織物服地の場合
·····································

●手順1　発注先とその意向を確認する

・アパレル企業名、ブランド名

・受注価格

・受注数量

・納期

・品質、品位

・布色、模様の表現

・風合い、ボディ感

・服地の重量（g/m²）

・服地の規格

・用途、服種、TPO

・服とその着装の姿イメージ

●手順2　服地の設計・デザインを始める

・服の姿かたちをイメージする（静態での、動態での）。そのうえで、次の事柄
を検討し、取捨選択する

・織糸[1]

・仕上密度、仕上目付[2]

199

・染色※3

・整理（仕上）

・マス見本（織）

・柄組み

・工程設計

・必要糸量

・生産原価※4

●手順3　縫製準備段階における服地に対する事前処置の有無

　地伸し（スポンジング＝ Sponging など）を施す。スポンジング機は服地が経糸の方向に収縮し、形状が変化するのを防ぐために、裁断前に使用する。反物に巻かれてついた「巻き取りしわ」を消すことにも役立つ。

●手順4　生産手配と管理

・多岐にわたる供給者と生産工場への発注・外注、出来上り日時と納入数管理

・品質管理（外観検査、染色堅牢度試験、物性試験）

●手順5　織布準備（調整）

　客が求める品種、品質、地合い、品位を実現するために、織機を調整する。織り出す前の調整に「半日かけた」「丸一日かかった」という。それは次のことに要した時間である。

・織機の作動調整

・機場の温湿度調整

　これには織布能率も関わってくる。

〈⇒Ⅳ─29 風合い、ボディ感、着心地〉

　※1　織糸の決定

　原料の選択………羊毛の種類、等級

　　　　　　　　　混合、混率

200　第Ⅱ部　アパレル製造・小売りと素材調達　❖　第2章　製造卸・SPAと服地

織糸の構造………番手
　　　　　　　　撚糸
　　　　　　　　撚り数
　　　　　　　　撚り方向
　　　　　　　　意匠糸
原糸の手配………紡績の依頼
　　　　　　　　撚糸の依頼
　　　　　　　　市中買糸 ──┬── トップ糸
　　　　　　　　　　　　　　├── 糸染糸
　　　　　　　　　　　　　　└── 生地糸

　　＊市中買糸は、買い手にとっての仕入れる生産材。市中売糸は、売り手にとっての商材。
　　　立場の違いが用語の違いになっている。
　　＊買糸の出所は糸の品質に関わるので大事になる。

※2　仕上密度、仕上目付に基づく設計
織り…………組織
　　　　　　　配列
　　　　　　　織り方
密度…………織上げ密度
　　　　　　　仕上密度
目付…………仕上目付（g /㎡）
織幅…………仕掛り幅190 〜 230㎝
　　　　　　　仕上幅150 〜 180㎝
織長…………織上げ長
　　　　　　　仕上長50 〜 55 m
織機

※3　染色
染色方法　　トップ染
　　　　　　糸染（ズブ染）
　　　　　　反染
　　　　　　トッププリント
色出し　　　ビーカー染

※4　生産原価
織り賃：・細糸の緯糸が多数本であると、織布能率は低くなる。そのため、織り賃は高くな
　　　　　　る（太い緯糸に比べて）。
　　　　・ドビー織布は、プレーンな布の織布よりも織布能率が低くなる。

201

B）ジャージーの場合

カットソーのレディスニット（ボレロとスカート）を渡され、「この編地と同じものを作ってほしい」と発注された場合、次のような流れで作業は進行する。

●手順1　見本の編地の分析（サンプル服の編地を分解する）
・編地の見分け
・編組織・編み方、編機（機種、ゲージ、口径、フィーダー数、編針本数）
・編糸の構造（紡績糸、フィラメント糸、加工糸、単糸、諸糸、ストレッチヤーン＝CSY、FTY、カバードヤーン、意匠撚糸、番手、撚り数）、紡績名や糸メーカー名、編糸の組成繊維（純糸、混紡糸、混繊糸などの）
・編地の目付、ゲージ、編地幅、縮度……ジャカード編地の場合は交編率（色糸の色数と各色糸の数量）。縮度は継時的に変化する。編下し時、服になってからなど。縮度は編糸、編組織、編み方などによっても異なる
・染色加工
・仕上・後加工（起毛、縮絨など）
・服のシルエット、落ち感、ドレープ、ひだ・しわ、フレアの感じ
・編地のテクスチャー（布面）、風合い
・自社保有の編機の適・不適の判断

●手順2　酷似する編地の提示
　分析後、サンプル服の編地によく似た編地を自社の試験反の中から選び出し、相手先に提示・提案する。それにより合意が速くなる。

●手順3　編地の設計（編成設計書）
・編糸（使用原糸）……番手。綛染糸またはチーズ染糸。編糸メーカー名
・ゲージ、度目
・編組織、編み方、編組織図、編組織名

・色柄（柄図、配色指図表）

・編機（機種と編機の管理番号、編機メーカー名）。仕様と寸法によって、ゲージ、口径、フィーダー数（給糸口数）、編針本数などが決まる

・編地幅（仕掛り幅、仕上り幅）、長さ、目付・重量

・糸の配列

・使用糸量（無地の場合）、交編率（ジャカード編地の場合）

・仕上加工（起毛、縮絨など）

・生産量（生機編立て量、加工仕上長）

・生産コスト

●手順 4　編立て操作指示（設定条件）

・度目調整……調整の目的には、糸の使用量の減少化も含む〈⇒Ⅳ−25 ゲージと糸番手（適合番手）〉

・回転数（編機の運転速度、編立て速度）

・糸張力（テンション）……給糸張力。巻き取り張力

●手順 5　試編

　目的とする編地ができるまで幾度も試編を繰り返し、試験反を作る。

・現物糸を使って編む※

・ビーカー染をする（ビーカー出し）

・仕上をする（原反は 10 〜 15 mほどの長さで行う）

※現物糸を使って編む

納入された編糸の品質、数量、巻き抑えの点検など細かなところにも注意を払う。不良反発生防止、スムーズな編立てによって納期を守るため。

　これらの手順を踏んだ後、本加工へと進む。

　「きれいなループで、バランスがとれた良好な編地（品の良いテクスチャーと触知感を持った編地）を作ろうとするならば、①ゲージ（G）と糸番手、②度目

調整、③回転数（編成速度）、④テンション（巻き込み強度。編糸がガイドを経て、給糸口から編針に掛け渡されるまでの給糸張力）、⑤仕上加工に注意を払う」と小笠原宏は指摘する（2016）。「糸に始まり、糸で終わる」とは、ニッターがよく口にする言葉である。

コラム 8

編糸と織糸の違い、編地の調達

　工業用の編糸は、手編糸や織糸とも異なる。工業用編糸は、編針の構造と編成動作の繊細で複雑な働きで曲げられてループを作り、別のループにくぐらされて編地になっていく。丸編のジャージーでは、この繰り返しが高速で行われる。その間、編糸は常に引っ張られ、切れることなくスムーズに従う。これに比べ、織りの動作は単純だ。織糸は直線的に交錯する。ラフな糸の使用も可能と、糸の自由度は高い。

　一般的な編糸の条件は次の2点である。
・編地にやわらかさ、軽さを生む糸
・工業生産（編立て）で、便利に使える糸

　丸編のジャージー用編糸は機械編みで、難しいというよりもかなり無理な状態での機械との適応を求められる。この編糸には、「丈夫である」「細くて、太さが均一である」「毛羽が少ない」「やわらかで、曲がる」「伸び縮みする」「弾力性がある」といった条件が必要になる。

　このような糸を作るには、繊維長が長い繊維を用いて、撚りを甘撚りにする。上質な繊維を使用した細番手の糸、例えば天然素材であればコーマ糸（綿糸）や梳毛糸（羊毛糸）などが適する。そのため、織物よりも高価な糸を使うことが多くなる。

　編糸にはストレートヤーンが多用される。その糸は、単糸や双糸（二子）、

三子糸などシンプルな形状である。単糸は片撚りであるから、編地に撚れを起こしやすい。したがって、用いる場合はS撚り糸とZ撚り糸を1本交互に配列して、撚れの発生を防いだりする。強撚糸はあまり使われない。意匠撚糸も同様である。

意匠糸をよく用いるのは、ラッセル編や横編のジャージーである。ラッセル編機や横編機では、サーフェイスインタレスト（表面効果）の高い編地が作られる。ふんわりとしたボリュームがあって軽い。ラメ糸を用いて、光る、輝くなどを現すなどファンタジックでもある。「ニットらしい編地」づくりには、意匠撚糸よりも立体的なテープヤーンやチューブヤーンのような意匠糸も用いられている。

堅実なニッターは、編糸メーカーを滅多に変えない。そのメーカーの糸を用いて作った試験反を多種持っている。自社が発見したその編糸の性状と編成の仕方の良い関係（糸のデータ、編成のデータ）を長きにわたって活用したいからだ。そのデータを手で触れられる状態にしたものが試験反である。したがって、多種多様な試験反を持つニッターに編立てを依頼することが有利になる。イメージに近い現物を手にしながら意思疎通ができ、望む以上の編地に作り上げる実践知が豊かなのだ。

C）プリント服地の場合

服地メーカーは、プリント服地のフラットスクリーン捺染の加工依頼を受けると、次のような作業に入る。

●手順1　意向の確認、意向に添うための具体案
a. アパレルからプリント図柄とP下の提示がなされた場合
　・プリント図案の調整

・配色表現内容、配色計画の内容の確認

・P 下の現物確認

・染色方法（捺染法、染料）の説明

・マス見本、着分、見本反、CG シミュレーションのオンクロスの要望確認

b. アパレルからオリジナルプリント服地を作りたいという意向だけ示された場合

・服装・着装上の色柄演出の確認

・プリント図案の制作

・配色計画の起案、配色の制作

・P 下計画の起案、P 下の現物提示

・染色方法（捺染法、染料）の説明

・マス見本、着分、見本反、CG シミュレーションのオンクロスの要望確認

…………色柄の表現内容に関する検討事項

1）図柄の調整

・図案の寸法、図形の改修

・送り（リピート、四方送り、ハーフステップ、きょう口）、型口

・色数（型の枚数）

2）色柄の構造

・コーディネートもの

・単品

3）色柄の構図

・ピースもの

・パネルもの

・ボーダーもの

・割り付け

4）色柄の描法

・糸目もの（細い線で表現されている色柄）

・暈し（点の大小粗密、染め色の濃淡などの諧調で色面を表現）

・写真的（写真のようにリアルな表現）

・糊描き（厚塗りで筆致のある表現）

………配色計画、配色数に関する事項

1）配色スタイル（段落ち配色、ドミナントカラー配色、マルチプル
カラー配色など）

2）地色の表現（地型、地染）

3）白色の表現（生地白、白色顔料）

4）型抜き効果

5）別彫り

6）重色効果

7）被せ、毛抜き合せ

8）型順（型番）

9）配色数（カラーウェイ＝ Color Way 数）

………… P 下計画

1）異素材組合せ（異素材コーディネート）

2）P下変換計画（素材置換え）--- P 下の使用繊維やテクスチャーに
よって、染料の染色性、色柄の布面での表現性に問題が起きたり
するから、事前の注意が必要である

………染色方法に関する選択・決定事項

1）プリント方法

・直接捺染（地染オーバー、オーバー、地型、抜き）

・防染

・抜染

・防抜染

2）印捺方法

・フラットスクリーン捺染

3）製版方法

・トレースフィルムによるスクリーン彫刻型

・自動色分解機によるスクリーン彫刻型

以上の事柄を、発注先に確認と提案をし、了解・了承をとり、加工に入る。

●手順2　製版・絵刷り

・型版の数（型枚数）（別彫り）

・図案の調整（どぶ、柄ぐせ、色ぐせなどの発生防止の修正も含む）

・重色（じゅうしょく）、被せ、毛抜き合せ

・型順

・トレースの描法

・紗張り（メッシュの選定、紗張り方向）

・焼付け、現像、版面の補正、型の補強

・絵刷（えずり）の作成

　絵刷とは、型の彫刻の出来上り具合を点検するために、紙面に刷（す）ったもの。あるいは、それを作成することをいう。絵刷は、それ以降の工程・作業の基準となる。絵刷を使って、配色制作と配色指図、印捺作業、型の整理・保管、デザイン（柄）管理などがなされる。テキスタイルデザイナーがこれらの作業にデザイン上の指図をすることを、「型出し」と呼ぶ。

　型が出来上ると、必要枚数のスクリーン彫刻型と絵刷、配色指図書がP下に添えられて、印捺工程へと送られる。

〈⇒Ⅳ—12 糸目ものと糸目友禅。→Ⅲ—1—3 服地のデザイニングの働き〉

Ⅱ—2—8　素材企画とテキスタイルマーチャンダイジング

　アパレルメーカーがいう「素材」とは、服地を指すことが多い。その服地はアパレルメーカーにとって生産材である。アパレルの素材企画は、「テキスタイルファブリケーション（Textile Fabrication）」ともいう。紡績や合繊メーカーがいう「テキスタイルマーチャンダイジング（Textile Merchandising）」とは異なる。

　素材企画は、アパレルメーカーが商品企画した服に使用する服地の企画・デザインである。その内容には2つの側面がある。

①服地の品種の決定、デザイン内容、使用展開（服地ストーリー）などの「デザイン」の側面
②服地の入手手段、数量、時期、価格などの「調達」の側面

　テキスタイルマーチャンダイジングとは、装置工業である化合繊メーカーが量産する繊維を売り捌くための、糸や生地の商品企画のことである。

Ⅱ―2―9　企画会社

　アパレルメーカーのアウトソーシングの受け手となって、既製服の企画やデザイン、使用服地計画、サンプル服作成、製産業務の代行などを行う。SPAや通販業者などのプライベートブランド（PB）開発の代行にも業務を拡大している。使用する服地は、服地卸や服地メーカーが提示する服地から選択し、発注する。あるいは、オリジナルの服地を発注する。

　企画会社は便利な黒子的存在である。資本力のある服地メーカーは企画会社と組み、自らの存在を目立たせず、企画会社の顔をもって小売業者と直取引することが可能になる。こうした「アパレル抜き」が出現しても不思議ではない。例えば、デザインはフランスで、「服地→縫製→服」の工程は「Made in Japan」を求めるフランスのブランドに対応できる可能性を秘めている。

　企画会社には商社系、服地卸系、独立系の3タイプがある。いずれの企画会社も1年契約のアパレルデザイナーやパタンナー、製産担当者などのプロフェッショナルを揃えている。このように便利な存在は欧米にはない、まさに「じゃぱにーず・こんびにえんす」である。

Ⅱ―2―10　アパレルデザイナー

　アパレルデザイナーは、洋服のデザインをする専門職である。既製服のデザイン実務の内容で見ると、アパレルデザイナーは次のようなタイプに分類することができる。

●クリエータータイプ

クリエーターとは、その人でなければ発想・表現し得ない服や服装のデザインをするアーティストである。作業的には、コンセプトの創出、それを具現化する服のデザインを、服地と服色を伴ってイメージ画として描くことが主となる。ライフスタイルの領域まで広く網羅する場合もある。オリジナルの服地づくりから始めるデザイナーもいる。デザイナーズアパレルに見られる。

●デザイン設計士タイプ

ブランドの対象顧客をよく理解したうえで、デザイン画を描くタイプ。服地の扱い方とパターンメーキングの技法に通じている。素材ストーリーを作成し、色出し、サンプル出し、本加工出しも行う。服地の採用権（仕入権限）も持つ。

服地の形状・性状、チャームポイントはもとより、服地の品種や規格（寸法、重量、組成、糸の構造・番手・撚り、組織、密度、糸配列、染色仕上加工など）にも通じている。裏地・芯地、アパレルパーツの指定もこなす。縫製の技法、縫製・仕上の内容と手順、縫製工場の内情、縫製賃が分かり、縫製仕様書・絵型を作成できる。マーチャンダイザー（MD）と連携して業務を遂行する。

●デザイン処理屋タイプ

服地を手に取っても、創作できる服のデザインをイメージできないタイプである。コピー、モディファイ、あるいは凡庸なデザインや売れ筋追従的なデザインしかできない。営業企画のデザイン処理を担当する。

●サンプル布収集タイプ

服地のスワッチを収集し、会社に持ち帰るだけの役。収集したスワッチの多くは廃棄されるか、模作に回される。

アパレルデザイナーは専門職として個人で活動するケースもあれば、チームを編成して、チームワークするケースもある。チームの構成メンバーは、チーフデ

ザイナーやクリエーティブディレクターを軸に、アシスタントデザイナー、テキスタイルデザイナーやテキスタイルプロデューサー、パタンナーなどである。テキスタイルプロデューサー級のアパレルデザイナーを擁するチームの例はあまり多くはないが、「ハート」(イッセイミヤケ)と皆川魔鬼子、「タケオキクチ」(菊池武夫)と菅野瑞晴などの協働がある。

アパレルデザイナーはテキスタイルプロデューサー級のアパレル素材担当スタッフ、あるいはスタッフ的ミニコンバーターと組むことが必要不可欠だ。ともすれば服地メーカーは保有する機を軸に考えがちで、コンバーターは商い優先へと傾きがちなだけに、アパレルデザインの意志をきちんと具現化する素材企画機能の確保は最重要な要件である。

「イメージと違う」と出来上った見本反や見本服に対していうアパレルデザイナーが少なくない。「当初から確たるイメージを持っていなかった」と思えても、アパレルデザイナーを得心させる服地を作らなければならないのが服地の作り手である。服地の加工生産現場ではイメージというあいまいな言葉は用いない。求められる服地のあり様(よう)を専門用語(加工技術用語)、原材料名、数値、使用機器名・設備名などに置換え、それらを構成したデザイン・設計に基づいて作業に入る。そこに誤解の余地はなく、具体的である。

クリエーターが頭に浮かんだイメージを作り手に語っても、その通りに受け止められるとは限らない。多くの場合、ズレが生じる。「これが見本」と渡された見本の評価条件があいまいであれば、双方に誤認が生じ、「これとは違う」ということが起きる。文句をつけるだけで、問題解決の術を知らないデザイニングからは、最適なデザインも計画された創造的デザインも生まれてこない。偶然の結果を期待するしかない状態では、良い服地、良い服はできない。

 事例　夏に颯爽(さっそう)と着るサマーウーステッドのレディス企画

オリジナルの服地づくりはこのように進められる、という事例を紹介したい。そのテーマは、「夏に颯爽と着るサマーウーステッドのレディス企画」。本間遊

211

（HOMMA）と児玉紘幸（児玉毛織）とのコラボレーションである（鈴木徳之〈児玉毛織〉作成〈2003〉の織物設計データに基づき復元構成）。

●手順1 「颯爽とした感じ」を分析し、具体的に把握する
・薄くて、軽い。だが、薄っぺらではない。膨らみがある
・透けている（糸間に隙間がある）
・綾目で、スッキリと見える
・サラリとした肌触り、肌離れが良い
・しなやか
・しわが寄りにくい
・垂れない

●手順2 「颯爽感」を具現する構成要素（モノ・コト）を具体的にする
①品種……SZ 単糸ギャバジン
②組織……経綾
③綾目……右綾、急斜文
④原料……梳毛（スーパーファインメリノ）、スーパー 80'S
⑤経糸……1/48 S 撚り 1390T/M（強撚糸）
⑥緯糸……1/48 S 撚り 1390T/M（強撚糸）
　　　　　　　1/48 Z 撚り 1390T/M（強撚糸）。SZ を 1:1 で配列
⑦密度……経密。経糸 117 本 /inch、緯糸 67 本 /inch（仕上ベース）
⑧織機……ションヘル織機
⑨染色仕上……煮絨→毛焼き→反染（後染）→乾燥→毛焼き→蒸絨→撚り戻す→高分子加工

●手順3 構成要素に求める直接的効果（手順2の①〜⑨を採用した理由）
　①は、双糸を用いる一般的なギャバジンでは出し得ない爽快感。強撚糸使いでありながら、ドレープ（やさしい風合い）を表現する。

②は、しなやかさやすっきり感を出す。

③は、単糸ギャバジンの左綾に対しての差別化。綾目をはっきりと表現する（S撚りの経糸に対して綾目の向きを右にして、逆らっている）。急斜文によって光沢が生じ、ドレープが現れる。

④は、上質な細番手（48番手単糸）をひく。一般の単糸は40番手と太め。細い羊毛繊維ほどクリンプ（捲縮）の数が多くなる。糸を丈夫にする。

⑤⑥は、クリンプの弾力性と相まってドレープ感を生む。多孔にし、それを保つ。綾目を立てる。布面に光沢を出す。清涼感が増す。強撚糸によって布面に陰影が生じ、布色に深みが出る。しわが寄りにくい。しかも、斜行の発生を防ぐ（安定した服地になる）。

⑦は、薄く、軽く、伸び垂れない。緯糸をSZ1本交互で緯入れすることにより、染色工程で生地幅は約12％縮む。それにより、強撚糸使いの織物に膨らみ感や自然な感じのストレッチ感（ナチュラルストレッチ感）が得られる。ギャバジンは185×92である。

⑧は、織糸に掛かる経張力（テンション）を弱くし、糸の膨らみを保ちながら織ると、後の工程で服地全体に膨らみが出る。その効果を求めて、高速のスルーザー機やレピア機を用いず、ゆっくり、しっかりと織れるションヘル機を使う。

⑨では、次のような後加工を施した。

・煮絨は、単糸使いの織物に、毛羽立ち、目寄れ（スリップ）を発生させないためのセット工程（ローラーに巻き取った生機を湯槽に浸した後、急に冷やしてセットする）。ギャバジンの場合には、洗い工程に変わる

・反染は染色量（反数）が少なくても可能。短納期で上がる。したがって、中小の毛織工場（機屋）にとって利用しやすい。この工程には、洗い工程（洗絨）が加えられる。湯槽の中で染剤を用いて織物を洗うことで、服地の風合いを決定づける

・毛焼きを前後2回行う。クリア感を最大限出すために「クリアカット仕上」で布面の毛羽を完全に焼き取り、綾目をはっきりと表す。サマーウーステッドに使われる工程。毛羽がなくなるから、ぬるみがなくなり、さっぱりとする。この工

程はギャバジンでは 1 回である
・蒸絨は、巻き取った生地に温度と圧力をかけ、蒸気を与えてから冷却してセットする工程。しわや耳折れを直すと同時に、微妙な光沢やこし（腰）をつける
・ギャバジンは、蒸絨までで終わる。だが、SZ ギャバジンでは多工程にし、セット後に次の工程を行う。
・糸の撚りを戻して綾目を立たせる。ドレープ感をつける
・高分子加工（樹脂加工）を施して、服地に清涼感を与える

　同類の服地とは「ひと味もふた味も違う」と評価されるものを作ろうとすれば、「ひと捻(ひね)りもふた捻りもする」ことになり、「手間ひまもお金もかかる」。つまり、生産原価は高くなり、「高いけど良い」服づくりとなる。しかし、「良いけど高い」と敬遠される服にはならない。

　「これを用いて、こうすれば、こうなる」ことを推測し、作り手と討議・検討できる能力は、産業デザイナーに必須である。そのうえで作り上げた服地の素材感や風合い、テクスチャー、ボディ感、色柄を活かし、生地の組織上の弱点を避けたデザイニングがなされる。このような感性と理知性を併せ持つアパレルデザイナーの職務姿勢と実務範囲は、欧米の建築家（アーキテクト＝Architect）と似ている。そこで「アパレルアーキテクト」と呼びたい。

HOMMA 2002S/S コレクションで発表されたサマーウーステッドのドレス

〈⇒Ⅳ—20 配色法と配色指図法。Ⅳ—23 色合せ（色の合い）と色見本〉

Ⅱ—2—11　ニットデザイナー

　ニットアパレルデザイナーの略。編糸・編地を用いて服をデザインするアパレルデザイナーである。2 タイプに分けられる。

①出来上っているジャージー（服地）を用いて、カットソーの服（裁断縫製商品）をデザインする

②編地のデザイン制作からニットウェアのデザイン制作までを行う

　②のタイプのデザイナーは、編糸や編組織、編成技術と編機（横編機、フルファッション編機＝FF機、経編機）、仕上、パターンなどに精通し、横編テクニックを駆使して服（成型商品）を創作する。作業内容は、服とその着装をイメージし、デザイン画を描き、カラーミックス糸を作り、編み色を決定し、無地柄や配色柄を制作する。編地作成図、服の編立て指図、仕上などの指示をする。共感するパタンナーと組んでいる。

　ニットウェアのデザインイメージは、服の形と編地（質感）が混然一体となって、同時に湧いてくる。これは、服の形のイメージに服地（編地）をはめ込む式の服づくりとは異なる。「商品服」としてのイメージができていて、その具現に適した糸や編機を仕組む手法であり、「デザイン画を描いたら、あとはニッター任せ」の服づくりとはまったく異なる。したがって、ニットウェアの編地は、それだけで独立したものではない。編立ての段階で製品（服）の細部まで計算されている。

　このような服づくり・編地づくりは、簡便に量産する工業的生産とは対極にある。ともあれ、ニットウェアのデザイナーは、身体を包む「ニットウェアの建築家」である。しかも、おしゃれの演出家でもある。その実際を、次に紹介する加藤文子（ニットデザイナー）の「クシュクシュ・タートルセーター」に見ることができる。

 事例　モヘア、絣糸、杢糸を用いたカラーミックスのニットウェア

　加藤が創作したのは、秋にふさわしいやわらかな素材のモヘアと絣糸、杢糸を用いたカラーミックスのニットウェアである。

　ニットウェアのデザインとは、イメージを編みによって風合いのある形態にすること。「やわらかな」というイメージは、「やわらかい（ソフト）」「ふかふかな」「ファーのような（ヘアリー）」「軽く反発する」「温かい」などに細分される。ど

のイメージに焦点を定めるかによって、用いる繊維素材は異なってくる。糸メーカーをたくさん知っていて、その中から適した（既製の）糸を、即座に探し得ることが大事になる。

　配色柄では、「使用する編機（横編機）を選定する→ゲージを決める→複数種の素材のそれぞれの適合番手を決める→糸の撚り数を決める→糸の色を決める。イメージに合う色糸がなければ別色を染める→染色工場への色出し→ビーカー染→ビーカーチェック→ビーカー色の決定→現物糸の染色」と工程は複雑になり、パズルのようになる。「複雑さが増すごとにエキサイトし、イメージが膨らみ、楽しくなってくる」と加藤はいう。

　このニットウェアでは、6種の編糸を用いている。
①梳毛100％糸、2/48
②梳毛100％、6色絣糸、2/48
③梳毛100％、三杢、3/48
④梳毛100％、二杢、2/48
⑤モヘア85％、ナイロン15％、意匠撚糸、1/18
⑥梳毛、アクリル、ナイロン、意匠撚糸、1/13

　編地柄は細かなポッポッ（ドット）柄、ヘリンボーン、表裏が異色の二重組織、多色のボーダーなど、6種組合せて複雑。セーターのタートルは折り返さず、やわらかく、自然な「クシュクシュ」を生む仕掛け。

　デザイン画は、編地柄の表現や風合いの表面効果、デザインイメージ、雰囲気が分かるように描かれている。指示書の絵型には、細かな部分の寸法も指示（5分の1の縮尺）。配色表には使用編糸を明示。編地図には、糸の使用箇所ごとに糸の現物を添付している。組織図も制作している。

加藤が描いたデザイン画

表Ⅱ－2－2　指図書と配色表

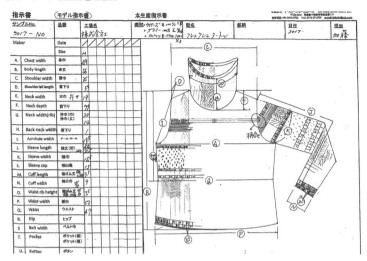

表Ⅱ－2－3　編地の指示（部分）

※編地図の一部（編模様の1リピートは60cm長。掲載部分は約4cm長の部分。現物は先染織物の縞割り表と似て詳細である）。

第3章　アパレル小売業と服地

II－3－1　専門店の業態分類

専門店業態はさまざまあるが、大きく3タイプに分けて捉えることができる。

図II－3－1　専門店の業態分類

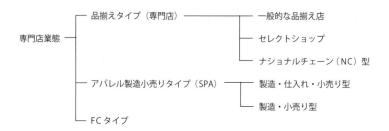

　専門店が見せる姿かたちは、ロープライス、カテゴリーキラー、ノーエイジ、ユニセックス、ノートレンド、ファストファッション、キッチュ、エコロジカル、ライフスタイル、フェアトレード、ラグジュアリー、ユーズドなどさまざまである。
　企業規模も、チェーンシステムの大手から小規模の個店までである。
　チェーンシステムの大手とは多店舗を展開するナショナルチェーン（NC）型小売業である。本部が一括仕入れした服を各店舗に投入し、販売させ、スケールメリットと効率を求めるシステム（チェーンオペレーション）で運営されている。
　これに対して個店は、小規模な独立型の小売店である。経営者の価値観とセンスによる店づくりがユニークで、顧客との「クロスパトロナイジング」がすべてである。この中間に、リージョナル型専門店がある。地方都市に本拠をおき、周辺地に複数の店を設けている。地域密着である。

II—3—2　専門店

　英語では「スペシャリティーストア（Specialty Store）」という。服地メーカー・服地卸と専門店との直取引は少ないが、服となって売られている様子は関心事である。

●一般的な専門店

　品揃え型の専門店であり、ショップオリジナルの服を加えて商うケースもある。事業規模は大から弱小までさまざま。専門店とアパレルメーカーの取引は買取りになるが、「返品付き買取り」へと変化してきている。

●セレクトショップ（Select Shop）

　提供するモノ（服）とコト（店舗空間、ロケーション、サービスなど）の主張を鮮明にし、国内外から服や服飾品を仕入れて品揃えしているセンシブルな専門店のこと。百貨店とは異にした、独自の品揃えでショップイメージを創出しているのが特徴だ。その意味でコンセプトショップと似ている。店と客とはクロスパトロナイジングの関係にある。

●コンセプトショップ（Concept Shop）

　コンセプトへのこだわりが強く打ち出された専門店。その世界観は、商品ラインはもとより、対象顧客（マインド＝気持ち、年齢）、好みのタイプ（テースト）、価格帯（グレード）、TPO、デザイン表現（ルックス）などに表れている。コアな顧客ねらいである。例えば、自然素材、エコ素材使用、特定の服色のみを商う。

● FC タイプ

　ワンブランド、DC ブランドを扱う専門店。フランチャイザー（フランチャイジングシステムの本部）とフランチャイジー（加盟店）の関係にある小売店（フランチャイズチェーンストア）である。略して「FC」と呼ぶ。

Ⅱ―3―3　製造小売業（SPA）

　SPA とは、Specialty store retailer of Private label Apparel の略。売り手が作り手でもある、あるいは創り手（作り手）が売り手でもある業態を指す。自店で販売する服を自ら企画・デザインし、製産（委託工場）・生産（自社工場）する。

　小売業出身の SPA の場合は、工場に製造を委託することから「製産」という。生産工場が SPA に事業進出する場合は「自社生産」、あるいは製産された商品と組合せた品揃えになる。いずれも、モノポリーで仕入れた服を加えたりもしている。このことから SPA は、製造・仕入れ・小売りをする業態といえる。

　製造小売りの業態は、クリエーティビティーの貫徹を目指すデザイナーズアパレルと、コモディティーの紳士服を手頃な価格で提供する郊外型紳士服専門店に始まった。その後、日常服を商う衣料品型から流行のおしゃれを追うファッション型まで広まった。

　SPA の商品開発から販売までの流れを、レディスの商品を例に見てみよう。

　商品開発と製産機能はアウトソーシングし、在庫ロスと機会ロス（売り逃し）を低減するために POS（販売時点情報管理）を標準装備するなどのインフラを整え、売れ筋が分かった時点、あるいは店頭在庫品が購買された時点で、望む店頭へ、望む日時に、求める枚数を納品させる。店舗が抱える在庫は店頭の商品のみのため、バックヤードは不要（売場を広く使える）になり、在庫管理も楽になる。
・売れ行きを見て、売れ筋を機敏に投入する（売り増し）
・他店の売れ筋に似せた商品を、素早く店頭で展開する

　この供給（サプライ）システムによって能率的に、高い売上げと利益率を可能にする。「店頭起点の新しいシステム」「消費者のニーズに即応するシステム」と自賛多賛されたが、次のような指摘もあった。

　「既存の売り減らし型から SPA の売り足し型への転換は常識破り。しかも、確実に売上げと利益を生み出すシステム。現状では SPA ブランドは最強だが、お客様に新鮮さやおもしろさを常に提供できる力も、同時に持てるのか。この売れ筋追いのシステムに、日本のファッションビジネスの危機を感じる」（酒井美絵子、

IFI ビジネス・スクール・マスターコース企業派遣生、1999)

　その危惧は品揃えの同質化となって現れ、現在に至っている。SPA は「売り手が作り手」の理想型といわれながら、顧客とのクロスパトロナイジングの構築へは向かわず、サプライチェーンマネジメント（SCM）へと傾いた。「売上げを売る」（田中照夫、タナカプランニング、元新宿 高野＜ファッション事業本部＞、1995）という域に留まってしまった。

　SPA は期中・期近発注、小ロット、多頻度納入、クイックデリバリーの手法が特徴だが、移り変わりの速い流行のおしゃれ服・服地は、その生産者からすれば受発注時点で起動したのでは間に合わない。そのため売れ行きを予測し、作り置き（見込生産）をすることになる。もしくは、原材料を手当して工場のスペースを押さえる（確保する）、半製品（仕掛在庫）にしておくなどの用意をすることになる。

　この段階でリスクが生まれている。その都度生産（個別生産、分散生産）を繁忙期に行うことになるため、生産コストも不良品（品質不安定）や納期遅れを発生させる危険度も高まる。さらに、各店への納品コストも高くつく。すべてにわたって煩雑である。SPA にとっては有利であっても、生産者・ベンダーには高コストの供給システムになっている。

　装置工業型工場にとっての合理的生産とは、少品種大量生産、見込生産（計画生産）、連続生産（集中生産）、即納品（預り在庫なし）、大量物流（集中納品）などにより、生産コストと物流コストを低減し、規模利益を得ることである。SPA と生産者は利益の得方が逆である。装置工業型の合理的生産に適応するのは、流行り廃りに左右されないコモディティーな服（衣料）、不易流行の定番品である。SPA 大手の商品は、流行りのおしゃれを感じさせるイメージをまとったコモディティーである。

　SPA を製造小売りといい改め、作り手の思い入れを込めた服を、着て楽しんでもらうための方法として捉えると、

・ユニークなデザインの衣生活を提案する
・夢想的愉楽を具現する衣生活のツールを提供する

・意識の高い衣生活スタイルを提案する

　など、生活哲学の具体的な姿かたちの受け渡しである。

　これに対して、只今の流行り服＝売れ筋追求の SPA は、「おしゃれに愛がない」「遊び心が感じられない」「流行りの模倣を売りとする流行りの業態」といえなくもない。DC アパレルやバナナ・リパブリック（Banana Republic）、エスプリ（ESPRIT）の始原の姿かたちを思い出すのはなぜであろう。

　〈→ I－2－8 服地卸・コンバーター。II－2－2 素材調達の前提 A）ブランドにおける服地の位置づけ。II－2－4 今日のビジネス指向と服地 A）短納期・低コスト・低価格指向〉

II－3－4　百貨店

　百貨店業と服地卸・服地メーカーが直取引することは少ない。だが、百貨店業のあり方は、服地の生産・流通に影響を及ぼしている。そのため、服地の売り先（アパレルメーカー）が商いをする相手（百貨店）がどのような考えを持ち、どのように行動するのか、無関心ではいられない。

　百貨店とアパレルメーカーの商取引形態は、委託取引の一種である消化仕入が主流である。それも派遣販売員付きである。百貨店は小売業の主要機能をアパレルメーカーに丸投げし、小売りの煩わしさから逃れ、要員の人件費を圧縮する。これによって百貨店は、「上がり」の増大が期待できる人気ブランドの導入に専念することができる。アパレルメーカーは、直営店を設けずに、一等地の一番大きな百貨店に自由になる売場を確保し、マーケティングを貫徹することができた。しかも、納入業者であるアパレルメーカー大手への依存度を高めさせ、百貨店の売場編成への支配を可能にした。

　仕入れた服を売り切る責務から免れた売場には多種多様な服が豊富に並び、客は「贅沢感を味わえ、選択の幅が広がった」と満足した。このような状態が続いてきた。その過程で顕著になってきたのが、卸値の引き下げ、単品平場の減退、インポート売場の低収益（利益の出ない売上げ）、SPA や高級 SC との競合激化、販売員の商品知識・評価技能の不足、商品知識の乏しい客・クレーマーへの対応

不良、国産品のポジションの低化、業績低迷（売上げと利益の低減）などの問題である。ここから生じた「百貨店存亡の危機」感からか、都心の百貨店大手では一時、粗利益率の高い PB 開発の必要性が再浮上したが、まもなく終息した。百貨店業が「ハコ貸し化＝不動産業化」している状況に変わりはない。

〈→コラム9 消化仕入、売場買取り〉

A）上代、下代、掛け率 ～高い服地は使えない

このような背景から、百貨店はアパレルメーカーに対して「卸値を引き下げる（下代を下げる）」ことを強く要請するようになった。これをアパレルメーカーが受け入れれば、使用する服地を低質にして服地代（生地代）を下げる、あるいは量産されている安価な生地に後加工をした「良さ気に見える服地」に切替える、または服地メーカーに納め値の引き下げを強請することになる。服地メーカーがこれに従えば、製品開発の余力も失ってしまう。その結果として、中間層の顧客が買う気をそそられない服と価格になっていく。

●消化仕入

その服が売れたときに、その服を仕入れたとする取引形態。売上げ仕入（売仕）ともいう。売場に並ぶ服の所有権、上代設定権、商品移動など、すべてのリスクはアパレルメーカーが持つ。店に出した服が売れなかった場合は、返品になり、メーカーが引き取る。在庫リスク回避の仕入れである。返品が多くなると、アパレルメーカーは納め値（卸値、出し値）を上げる。百貨店は売上げが減ったうえに、仕入値（下代）が上がることになる。そこで「下代（卸値）を下げろ」となる。それが無理であれば、上代（小売価格）を上げて掛け率を低くさせ、手打ちをする。しかし上代が上がれば、売れ足は鈍る。客足は遠のく。

●上代

小売価格のこと。

●下代

百貨店の仕入値。アパレルメーカーにとっては卸値（出し値）。

●掛け率

上代に対する卸値の割合。

上代が1万円で、掛け率を55とすれば、卸値は5500円。いい換えれば、下代は5500円となる。小売価格の55％がアパレルメーカー、45％が百貨店の取り分である。

アパレルメーカーの55％の内訳は、粗利が20％位、生産原価が20％位。この生産原価の中に生地（服地）代が含まれ、それは小売価格の10％程度となっている。その他に、販売管理費やプロモーション費などがかかる。

百貨店の45％の中には、販売管理費や広告宣伝・販売促進費などが入っている。掛け率の高低は力関係の表れであり、そのブランドの人気度と取引条件によって決まる。

消化仕入で派遣販売員を伴う取引の場合、卸値は高くなるから、下代は高くなる。買取取引の場合は、卸値は低くなり、下代は低くなる。百貨店の取り分が多くなる。掛け率の現状は消化仕入で50～60位になっている。

上代が低く、掛け率が低い（卸値が低い）と、服の生産コストは低くなる。生産コストに含まれる生地代（服地代）はさらに少なくなる。これでは、まともな服地を用いて、丁寧に縫製する服は作ることができない。

アパレルメーカーは、商社のOEM機能を利用して、商社に掛け率28を求めている。「アパレルメーカーへの納め値を上代の28％にせよ」ということである。

・買取り……仕入れた服をすべて買い切るという取引条件。返品や値引きはできない、派遣販売員も付かない。これが原則であるから、小売店には仕入れ能力と販売力が必須になる。この取引を「100％買取り」とも呼ぶ。「返品条件付き買取り」や「派遣販売員付き買取り」といった変則があるからだ

・委託販売……商品を預り、売れたものだけを仕入れる取引。売れ残った商品は返品する。商品の所有権は、いったん小売店が持つ

B）アイテム平場と編集平場の減退 ～ユニークな服地の服は並ばない

　平場とは、箱売場（箱ショップ）のように1ブランドごとの仕切壁がなく、フロア全体が見渡せる売場で、ある特定の服種、服飾品に絞り、多様なデザインを取揃えている。平場は本来、その百貨店の特色（ビジネスコンセプト）を表明する場で、高い粗利益率が見込める売場である。それをアパレルメーカーなどベンダー大手に任せている。

　婦人服であれば、百貨店アパレル大手のナショナルブランド（NB）のラックが大半を占めている。売れ筋の無難な服が並び、中小規模のアパレルメーカーや新進のデザイナーズアパレルの服は少ない。その理由の1つは、採算がとれないことにある。百貨店から求められる掛け率は、買取取引で35～55、委託取引で25～35といわれている（都内有力百貨店の場合）。取引決済は60～90日。弱小資本では資金繰りが難しい。

　百貨店のバイヤーが自ら中小アパレルメーカーや新進デザイナーズブランドからセレクトした自主編集売場（自前売場）がないと、どの百貨店も似たり寄ったりになる。自主編集売場を、下代仕入れ、上代設定、完全買取で運営することによって、初めて商人としての真価が顕れる。これをこなす実績が、PB開発の前提である。

　アイテム平場と自主編集売場の減退は、百貨店のリスク回避、高効率追求（売場面積当たりの効率アップ）、プロフェッショナルの不在に起因する。

　業種が受け持つ本来の役割を果たさない百貨店大手の姿勢は専門店にも波及し、もともと買取りだった取引が「返品あり」へと変容した。それはアパレルメーカーの服づくりに対する意識も変えている。客がユニークな服地デザインを見ながら触れ、服を試着できる場は売場にしかない。

　このような状態から脱しようと、海外で買い付けた服や国内のDCブランドから仕入れた服による自主編集売場づくりが、都心の百貨店大手で目につくようになってきてはいる。しかし値入率は良くても、売買損益率がマイナスになるかもしれない。

・値入れ……仕入原価に加算する金額＝利幅（売買差益）。「マークアップ」ともいう

・値入率……仕入原価に対する値入額（値入高）の比率。小売店は一般に、仕入商品の売価を、自店の所定の比率に基づいて設定している

　「他人任せの商売から足を洗い、粗利益率の高い自主編集売場に力を注ごうとするのは、これが初めてではない。これまでにも幾度となく挑戦し、そのたびに実現に至らずにきた」（松本卓、『FB小売業興亡史〜40年の歩み』チャネラー、2005）

　百貨店がそのような道をたどる一方、百貨店アパレル大手の中には路面にライフスタイル提案型の直営店を出店し、百貨店に納めている自社ブランドの服を販売するところも現れている。しかも、取引先である百貨店の目の前で、である。

C）PB開発 〜見込み外れのツケは服地メーカーへ

　PB商品（服）は本来、百貨店が自らのリスクで企画・開発し、売り切るものである。商品企画機能が弱体でありながら、オリジナル素材の開発から始める場合、生産ロットに見合う販売ロットが確保できなければ、高コスト・高プライスとなり、未消化で生じた損失や費用の負担は服地卸や服地メーカーにも及ぶ。

　現状のPB商品は、アパレルメーカーが企画デザインしたものを、百貨店が買取りでモノポリーしているのが実情である。意向を出して多少の変更を加えたりはしているが、これではNPB（ナショナル・プライベートブランド）である。NPBとは、NBとPBを組合せた呼び名。

　PB開発の機能が不十分なうえに、製造（加工生産）、服づくり、服地づくりなどの基礎的な知識もないから、服地メーカー（織布・編立業）との協働・協業は成立しない。そこで、企画・デザイン・製産業務を代行する業者（企画会社、商社）に依存しなければならなくなる。ODM、OEMの利用と同様である。

　消化仕入に慣れ、売事（催事販売）に注力し、アパレル小売りの現場経験は乏しい、したがって顧客の顔が見えていない幹部や正社員には売れる商品の企画立案や品揃えはおろか、提案された計画の評価もできず、PB商品を売り切る能力もない。したがって、在庫増などで利益も得られないことになる。

製造業と百貨店業では、利益構造はまったく異なる。マネジメントの思考と行動も同様だ。現在の百貨店は、これらを融合したPB開発のビジネスモデルを創出できるか否か、それよりも何よりも初心を貫けるのかどうかが不確かである。「楽するコトを求めて、楽しい忙しさを捨てた」といわれる所以であり、「意識と行動が一朝一夕で転じることは不可能」とメーカーサイドの目は冷ややかだ。

百貨店大手が粗利益向上のために取引上位の立場でPB開発に入ると、メーカーとの対立を生む。これはGMS（量販店）でも同様である。

〈→Ⅱ－3－6 プライベートブランド（PB）〉

D）クロスパトロナイジング ～服地を決め手に

使用されている服地の魅力を、「手に取って伝え→『そうだったのか』『着たくなった』『買ってよかった』という気分にさせる→それによって服地の作り手の思いが、着る人に伝わる→服地を味わって着る人が生まれる→それを着た人の佇まいが次の服地を創らせる」という上昇スパイラルを創出することが大切。

「お似合いです」「トレンドです」などのような紋切り表現、家庭用品品質表示法に基づく表示ラベルの記載事項やPL（製造物責任）法に対応した説明文の読み上げ、お見送りをするだけでは、売り手と作り手と買い手（着る人）を結ぶ豊かな関係は育たない。

服の売り手と作り手と買い手（着る人）が、服を通じてお互いに支持し合う状態のことを「クロスパトロナイジング（Cross Patronizing）」という。いわば互いがファンになる関係を醸成するためには、目の前の服を手に取り、着せながら、服と服地の良い関係や長所短所をさりげなく説明できる知識や技能を持つスペシャリストの存在が欠かせない。

セルフサービスの量販店（GMS）とは異なり、対面販売で「クオリティー・オブ・ライフ」を主導する総合小売業であろうとするならば、知的な応接は必要不可欠。「服地を決め手にできる」販売担当者が有用・有効だ。しかし、百貨店の売場にそのような正社員の姿は見かけない。

アパレル販売において顧客満足とは、おしゃれに満足してもらうことであり、そのサポートの内容が大切になる。目標の1つは、服を深く味わう術を体得してもらうこと。2つ目は、おしゃれに満足できる知識を持ってもらうこと。そのためには、実際の服に触れながら、着せながら、服と服地の良い関係を分からせることが大切になる。例えば次のような応対が想定される。

●織地の服地の場合であれば
　①高価な極細のウール（スーパー190'S）を用いたことと、メンズジャケットのボディ感、着心地の適切さについて伝える。②単糸使い、双糸使いのブロードのシャツ、チノクロスのパンツの綾目やドレープの違い。③シアサッカーとクレポン、収縮差のあるサッカーライクなしじらとの違い。④ファンシーツイードの擦れによる乱れの発生。⑥ポリエステル極細繊維織物の糸切れや毛羽立ち、アイロン掛けによる風合いの変化。⑦カシミヤの等級や混率の見方など。

●編地の場合であれば
　編組織（シングル編地）と①「着垂れ＝型崩れ」の発生。②ボタンの「引っ掛け（ループの引き出し、切断)」の発生。③組織、度目と「引っ掻き傷」の関係。④シングル編地の横使いと「縦伸び」。⑤手編み風ニットウェアの縮みと毛羽の発生。⑥ポリウレタン入りストレッチ糸の性能喪失とドライクリーニングの作用。⑦合成樹脂被膜の継時的劣化と汚染。⑧ハンガー掛け、たたみ置き、平台陳列時の型崩れ、などなど。

●プリント服地、無地服地の場合であれば
　①綿プリントブラウスの洗濯準備段階での水浸漬と「色泣き（ブリード)」の発生。②漂白剤、柔軟剤、用水の使用条件の順守。③洗濯水の水質。④天日乾燥と大気汚染。⑤おしぼりで拭いた手によるポケット口の変褪色や、⑥着装時の香水噴霧など（本郷利明、キング、FIC テキスタイル・スクール講師、1954)。

おしゃれな衣生活で起こり得る事柄を幅広く知ったうえで、品揃えし、お奨めし、気持ち良く着ていただける情報提供と意思疎通をすることで、「安心を売る」「快感の持続を買っていただく」のである。

　モノに対する満足の観点で顧客満足（CS）を目指すのであれば、繊維原料、糸（番手）、密度、ゲージ、組織などの基本知識が必要になる。それは、店が取扱う商品が布づくりの原理原則から外れているか否かの判別能力を持つことでもある。自店は、付加価値があると称するフィーリング優先の服を売るのか、それともシンプル・イズ・ベストの品位、クオリティーある服を売るのかによって、顧客満足のさせ方は異なってくる。

　着るほど（3～4年）に馴染んで着心地が良くなる服か、店頭に並べた時点が最高最良の状態で、着るほどにみすぼらしくなる服か、という捉え方もある。単に売上げが作れればよしとする、そういう捉え方もありではある。ともあれ、着られればよしとする「Wash and Tear（洗うと破れる）」（高橋誠一郎、2007）といわれる廉価な服を置くこともあり得る。であればこそ、自店、あるいは売場の商品揃え＝編集の基本姿勢（ポリシー）を明確にしておくことが大事になる。それは売り手の価値観、美学の表明でもある。

　「きちんと商品について語れるようになれ。私たちは何よりも『商品第一』」と東京生活研究所（松屋）の太田伸之は語っていた（「松屋バイヤーゼミの手法とその成果」、『CORK ROOM』コルクルーム、1997.8.1号）。

E）賢い王様に育てる ～服地に関わる品質トラブルへの対応

　客からの服地の品質に関わる苦情は、客側の服の着用の仕方や取扱い方の誤りに起因することも多い。売場での適切な受付対応力が、トラブル解決のこじれやトラブルの拡大を防ぐ。ひたすら謝るとか、責任をメーカーに回すだけでは、再発・悪化は防げない。

　悪化とは、客を無知・粗雑な状態のままにしておく、難癖をつけるクレーマーを引き寄せる、悪口を流されてブランドや店のイメージがダウンする、金銭賠償

や取換え、返品・返金、値引きなどを要求される、などのことである。

これらのことは品揃えに悪影響を及ぼす。「その服の撤去→それに類する服の仕入れ中止→納入したアパレルメーカーとの取引停止」にまで至ることもある。このような悪化を避けようとすると、無難な服や丈夫で長持ちする服、単に趣味の良い服を並べることになり、刺激のない売場になる。遊び心や冒険心があって楽しめる服を求める人の足は遠のき、良識ある人が単に安心できる凡庸な売場になってしまう。流行りの珍奇なおしゃれと品質とは危うい関係にある。そこに魅せられる。生真面目な人にはその機微が分からない。

品質トラブルの受付対応とは、「事故品を手に取って、申し立ての事象を観察する→事態が発生・発覚したときの状況を冷静に聴く→経緯を尋ねる→客に使用上の誤りがあれば説明する→事故品の加工生産技術の水準にも触れる」というプロセスで進める。ここまで行うと多くの客は冷静さを取戻し、怒りがしずまる。その後の処置はスムーズで、納得に至る。

聴き取った内容は、次のように処理していく。「受付書に記入する→所定の部署に伝達する。その場で解消に至らないときは、事故品を預る→受付書とともに事故品を所定の部署に渡す」。

客のご機嫌とりではなく、良質な顧客に育てるという志を持って商品知識や家庭洗濯、商業クリーニング、着用の仕方、保管の注意など、その商品に施されている加工生産技術の内容を正しく、分かりやすく伝える。その成果として客は「賢い王様」へと育ち、店に信頼を寄せる顧客になっていく。トラブルはストアロイヤルティー醸成のチャンスなのである。持ち込まれた苦情は、店側の語り不足・無知、品揃えの粗雑さの現れでもある。品質トラブルを生まない売場づくりこそ、顧客満足実現への第一歩と思う。

生産現場の加工生産技術の水準について知識がなく、その自覚もなく、しかも実務経験が浅くて受付対応が不十分な百貨店の品質試験室スタッフが、品質不良を申し立てる客の肩を持つ専門家的発言をすると、まず事態はこじれる。社内規格やJIS規格に則った試験ができる程度のスタッフが、「『ガラスのコップを落としたら割れた。作ったメーカーが悪い』式の裁定を下すのは愚か」（長峯貞次、

神奈川県技術アドバイザー、2009)である。ところが、百貨店の現状はこれに近い。こうした専門職を送り出す機関にもその責はある。

　生産者は「設計品質」に基づいて生産をしている。バイヤーは、客の購入予算や「着用品質」と生産・供給者の「製造品質」のバランスを検討して、仕入れを決める。また、バイヤーが属する百貨店には品質基準もあるはずだ。ところが、「多くのバイヤーの頭は『係数』でいっぱいで、『服』を手に取りもしない、『袖を通す』ことすらない」ともいわれる。

　トラブルの起因が百貨店にあることも少なくない。

・着用品質（使用品質）……着る人が求める品質

・設計品質……製造者が設定し、目標とする品質

・製品品質……出来上った製品に具現された品質。工場生産であれば、生産者は「同一品番、同一品質」を目指す。品質にバラツキがないことを「品質水準が高い」という。それによって信用が得られる

・品質基準……小売店が自店での取扱いの合否を決めるときの自主基準

　コンバーターは、服地の企画・デザインを始めるときに、次のいずれかの姿勢を採る。

①おしゃれへの冒険心をくすぐる服のための服地づくり

②オーソドックスで、染色堅牢性や物性の安心を着る服のための服地づくり。その服には、コモディティーで高級な服も含まれる

　理由は明快で、①と②の双方を満たす服地は作り得ないからである。そのため、①と②は別々の作り方になる。商品設計に始まり、使用原材料から加工技術、生産形態に至るまで違えるのである。

〈⇒Ⅳ—22 品質トラブルと売場の対応〉

F）舶来品礼賛主義

　舶来ブランド（インポートもの）が上位、国内アパレルブランドは下位。このようなヒエラルキーが、百貨店にはいまだあるように見える。それは、プライス

ゾーン（価格帯）、売場づくり、フロア上の位置、展示、宣伝などから感じられる。舶来ブランドの魅力と渡り合える国内アパレルブランドが少ないから、かもしれない。そのことを自覚する国内アパレルメーカーの多くは、自らのポジショニングを下げ、その生産コストに収まるクラスの服地を選び、上級な国産服地の使用を控えている。

　価格帯は服の品質やグレードを表し、それを着る人のステータスにも直結する。国内アパレルブランドは、「とんでもなく素敵な質、気品を漂わせる憧れの服」（糸井徹、2016）を作ることを諦めているかのように見えてならない。

　その中で、百貨店の高級・贅沢イメージ戦略は舶来のラグジュアリーブランドを際立たせること。その高級既製服（プレタ）の周りにセカンドラインのカジュアルやヤングライン、服飾雑貨や香水・化粧品、宝飾品・時計、高級注文服（オートクチュール）などの商品群を構成している。このような西欧が仕掛けてくるグローバルなビジネス戦略に乗った「ファッション植民地」路線から、都心の百貨店大手は抜けられない。そこから得る直接利益が低くても（掛け率は75〜80）、高級・高価なコモディティー好みの富裕層を重視した店づくりに腐心している。

　日本社会の階層化が進む状況下で、流行のおしゃれをする富裕層の顧客はどれほどいるのか。アパレルファッションに比重をかけた百貨店のあり様は、激変が予感される社会と乖離していそうだ。「百貨店。ああ百貨店。それでも百貨店」（松田謹一、2009）である。

コラム9

消化仕入、売場買取り

派遣販売員付き委託取引は、百貨店アパレル大手のオンワード樫山（当時樫山）が百貨店サイドに持ちかけ、ウイン・ウインで始まった。「樫山方式」

と呼ばれたこの取引形態は、「どんどん広がり、あっという間に増えてしまった。やがて、1970年代終盤から80年代にかけて、『売上げ仕入』という方法が採られ始めた」と角本章（元オンワード樫山副社長）は語っている（「百貨店とアパレル企業—その戦後史を追う PART.1 委託取引からすべてが始まった」チャネラー2005年1〜2月号、インタビュアー：土井弘美）。これが消化仕入取引である。

　後にこれを「『百貨店にとって害』と山中鏆（松屋、元伊勢丹）は大磯ゼミナール（1984年）で語った。聴講者は百貨店とアパレルメーカーの幹部である」（松尾武幸、元繊研新聞主幹、『山中鏆の顧客満足経営』東洋経済新報社・草稿、1999）。これが俗にいう山中・馬場（馬場彰、当時オンワード樫山社長）の「アパレル・マフィア」「百貨店・悪代官」論争である。

　角本は当時を次のように振り返る。

　「50年、樫山純三氏は委託取引を発案した。小売業と製造業の関係を作り上げたのである。リスクを持つことで市場優位性を築く戦略は、ブランド戦略と表裏一体であった。

　①小売りに納めたものは、単なる仮需であるから、消費者のお買上げを売上げにすること。②したがって、小売り店頭での自社商品の売上げを提出させる。毎日の売上げ情報入手のために、販売員を派遣すること。③店頭在庫の棚卸しを行い、売上げの過不足を確認して、自社在庫として計上すること。④小売上代はリスクを持っている自社が決めるべきで、店頭での値引きや返品も自社で管理すること。したがって、小売価格（普通品、バーゲンとも）の掛け率で納めること。

　以上は、商取引の実に生々しい主導権の競い合いに勝利するための主張だった。消費者の評価に視点をおき、小売業にもメリットがある、と説得したのである」（角本章、私記「21世紀ファッションアパレルの仕組み」東京繊維協会付属流通革新21世紀研究所研究資料、2001）

それに対して「消費者利益なし」と評したのは、江尻弘（マーケティング　サイエンス研究所）であった。

　「現行の委託取引では、百貨店と納入企業の利益が第一に重視されているのではないか。そこに、現行委託類似制度の反社会性がある。委託取引制が百貨店取引の基調となったのは、百貨店がビジネスリスクを回避したいと願った結果であって、百貨店自身の利益擁護が第一目的となっている。納入企業は、価格決定権を取得し、同一商品がどの百貨店でも同一価格で販売されることをねらった結果ではないか。そこでは、価格競争の回避による納入企業の利益確保も基本目的となっていた」（「委託取引の崩壊」繊研新聞、1993.3.4 付）

　売場買取りに消極的になる理由を、村田加奈子（IFIビジネス・スクール・マスターコース企業派遣生）は、2000 年のレポートでこう指摘している。

　「買取りのリスクを負う体制はとれていない。その妨げになっているのは、売場の評価基準が、売上高、利益率、在高になっている点にある。この 3 項目について、半年以上前に、前年実績をもとに、予算組みされる。したがって、市場の動きを引きつけて判断し、売上げに結びつけるスポット的買取りはし難い。これとは反対に、半年前に MD ディレクションを作成し、予算組みをしても、ヤングのような動きの速い市場の場合、修正が必要になってくる。値引きにおいては、歩積み以外の処理方法が明確にされていない。売場の負担として蓄積される。買取り額を増やすには、個々のバイヤー、売場に、買取り枠を与えることと、値引きの対処方法を明確にすることが必要」

・歩積み……バイヤーが納入業者に売上げ（仕入れ）の金額に対して 1％などを求め、それを積み立てておき、後に起こるであろうクレーム処理や値引きなどに用いる。セールの協賛金やセールスプロモーション（SP）にも使われる。袖の下にもなり得る

Ⅱ─3─5　ＧＭＳ（量販店）

　エブリデーロープライスで粗利益率アップに徹する GMS と、服地メーカーやコンバーターとの直取引はない。ただし、GMS はコモディティーの衣料品を扱っている大型小売業であり、服地メーカーやコンバーターが取引する SPA と対象市場が競合している。しかも、PB 開発の動きもするから無視はできない。

　衣・食・住にわたる総合品揃え型の GMS 大手の商品（衣服）や売場、業績を観察すると、「GMS 業態は終焉を迎えたのかもしれない」（増渕敏夫、「GMS 各社の最新動向及び業績」ソフト・マーケティング研究会資料、2015）とも感じる。GMS が本来あるべきポジションに、今やコモディティーに特化した SPA が収まっているからだ。GMS は商品企画力と生産マネジメント（コントロール）力の差で負け、その後も市場奪還の姿は見えてこない。

　消費者からすれば、「売場に楽しさを感じない。品揃えに提案が感じられない」「客に仕掛けるテーマ MD がない」。したがって、「見せて売る VMD の売場づくりがなされていない。物置き場にすぎない」となる。商品を見ても、「着て楽しみたいという気にさせない。質の設計を感じさせない」。にもかかわらず、箱売場（メーカーのブランド別の箱ショップ）を設けるあり様は、「MD と小売りを放棄した」としか思えない（高橋誠一郎、「INSIDE&TRUE STORY OF "IY 及び GMS の凋落"」ソフト・マーケティング研究会資料、2008）。このような状況から「GMS（の衣料分野）は、なくても誰も困らない」（増渕敏夫、2015）という指摘も出る。

　GMS と納入業者（ベンダー）との取引は、買取りが建前となっている。GMS が発注した品物（服）の全量が代金支払い対象となる。GMS が買取りを標榜する裏には、次のようなことが隠されている。

・支払い対象は、納品された品物のみ

・初回導入、売れ筋追求

・オーバー発注

・アバウト

・「一マーチャンダイザーが勝手にした」こと

それぞれの事象が持つ意味は次のようなことである。

● 納品された発注品のみが買取りの対象

買取りの対象になるのは、発注者の指示で各店に納品された分のみ。納入の指示がない未納品分は適用外となる。その品物は本来、発注者の未引取在庫である。それが納入業者の経営を圧迫する。

● 初回導入、多頻度少量納品

初回納入は多品目少量。これを店頭に出し、売れ筋が見えた時点で売れ筋のみを追加納入するよう指示する。店別に即納である。応じられない場合は、ペナルティーが課せられる。

この方式は、売り手にとっては売れ筋ばかりの合理的売場になるが、買い手から見れば魅惑的な売場づくりへの思慮が欠けている。商品在庫と物流センターの機能、輸送費などは納入業者に負担させる。社会的に見ると、道路混雑、エネルギー浪費、大気汚染、過剰労働などの弊害発生など、ロスである。

● オーバー発注、アバウト

オーバー発注とは、GMS 大手が売り切れると予測する数量（適量）以上の数を、意図的に発注すること。例えば、適量 400 枚に、オーバー分 200 枚を加えて 600 枚発注する。そのねらいは、売れ行きが思いのほか良くて予測の数を超えた場合、オーバー発注分を即「店出し」することによって、「売り逃し」（販売機会ロス）を防ぎ、「売り増し」をすることにある。逆に想定した販売数量に達しなかった場合は、未引取り分（オーバー発注分）に品質クレームをつけて、その代金を支払わない。マーケットクレームである。

「オーバー発注は『一 BY（バイヤー）の一存の行い』に見えるが、SV（スーパーバイザー）と DB（ディストリビューター）との役割分担による組織としての利益構造である。そこには『オーバー発注させろ』という経営の意向が働いている」

（高橋誠一郎、「INSID & TRUE STORY OF "IY 及び GMS の凋落 "」ソフト・マーケティング研究会資料、2008）。

　「喋る」「アバウト」も同じ構図で、同根である。バイヤーが「売れそうだ、しかも多く」と見通しを語り、それとなく作り置きを要望する（喋る）。発注書は作成されず、口約束もない。納入業者が損害をおそれて応じず売り増しができない場合、叱責され、ペナルティーが課せられる。納入業者が忖度して作り置きをしても、売れなければ、バイヤーは知らん顔である。

●未納品在庫

　未納品在庫や未引取在庫が溜まり、その引取りと代金決済を催促されると、「一担当バイヤーが勝手にしたこと。左遷したから、これで許せ」と幕引きを図る。その実態は、あらかじめ仕組まれた組織ぐるみの行為である。

●共同企画

　自主 MD、チーム MD、リスク MD などといわれるが、その成功事例はあまり耳にしない。チーム MD などを標榜する流通業大手の共同企画（事業）提案には、裏切りのリスクが潜んでいる。リスクとは、メーカーから引き出した加工生産に関わるデータがプロパーの卸価格の切り下げ強請の根拠に用いられる、バイヤーと懇意な競合他社に流される、PB づくりに流用される、などである。

　信頼がないと、協働するチームは構築できない。信頼は、流通業者の実行・実績と企業風土、共生の思考によって醸成される。その信頼が、収奪へのおそれや、リスクとコストを低減させる。これは企業レベルでの取組みであり、企業間の信頼の有無、強弱が基盤になる。

　GMS 大手はバイイングパワーによってメーカーを支配し、流通パワーを奪取することを目論む。その手段として PB 開発に取組み、利益率を追求する。これが小売業の製造業への冒涜となり、しばしば対立を生む。結果として客から選ぶ楽しさを奪い、我慢させ、客足を遠ざける。まともなメーカー（納入業者）は離れていく。このような姿勢は、自らの存在を危うくする。現在の GMS の売場を

見ると因果応報の感がする。

　真の目的が顧客への親切・誠心であるとき、共同企画（協働・協業）は継続し、その成果がロングライフの共同開発ブランドやPB（SB）を生む。そうなれば店への贔屓と「愛着ブランド」づくりの成功である。

・プロパー（Proper）……通常の正規商品。定価販売品
・バイイングパワー（Buying Power）……大量に仕入れて、売り捌く力
・流通パワー……生産から流通の段階までマーケティング活動を支配する力。それにより、商品開発、商品デザイン、商品の製造、価格、取引形態、販売・販促、広告、物流・在庫などを自社に都合良く運べるようになる

Ⅱ—3—6　プライベートブランド（PB）

　プライベートブランド（Private Brand）は、小売業が自店の商標を付けたオリジナル商品、あるいは独占販売品のことである。事業規模の大小に関わらず開発できる。SB（Store Brand ＝ストアブランド）とも呼ぶ。

● PB開発の目的
・高い利益率を得る
・売上高を高める
・自店の独自性をアピールする（他店との差別化）
・顧客の衣生活に最適、あるいは愉楽できる商品を提供する
・客本位のイメージ演出をする
　などさまざまである。

● PB商品開発の方法
・自主企画・デザイン・製産する。あるいはOEM、ODMを活用して行う
・アパレルメーカーと共同企画する（NPB）
・アパレルメーカーの商品をモノポリーする

・海外ブランドの独占販売
・ライセンス契約によるリプロダクション（Reproduction＝複製）
　などがある。

Ⅱ—3—7　プレタとミニとコンバーター

　かつてレディスの服は誂えで、家庭裁縫、街の洋裁店、百貨店が担っていた。既製服の購入へと変換したのは 1960 年代である。それに伴って、服地のデザイン、加工生産・流通のあり方も変化した。

　既製服化率が高くなる以前、山の手の良家の子女は、夏が来るとワンピースを 2～3 着新調していた。街の洋裁店で誂えるか、百貨店のイージーオーダーであった。それが習わしでもあった。あるいは、洋装店（服地屋）や百貨店の服地売場で好みの服地を手に入れて、洋裁し、楽しんでいた。

　この頃の服地は、今日よりも自由奔放で、多彩だった。服地卸（意匠問屋）が意匠の創作を競っていたからだ。既製服化率が高まることによって、百貨店や量販店の服地売場は消え、服地卸との取引関係もなくなっていった。市場を失った服地卸は、売り先を既製服製造卸に転じた。その卸先であるアパレル小売業大手がパリやミラノのコレクションで発表される服に似せた既製服の販売に傾斜し、それに順じた服地デザインがなされるようになっていった。パリ、リヨン、コモ、チューリッヒなどのアトリエ（スタジオ）で制作された服地デザインが日本に流入した。服地の幅は 36 インチから 44 インチへと広くなった。それに合わせて染織機器も広幅化が進んだ。

　既製服化率の上昇を生んだのは、「カッコイイ」既製服を求めるヤングカジュアル市場である。それに呼応して、専門店やアパレルメーカー、SPA、コンバーターが現れた。本項では、既製服の高級化を促進した百貨店業態と、既製服をファッション化した専門店業態、疑似百貨店ともいえる量販店業態などの思考と行動を、1960 ～ 70 年代を中心に概観する。その時代と服地がどのように関わったのか。そこに何が読めるか。

239

A）既製服化の発展形としてのプレタと百貨店

　百貨店はかつて、和装と洋装の総合小売店でもあった。その大手、西武百貨店がメゾン（パリの高級洋裁店）とライセンス契約し、そのラベルを付けた既製服（Pret-a-porter）を販売し始めたのは1961年のことだった。そのネーミングとしたのが、フランス語の「Pret-a-porter」を片仮名書きした「プレタポルテ」。「レディメード＝Ready Made」「高級既製服」と呼ぶよりも格段に高級感があり、本場パリの香りが漂う。

　この日本製「パリモードの既製服」が、コンサバティブでリッチなミセス層の既製服化を押し広げる先駆となった。それにつれて、既製服製造卸大手（百貨店アパレル）も独自にパリの高級既製服メーカーなどとライセンス契約を結び、高級既製服の製造卸をするようになった。

　このようにして、「レディスの既製服化率はイージーオーダーを抜き、プレタ全盛を迎えたのは1967年。既製服の定着は1968年であった」（『ファッション素材の商品企画』東京繊維協会、1981）。それまでは「安もの」と蔑視され、「吊し」と呼ばれてきた既製服は、「ハイファッション」へとイメージチェンジを果たした。「潰し屋」と呼ばれていた既製服製造卸も、1960年代以降は業界での地位を高め、呼称も「アパレルメーカー」へと改まった。

　ライセンス契約による既製服（プレタ）は、ライセンス元から提供されたデザイン、パターン（型紙）、トアル（型布）、あるいはアプルーバル（承認）を得たデザインに基づいて、日本で生産されたものである。

　「アプルーバルデザイン」とは日本サイドが制作したもので、日本の四季や日本人の体型など日本市場に適応させている。しかも、生産・販売を許可されたものである。これらに用いられた服地は日本産が多かった。ライセンス契約に基づく日本製プレタづくりは、縫製準備段階から縫製までの技術導入を伴っていたから、既製服としての品質とデザイン表現性を向上させることができた。「プレタ」とは、日本では「一般の既製服よりも高級」の意味で用いられている。

B）ヤングファッションでリードした専門店

　専門店は、既製服を着て欧米のファッション情報に触れて育った若者がヤング、ヤングミス、ヤングミセスへと成長するに伴って市場を拡大し、その業態も多様化した。市場の拡大と変化に対応する専門店と専門店アパレルが続々と誕生したのである。マンションアパレルもあれば、ミニコンバーターも新顔として現れた。このようにして「専門店ファッション」の人気は上昇していった（1966年頃）。ヤングの百貨店離れは留まることなく、1976年頃には百貨店時代から専門店時代へと移り変わった。

　品揃え型専門店業態は、個店からチェーン化、多店舗化へと進展し、1960年代後半には駅ビルやファッションビル（Fビル）へ出店するかたちで、地方都市にも進出した。新業態のFビル「パルコ」が池袋に1号店をオープンしたのは1969年である。このようにして専門店業態は、ヤングカジュアルを中心にファッションリーダーとしての地位を確立していった。

　この頃、ナショナルチェーン（NC）として大きく成長したのが鈴屋である。1965年に20億円だった売上げは、1970年には100億円へと伸びた。創業期には製造・小売りだったが、効率を求めて仕入れ・小売りへと転換。その仕入先は「マンションメーカーと新しいタイプのアパレルメーカーの2者」（川畑洋之介、2017）だった。マンションメーカーとは、デザイナーが自ら好きで着たい既製服を製造して卸す零細な存在である。人気が出た服を小回りをきかせて作る。この鮮度が高くてユニークな服を、鈴屋は作るそばから仕入れ、即、店出しする。これが効を奏した。加えて、新興のアパレルメーカーから仕入れた服との品揃えが魅力を倍加した。

　ファッションを提供・享受する環境が大きく変わり、コンサバティブなミセス層も、若者のファッションに関心を寄せるようになった。その気持ちが姿かたちになって現れたのが、ミニスカートの大流行（1968年頃）のときである。これを境にプレタへの傾斜はさらに進み、ヤングファッションを軽視していた百貨店も品揃えに反映させざるを得なくなった。ファッションの主導権が、大人から若

者へと移った表れでもあった。

　ミニスカートの流行は、アパレルビジネスのあり方にとっても一大事だった。「ファッションの真価は生地コストの高低ではない。売価はそれにとらわれない」ことを見せつけたからだ。この出来事は服地サイドに「凶」と映った。ミニスカートは服地の使用量は少なくてもよく、凝った作りの高価な服地を使わなくてもよい。だからといって、売価を下げなくても売れるなどの理由からである。

C）DC ブランドの本質と先駆性

　このような時代を経て、新たな変化が起こったのは 1970 年代末から 80 年代にかけてのこと。青山・原宿界隈を中心とする DC ブランドの登場である。黒ずくめのトータルな装いは、男女の性差を超えていたことから「トランスファッション」と呼ばれ、1980 年代半ばにはブームとなった。この頃、コンバーターからDC ブランドへ納める服地は、「黒、黒、黒、黒だらけだった」（吉田隆之、元国洋、1980）。

　ＳＰＡ型業態の DC ブランドは各地の F ビルへの出店を進め、業容を拡大する。「渋谷パルコパート 2」の新装開店は 1977 年、「ラフォーレ原宿」のオープンは1978 年。DC ブランドの広報的メディアとなった『an・an（アンアン）』の週刊誌化は 1981 年。丸井（新宿、渋谷）は 1985 年に DC ブランドを集積した展開を始め、「自社が発行するクレジットカード『赤いカード』で、『月々数千円の割賦払いで、数万円のトータルファッションがすぐに着られる』と若者に訴求した」（田口雅久、2017）。

　新たな商業施設が続々と登場したこともあって、マイナーで尖がった存在だったDC ブランドは、瞬く間に知らぬ者はいない存在となっていった。ところが、拡大とともにコピーやモディファイも氾濫することになった。ポピュラーな存在となったとき、それまで心酔し支持してきた若者が離れ、ブームは終息へと向かった。

　DC ブランドは、それまでのアパレルとは一線を画していた。服のスタイルも、

用いる服地デザインも、日本のオリジナルだった。アパレルデザイナー若手による SPA 型の展開は「常識外」と見なされ、堀留（東京）の服地卸大手と取引できなかった。服地の供給は新興のコンバーターが担った。DC ブランドを主要顧客としたのが国洋。沈滞していた旧来通りの服地卸業界とは対比的であった。

　当時、JAFCA（日本流行色協会）の「JAFCAトレンドカラー」でも、黒色は無視され続けていた。業界紙誌の黒に対する反応も鈍かった。「ファッションはパリに倣う」という意識・行動に染まった業界人が、DC ブランドの重大さ＝日本初のクリエーションの価値に気づくのは遅かったのである。

　DC ブランド以前に目を転じると、個性的なデザイナーたちによる「ブティックファッション」があった。自らのデザインで既製服を製造し、自営のブティックで小売りするだけでなく、共感する他のブティックに卸売りもする。それは SPA の先駆けである。「好きな人に買ってもらえばよし」とし、少量生産で、売価も高めの設定だった。1960 年代後半のことである。

　この頃、一方では、"パリかぶれ"で品の良いコンサバな既製服を製造卸するアパレルメーカーが多数現れ、「専門店ファッション」が競われていた。その表れの 1 つが「サンディカグループ」の結成（1970 年）である。当時、合繊メーカーと協働する堀留や室町（京都）の服地卸は絶好調で、潤っていた。ところが、対象顧客が趣味の良いコンサバから、新奇なファッション性を求める傾向へと変わると、状況は一変した。着装はワンピースからコーディネート（重ね着＝レイヤードルック）へと変化した。「常識破りのおしゃれを楽しむ」ことが新たな服装楽として加わったのである。

　既製服化は和服（きもの）にも及び、トータルコーディネートによるスタイリング提案の既製服きもの「撫松庵」の銀座・松屋登場（1977）となった。

D）疑似百貨店路線を続けた量販店

　実用衣料品を扱う量販店（GMS）は、全国各地の店舗で既製服売場を広げていった。その商品を供給する産地として名岐地域が興った。堀留では取引先を百貨店

から量販店へと転じる卸商が続出し、量販店アパレルの事業が始まった。「堀留アパレル」の1タイプである。

　「服種とデザインは、山の手一番人気の百貨店の売れ筋を察知して、それに倣（なら）えばよい」（XYZ、元イトーヨーカ堂）としてきた量販店が、ファッションを重視し始めたのは1970年代初めであった。だが、エブリデーロープライスの理念をスマートに具現する新しい業態を開発することはなく、百貨店経営に乗り出したのである。ダイエーの百貨店「プランタン銀座」のオープンは1984年、イトーヨーカ堂の百貨店「ロビンソン（春日部店）」のオープンは1985年である。この事象は、「量販店は生活者が見えなくなった」と感じさせた。流通革新の覇者＝量販店大手の振る舞いに、慢心と傲慢さを見た時期でもあった。それが後にカテゴリーキラーの蚕食（さんしょく）を許し、自らの存亡の危機を招くことになった。

　「無印良品」青山店のオープンは1984年である。

第Ⅲ部
生産・流通のグランドデザイン

第 1 章　業種・業態間の関係性

Ⅲ—1—1　業界構造の流れと働き

　序章に示した業界構造図（24頁・図3）は、服地・服の生産・流通に携わる各業種・業態の位置づけと関係を示している。そのこと以外に、5つの流れ・働きを読み取ることができる。
①製品化の流れ
②服地のデザイニングの働き
③商流
④物流
⑤作る人、売る人、着る人の意思疎通の経路
　アパレルの素材企画には、各業種・業態の関係のみならず、その内容を熟知していることが必須である。業務活動は国内外に及んでいるから、グローバルな視点も必要である。業界構造の変容とビジネス環境の変動は、相互に作用しながら業界の現状を形成している。

Ⅲ—1—2　製品化の流れ 〜原料、繊維から糸、布、既製服へ

　繊維、糸、布（生機）は、この流れの各段階でデザインされ、それぞれがデザインされた材料（中間製品）となる。この点において、「アパレル素材」ともいわれる服地は、プラスチックや金属、木材、土砂などの「素材（マテリアル＝Material）」とは大きく異なる。半製品ともいえるデザインされた材料は、商取引もされている。製品化の流れは川上から川中、川下への一方向だけではなく、逆流するケースもある。「吸い上げ」という取引である。

・生機……織り上がったまま、編立てたままの布。晒しなど何も施してない状態
にある

・アパレル素材……服地、編糸、裏地などの総称。アパレルメーカーにとっては
生産材

・川上、川中、川下……繊維原料から糸、服地・服の製造、小売りまでの流れで
の業種の位置を示すために便宜上用いる用語。川上には紡績、化合繊メーカー、
織布業、ニッター、染色加工業、服地卸（コンバーター）がある。川中には、ア
パレルメーカー、縫製業。川下には、アパレル小売業がある。この区分は定めら
れたものではない

・吸い上げ……原糸メーカーが織布業者に原糸を貸し与えて製品反を作らせ、そ
れを原糸メーカーに納めさせること

Ⅲ―1―3　服地のデザイニングの働き

　デザインコンセプトを具現化するデザイニング（Designing）が、業界構造図
のどの位置で機能するのかを読み取ることができる。

　ペーパーデザインと原材料を工場に渡せば、思い描いた服地が自動的に出来
上ってくるわけではない。また、工場にとって加工生産しやすい方法が、商品デ
ザインの最適な表現方法とは限らない。意図した色、模様、テクスチャー、ボディ
感を持った糸や服地にするためには、「デザイン指図」と「工程中のデザイン管理」
が必要になる。これを行うのがデザイニングである。

　具体的には次のような作業がある。

・アパレルメーカーとの情報交換

・企画・デザインの提案

・色柄構成

・テキスタイルデザインの制作と調達（テキスタイルデザイナーの選定、糸のデ
ザイン、織り・編み設計、P下デザイン、図案）

・加工方法と工場の指定

- 配色と配色指図
- ビーカー出し
- 製版指図と絵刷点検
- CADシステムによるシミュレーションの点検
- マス見本の作成指図と見本の点検
- 色合せ（色の合い点検）
- 本加工指図
- 風合い指図
- 製品点検
- デザイン記録
- 実績検討
- 社内外のデザイン組織の維持
- カラーレンジの設定

　これらの指図・監督をするのが、テキスタイルプロデューサーである。この職種は、産業デザインの思考を持ち、繊維素材や加工技術、生産形態を熟知し、各分野のプロフェッショナルと協働できるエキスパートであることが求められる。並みのテキスタイルデザイナーでは務まらない職である。

　何を作るか、どのように作るか、手際良く進んでいるか、デザイン意図の通りに作られたか、服になってどうであったかなど、デザインコンセプトメーキングから生産の始めと流通の成果の見届けまでがデザイニングの仕事である。

- ボディ感

　服地が服になり、着られたときに現れる服地の姿かたち。多用されているハンガーサンプル、パターンシートに貼付されたサンプルでは見ることができない。

- ビーカー出し

　少量（2〜10グラム）の糸、あるいは布（小裂）をビーカーで浸染させるための指図。ビーカー染は、染めてみて目標色を確かめるための試験染である。こ

の段階で決定した色を「ルートビーカー（ビーカーOK色）」といい、これを基準色とする。

　ところが、ビーカーでごく少量染めた色と、染色機でロット（大量に）で染めた色では、多少の違いが生まれる。色面の狭い・広いによる見え方の違いも起こる。杢糸を作る場合は、ビーカーで染めた異色の染糸を撚り合わせて杢糸を作り、その混色効果を試す。霜降糸の場合は、繊維を色ごとにビーカーで染め、混ぜ合わせ、紡ぎ、意図する色糸を作る。ビーカー染は、混色効果を試すことだけではなく、染料の分量を割り出すためにも不可欠な作業である。

　繊維、糸、布は、混紡、混繊、交撚、交織、交編などと、異種類の繊維を組合せたものが多い。さらに、トップスとボトムが「異素材組合せ」のケースもある。それらの色合せにもビーカー染は行われる。

　色糸で色合せをしても、織地や編地になったときに、その布色が「濃度アップした」「色みが変わった」など見え方が変化したりする。そこで、魅力ある服色が現れるように指図を変更・修正することもある。

　糸のビーカー染は見本糸、あるいは現物糸で行われる。

〈⇒Ⅳ—23 色合せ（色の合い）と色見本〉

Ⅲ—1—4　プリント服地のデザイン管理

　図Ⅲ—1—1（250頁）は、デザイン管理のポイントを示している。フラットスクリーン捺染の場合である。紋織物や先染の柄織物、ジャージー、レースなどでも、工程中のデザイン管理はなされている。デザイン管理には風合い、テクスチャー、ボディ感などの表現も含まれる。

　工程中で目視できる色柄表現の出来具合や、発生したトラブルへの対処などを工場の判断に委ねることは、デザイニングの放棄である。トラブルの発生や計画・設計通りにいかなくなった原因がデザイン・設計にあるかもしれない。それを確かめるためにも、工程中の管理は疎かにはできない。不具合を新たな表現に昇華

249

図Ⅲ—1—1 プリント工程の配色管理（フラットスクリーン捺染の場合）

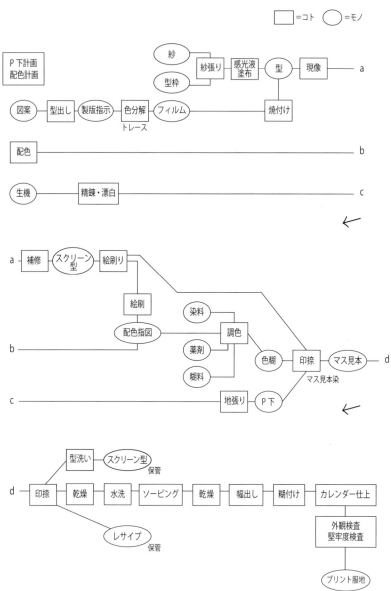

第Ⅲ部　生産・流通のグランドデザイン　❖　第1章　業種・業態間の関係性

させるヒントが得られたりもする。色糊の掻き落とし、斑染、被せ、不調和の配色などさまざまな技法である。その成果は小さくない。

※混色を「配色」「色合せ」、調色師やリサイパーを「カラーリスト」と呼ぶ染色工場（大手）もある。

Ⅲ—1—5　カラーリストの配色実務

　図Ⅲ—1—2（252頁）は、カラーリストが行うカラーデザインの制作作業を、プリント服地の場合と先染織物服地の場合を並列して表している。ただし、ここではデジタルによるデザイニングを省略している。

　カラーリストの仕事は、配色イメージの創出や色出しに留まらず、製品反にして表すことである。その製品反が服になり、着られたときの配色効果の良さを得ることが到達点である。

　そこでカラーリストは、下記のデザイン構成要素と染め色・織り色・編み色の表現効果の経験知を備えていることが前提となる。

・繊維の形状・性状
・織糸と編糸の形状・性状、構造、出所（来歴）
・Ｐ下の形状・性状、構造
・織布、編立て、染色仕上などの技法、加工生産形態
・色材（染料、顔料など）
・風合い、テクスチャー、ボディ感
・配色法、配色指図法の選択、製版・型版順指図、マス見本設計など
・杢糸、交撚糸などの配色指図
　加えて、次のような現況の把握力が問われる。
・リサイパーとの情報交換、即使用可能な繊維・糸のカラーレンジの内容把握
・服の見映え（静態）と着装で現れる姿かたち（動態）のイメージ共有（アパレルデザイナーや加工現場との）
・工程設計と進行状況の把握
・生産原価の想定など

251

図 III－1－2　カラーリストの配色実務

プリントファブリックの場合	先染織物の場合
1	1　織組織、糸配列
2	2　織設計
3　配色の計画	3　配色の計画
4	4　ビーカー色
5	5　ビーカー出し
6	6　ビーカー色の点検
7　プリント下地の計画	7　糸の計画
8　配色	
9　配色指図	
10　仕上指図	
11　型出し	11
12　絵刷の点検　　　　　　　　　12	
13　マス見本染出し	13　桝見本出し
14　マス見本染の点検	14　桝見本の点検と選択
15　配色プレゼンテーション	
16　仕上見本の点検と選択	16　仕上見本の点検と選択
17　本番加工の配色指図と染上り確認	17　本番加工の配色指図と織上り確認
18　マス見本染、本番加工見本染の保管	18　桝見本、本番加工見本の保管
19　絵刷の保管　　　　　　　　　19	
20　型版の所在と保管状況の把握	20　紋紙の所在と保存状況の把握
21　染色工場、製版工場、仕上工場の人たちと親しく付き合う	21　織布工場、撚糸工場、仕上工場、糸染工場の人たちと親しく付き合う
22　生産背景の把握	
23　B・C反発生の状況把握	
24　販売状況の把握	
25　アパレルになった姿を見る	
26　着用状態を見る	
27　プリント下地を創る（P下づくり）	27　糸を創る（糸づくり）
28　プリント図案の整理	28　織図案の整理
29	29
30　配色ツールの開発と整備	
（カラーカード製作、カラーパレット製作、色糸見本、糸質見本、組織見本、仕上・風合い見本）。CGシミュレーションソフトの開発	
31　色見本、配色見本の収集・整理・保管	
32　カラーレンジの設計	
33　捺染見本の収集・整理・保管	33　先染織物見本の収集・整理・保管
34　プリント下地の収集・整理・保管	34　糸質見本の収集・整理・保管
35　販売実績の分析	
36　マーケット情報の入手・分析	
37　ファッション情報の入手・分析	
38　配色室の環境整備	

※図は配色実務としての仕事の種類を一覧化したもの。仕事の流れを示すものではない。仕事の性質と重要度を示した。1〜28は配色の仕事と一般的にされているもので、30〜33は仕事を全うするための仕事。順番は多くの配色担当者が行う仕事から、重要度の高い順に並べているが、これにこだわることはない。

Ⅲ―1―6　コンバーターとアパレルメーカーの意思疎通

　図Ⅲ―1―3（254 〜 255 頁）は、服地サイドとアパレルサイドのやりとりの
内容を表している。実際においては、省く作業や加わる作業もある。

　作業開始から終了までの月日の設定は、得意先であるアパレルメーカーの MD
カレンダーや販売スケジュール、プロモーションプログラムなどを基準として行
われる。

　例えば、パリコレクションや海外見本市に出品する場合と、国内市場を対象と
する場合では、スケジュールは違ってくる。国内向けでもコレクションの発表に
合わせたり、発売を実需期に引きつけたりとさまざまなケースがあり、ブランド
によって商品企画をする回数も年 2 回、4 回、6 〜 52 回などまちまちで、その
内容や規模も異なる。ヨーロッパで開催される服地見本市「プルミエール・ヴィ
ジョン（PV）」や「ミラノ・ウニカ（MU）」で仕入れや調査を行うアパレルメー
カーの動きを意識すれば、計画開始時期は早くなる。

　1 ブランドの年間作業の進行表を一覧すれば、おおよそ 4 つの企画が前後にず
れながら並行して進められていることが分かる。1 つは、すでに進行中の次シー
ズンもの。2 つ目は、これから始まる準備中のもの。3 つ目は、現在、製品販売
が行われている今シーズンもの。4 つ目は、期中企画ものである。

Ⅲ―1―7　アパレル小売業態の店頭展開カレンダー

　アパレルメーカーは、得意先であるアパレル小売業態のマーチャンダイジング
（商品企画・商品計画＝ MD）に適応した商品・製品計画を立てる。得意先の年
間商品計画、シーズン商品計画、販売月商品計画などと、実行するためのシーズ
ンの店頭展開カレンダー（MD スケジュール）や、商品揃え・品揃え、売場、販
促などの計画に関する情報の入手、意思疎通に注力する。これに商況も加わる。

　事例（図Ⅲ―1―4、256 頁）は、都心のアパレル小売店の店頭展開カレンダー
である。この内容は、業態のコンセプトやシーズンコンセプト、販売月コンセプ

図Ⅲ—1—3　服地サイドとアパレルサイドのやりとり

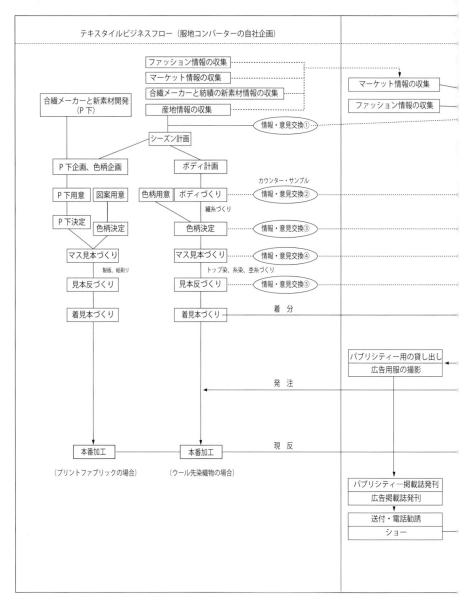

アパレルビジネスフロー		情報・意見交換の内容
中長期計画会議		①・服種(アイテム)
年間計画会議		・服のシルエット・ディテール
シーズン計画会議	シーズン計画 マーケティングの日程表 マーチャンダイジングの日程表	・色 ・柄 ・ボディ感
デザイン企画会議		・服地
デザインコンセプト承認会議	デザインコンセプト	②・ボディ感
デザインワークの割当	デザインワークの日程表	・地合い
素材探し、素材づくり	服地デザイン指示図	③・色柄
デザイン考案	絵型	
商品展開マップの作成	商品展開マップ (素材の当て込み)	④・ボディ感 ・地合い
話し込み		・クオリティー
サンプル服用パターン作成	オリジナルパターン	・色柄
サンプル服縫製指示	縫製指示書	⑤・服地デザイン
サンプル服縫製	サンプル服	・価格
サンプル服決定会議		・納期
展示会・ショーの開催 セールスミーティング		・数量(総量・分納)
ロット生産決定会議	縫製指示書	・品質(物性面) ・裁断前の仕上の有無、
量産パターンの作成	量産パターン	仕上内容 (アパレルメーカーでの)
生産スペースの確保	アパレル製品	
縫 製		
縫製品質検査		
保管・出荷		
売場出し		
販 売		
販売終了		
シーズンの反省		

図Ⅲ−1−4　アパレル小売店の店頭展開カレンダー（例）

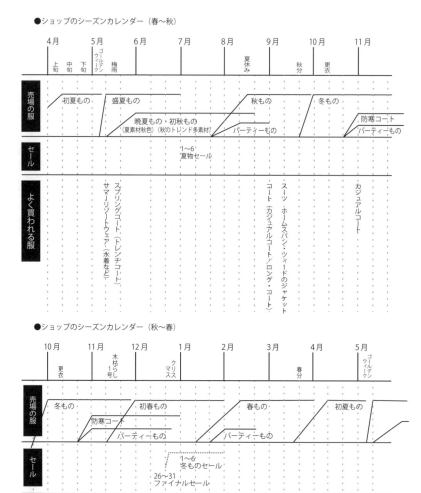

第Ⅲ部　生産・流通のグランドデザイン　❖　第1章　業種・業態間の関係性

ト、ロケーションなどによって異なり、気象状況や商況などに応じて変更される。これらの要因に服地づくりは影響される、もしくは連動することになる（著書『アパレル素材 服地がわかる事典』日本実業出版社）

・商品揃え……その店・売場で扱う品種の構成（アウトライン）

・品揃え……設定した営業期に計画した売り筋、見せ筋の品目、数量を揃えること

Ⅲ─1─8　商流～業種・業態間の商取引

　繊維（綿花や原毛など）や糸（生地糸や晒糸など）、布（生機や製品反など）は、それぞれ製品・商品として相場（そうば）が立ち、取引されている。

　その流通には、生産・製産、調達に伴う価格、数量、納期、在庫（原材料在庫、仕掛在庫、製品在庫、店頭在庫）、デザイン費用、試作費の負担などの駆け引き、見込み外れのリスク負担、代金回収リスク、損失転嫁などが存在する。製品の性能試験（染色堅牢度や物性など）、外観検査、品質・品位の評価などもある。

　輸出をする場合は、FOB や C&F、CIF などの価格条件、LC などの支払い条件や表示通貨、数量条件などを明確にした売買契約が加わる。これに為替変動リスク（為替差損発生）や着見本代回収リスクなどが絡んでくる。

　このようなことから、業界構造図はリスク回避・リスク軽減の構図とも読める。

●相場

　商品を取引する時点での価格。あるいは、現物取引ではなく、投機的な取引。

●生産・製産

　生産とは、自家工場で商品・製品を作ること。

　製産とは他企業に生産を委託し、その製品を自社が製造した商品・製品とすること。OEM がこれに当たる（一般的には「生産」と総称するが、業界人としては区別するのがよい）。

● FOB、C&F、CIF、LC

FOB（Free On Board）とは、「本船渡し」「船側渡し」ともいう価格条件。

C&F（Cost & Freight）とは、FOB に仕向地までの運賃を加えた金額。

CIF（Cost, Insurance & Freight）とは、C&F に保険金額を加えたもの。

LC（Letter of Credit）とは、一流銀行が発行する代金支払保証状。信用状ともいう。

●為替変動（為替差損益）

　ある国の通貨と別の国の通貨との交換比率。為替相場（レート）の変動から生まれる損益のこと。例えば、日本の服地メーカーが貨幣単位を米ドル（U.S.Dollar）にして、服地 1000m をメーター当たり 10 ドルで輸出した場合、合計金額は 1 万ドル。円相場を 1 ドル＝ 100 円と想定すれば、日本円換算で売上高は 100 万円となる。円相場が 1 ドル＝ 80 円の円高・ドル安になると、売上高の円換算額は 80 万円となり、差額分の 20 万円は為替差損（損失）となる。反対に円安・ドル高に振れると、円換算の利益は多くなり、為替差益になる。

　流通の起点と経路の長さは、製品・商品によって異なる。業界構造図の川上から川下までをたどるのは、装置工業である紡績業の綿糸や化合繊メーカーの化学繊維などの消化経路である。紡績が紡績糸に留まらず、例えばドビーファンシー織物を用いたドレスシャツを作って小売りまで行えば、経路は複雑で、長くなる。コンバーターのコットンプリント服地の場合であれば、プリント下地を仕入れるところが起点となるから、経路は短い。アパレルメーカーや SPA が ODM 企業から製品仕入れをするところを起点とすれば、さらに短くなる。

　生産・流通の経路の複雑さ、長さは、生産・流通サイドの都合だけで作られているのではなく、消費者のおしゃれへの意識・行動との相互作用によって生まれている。「買い手が変われば売り手も変わる」（高見俊一、1986）ことになり、作り手もそれに沿う。

　服地の生産・流通、アパレル製造、小売りの実相を単に「狭隘」と評するのは、

装置工業のご都合的言い分、あるいは定型大量生産・消費、経路短縮・効率化を「進歩」と信仰する者の事実への無知・軽視、浅薄・歪曲的な見方である、と思う。

〈→第Ⅲ部・第3章 服地の商品特性と生産・流通〉

Ⅲ—1—9　物流～モノとしての服地の流通

　物流センター業の働き（デリバリー機能）は重要である。服地の場合、アパレルメーカーの物流センターとは作業内容が異なる。服地の物流では、紡織業や服地卸の指示に基づく製品反（服地）などの在庫管理、取合わせ（品番、柄番、色番、ロット番号などの）、要尺裁断、包装、配送（アパレルメーカー、縫製工場への）、伝票発行などが行われる。工場からの入荷品の検数と整理、アパレルメーカーからの返品の受け入れなどもなされる。

　服地を輸出する場合は、船腹予約、乙仲の手配、輸出・通関手続き、梱包、保税倉庫への搬入などが行われる。海外の生産拠点では国際物流も行われている。

・ロット番号……同じ織機・染色機などで同時に、一緒に作った製品（「同じロット」という）に付ける製品番号

・船腹予約……商品を積み込む船舶の予約

・乙仲……船積荷扱業者。通関手続きから本船積み込みまでの作業を代行する

Ⅲ—1—10　変動するビジネス構造

　業際化、業態開発、M&A（企業の合併・買収）、業種・産地の衰退、生産工場の倒産・休廃業・解散、流通経路の短縮化・多様化、投機資金など、生産と流通の構造は変動しつつあり、その実際は多様で複雑だ。業界構造図上の業種・業態の名称はこれまでと同じだが、その機能や関係の内容は著しく変わっていたりする。業務のこなし方やドメイン（事業領域）の変化などがこれに当たる。さらに、構造図には記されていない、まだ呼び名もない業種・業態も現れている。

　例えば、服地の供給サイド（産元商社、服地卸、機屋など）が備蓄しなくなり、

手張り（見込生産・製産）から受注生産・製産へと転じてきた。これによって、
服地のユーザー（アパレルメーカーやSPAなど）は、欲しいときに欲しい数を即、
入手できた便利さを享受できなくなった。すると、「その不便さを解消」する新
たな業態が登場する。生産者型コンバーターである。〈→Ⅲ—4—5 次世代が動き始め
た 事例⑥生産者型コンバーター〉

　その2例は、作らないアパレルメーカーやSPAの増加と、アウトソーシング
されたデザイニング、製産業務の代行業者の活動である。

　ビジネスのあり方は、IT(情報通信技術)の進展によっても変わってくる。だが、
ITは加工生産の様相には変化をもたらすが、現在の染め・織り・編みの原理に取っ
て代わり新しい原理で物づくりをすることはできない。ITはこれまでの加工原
理に載って利用されるから、その活用の進展は速いが、限界に達するのも速そう
だ。IT導入による製造現場の省力化（職人や職工の解雇・不採用・少数化、未
熟練工への置換えなど）は進んでいる。

●業際化
　異業種の事業を行う、あるいは異業種の企業と組んで異業種の領域にまたがる
事業を行うこと。事業領域の拡大である。例えば、次のような姿かたちがある。
・「紡績→織布→染色」までを行う紡織業
・紡織から既製服の販売までを行う紡績業
・合繊の生産からコンバーティングまでを行う合繊メーカー
・服地の製産からアパレルメーカーへの直販までを行う産元商社
・ミルコンバーター事業までする染色加工業者
・ニットウェアの製造・自販まで行うジャージーメーカー（自販とは、自社のリ
　スクで作った製品を、中間流通業者を介さずにアパレルメーカーや小売業者、消
　費者などに売ること）
・縫製工場のファクトリーショップ
・見本服製作からOEM、ODMまで行う服地卸
・小売業者の自主MDなど

●業態

　ビジネス環境の変化に対応した商品とサービスの仕方を組合せた営業形態のこと。例えば、次のような姿かたちがある。

・カフェを併設したライフスタイルショップ化したアパレル小売店

・ファッションEコマース（電子商取引。EC）と実店舗を組合せた小売業態

・C to C（消費者間取引）の場（ネットフリーマーケット）を提供するネットフリマ業

・ファッションレンタル（サブスクリプション）業

・運送業や倉庫業の物流センター業化など

● M&A（Merger and Acquisition）

　企業を合併・買収すること。将来を見込んで、企業戦略として必要な事業を買収する、あるいは不要な事業を売却する、事業の交換などをすること。企業戦略と事業戦略の違いを、つぶさに見聞きするようになった。

●生産工場の倒産・休廃業・解散

　生産工場の倒産・休廃業・解散は、「惜しい工場が消えた」「欲しいときに作る国内工場がない」といった現象を生んでいる。一度失われた生産機構は、おいそれとは復活できない。工場排水処理施設が必須とされる染色加工工場や仕上・整理工場などは、長いスパンを見通した多額の資本投下が必要になるからだ。環境問題から適地の取得も難しくなった。

　休廃業や解散とは、多少の余裕が残っているうちに事業の継続を断念すること。「倒産して丸裸になるよりもよし」とする経営判断である。

●流通経路の短縮化

　流通業者（商社、産元商社、服地卸、アパレルメーカーなど）を介さずに生産者と買い手が直接取引（直取引）をすること。これを「中抜き」と呼ぶ。例えば、合繊メーカーや織布業者がSPA大手と直取引するなど。地域の雇用を生み、生

産機構を支えてきた、これまでの流通業（産元、集散地卸）が担っていた社会的使命・責任（CSR）を「非効率」と切り捨てる効率至上主義の流通業大手の登場もあって、中抜きは進んだ。

●ドメインの変更

　企業の生存領域（ドメイン＝ Domain）を変えること。ドメインは、企業の経営戦略に基づいているから、その変更は重大事である。服地メーカーでも、服地の生産・供給という事業から別の分野へと企業活動の軸足を移す動きが出てきた。これまでの事業の縮小や、効率的に利益が得られない事業からの撤退・廃止である。その根底には「経営資源の集中」による経営資源の活用戦略がある。

●流通経路の多様化

　これまでの経路とは別に、新しい経路が複数ひらかれた。例えば、アパレル製造小売業者が直接、織布業者に服地を製産させる、無店舗小売業者と消費者（生活者）が、カタログ、ネット、テレビなどの媒体を介して売買するなどである。

●仮需圧縮

　見込み外れのリスク回避やキャッシュフローの向上へ向けて、在庫量を低減させること。例えば、期近・期中、小口多頻度・短納期によって、原材料や商品を手当（調達）する。

　仮需とは、需要見込みのこと。期近とは、実需期直前のこと。期中とは、実需期中のこと。キャッシュフローとは、商品を早く売上げにして（現金化）、資金の高効率運用を図ること。

　業務のこなし方の変化、とりわけ服地の供給サイドの見込生産・製産から受注生産・製産への切替えは、生産・流通システムを大きく変えた一大事である。その理由の１つは次のようである。

　生産・供給サイドにとって見込生産・製産は投機である。生産サイドにとっては、長期的な生産計画に基づく集中生産（少品種大量生産）であり、規模のメリッ

トを得る方法である。それを、見通しが立たないからと個別生産（多品種少量、多頻度生産）に替えると、経済メリットは失せる。

　量産される生地の消化を担当する商社や、見込製産（手張り）するコンバーターにとって、アパレルサイドの多品種少量生産、多頻度少量発注・短納期、縫製工場への分散納入などは高コストになり、経費増大を招く。手張りの在庫負担にも限界がある。かくして生産・供給サイドとアパレルメーカー・販売サイドで同時的に起こした「仮需縮小」は、相反する事情を顕在化させた。その根底にあるのは「リスク回避」「負担の軽減」、さらに「経営の効率化」である。

●投機資金
　投機資金とは、業界外からの資金の侵入のこと。繊維原料の相場形成や取引は、需給、在庫、気象などを反映して、業界内で行われてきた。そこには、顧客への適切な売価、品質と数量の安定的提供が配慮されていた。そこへ、業界とは無縁であった投機家が参入、これまでの生産・流通の存在と流れを混乱させ、困惑させる事態を起こした。

Ⅲ—1—11　グローバルな生産・流通構造

　生産と流通はグローバル化が進んだ。生産拠点の海外移転、「持ち帰り」、アパレル素材の現地調達、三国間貿易、海外アパレルの市場席巻、「倫理的商品」の認証ビジネスへの参入、希少な繊維原料の国際争奪戦、テキスタイル CAD システムのソフト創出力競争……。その中で海外生産・製産の裏側では、スウェットショップ（Sweat Shop。搾取労働の意）や人権問題なども起こっている。

　衣料品の輸入とは、服に変わった服地や糸、副資材、付属品の輸入でもある。海外からの研修生（技術研修と称する外国人技能実習制度に基づく縫製工）は、労働力の輸入である。

　生産拠点の海外移転はテキスタイルメーカー大手に始まり、中小規模の企業にも及ぶ。それは合繊や紡績、織布、染色加工などにわたっている。これに伴う技

術移転・流出は、国産品の海外市場での競合相手を助成することにもなった。縫製については、服地、副資材、付属品などを現地で調達し、縫製し、商品として輸入することまでなされている。生産コストの低減、低価格への対応、作り手の獲得などがその目的である。

　目を転じると、日本国内では産業の空洞化、技術流出、産地の崩壊、地方経済の衰退、地域社会の崩壊などが起きている。アパレルサイドにとっては、望む商材が有利に得られれば、生産国は「どこでもよし」。国内の生産事情には無関心だったが、ここへきて急に、「国内生産回帰」「国内重視」「日本の良さ」などと時代の先を読んだような善さ気な言動が目立つ。そこにご都合主義の臭さを感じる。

　ハイテク素材の魅力、あるいはクラフト的な魅力を持つ服地のメーカーは、ドメスティックな日本のアパレルメーカー（グローバルなマーケティング力がないメーカー）に依存する弊害を痛感し、海外市場に活路を求め、自ら動いている。海外の国際見本市への出展、海外エージェントの活用、国内産地横断型合同商談展示会「テキスタイルネットワーク・ジャパン（T・NJ）」への参加などは、その表れである。いずれも適切な事業規模を自覚した微小な輸出企業で、低価格ではなく、商品特性（デザインとその表現技術、品位、品質、機能・性能性）を売りとする海外市場への浸透戦略を採っている。

　このようなメーカーと同様に、欧米のブランドから「Japan Quality」と評価される日本の縫製技術と、物づくりへの誠心を持つ縫製業も、海外からの生産依頼・受注を得始めている。コンバーターでは大手をはじめ中小でも、海外販売（輸出）比率を高めてきている。

　別の視点で見れば、グローバル化とは海外企業の日本市場への参入でもある。ファストファッションを商う欧米のグローバルSPAは、第三国の工場で製産した服を、現地から日本で展開するショップに直送する国際物流システムを構築している。

●ファッションEC（ネット販売）
　グローバルなネット販売業者は、Eコマースと連動して宅配する物流システム

を日本に構築している。「欲しいときに、待たずに、入手したいという要求に応える物流がビジネスを制する」と考えているようだ。

ネットによるアパレル販売は、小売店と顧客の関係を変えるだけでなく、アパレル業界構造を震撼させている。ネット販売業者の Amazon は、「ネット販売から得た膨大なデータを活用し、手数料よりも利幅が大きい PB 商品の開発へと進み、ファッション分野に参入している。動画サイトを通して、消費者を購買へと誘導している」（立野啓子、2016）。デジタル・グローバル化に要注視。

●インバウンド（訪日外国人）

訪日外国人が買い求めた服が、日本の服地を用いたものでなければ、日本の服地メーカーにとって効をなさない。日本の服地メーカーは、日本のアパレルメーカーがグローバルなブランディング能力を持つ存在へ脱皮することを期待している。

●持ち帰り（OPT = Outward Processing Traffic）

海外の縫製工場へ、服地、副資材、付属品などを運び、服に縫い上げ、製品として日本に輸入すること。「メード・バイ・ジャパン = Made by Japan」（松尾武幸、元繊研新聞主幹）である。

●三国間貿易（Intermediate Trade）

糸や生地を輸出する国、それを服にする国、その服を輸入する国、それらを操作する国が異なる輸出・輸入形態のこと。例えば、日本の海外生産事業会社（在アジア）が、現地で生産した製品を日本に輸出せずに、現地で販売（内販、地場消費）するだけでなく、欧米などの第三国へ輸出すること。

●認証ビジネス

「エコロジー」を唱え、有機栽培の繊維素材や、それを用いた衣服などに「栽培から加工生産に至る過程で化学薬品を用いていない」といった認証を与えるビ

265

ジネス。その実態は不確かだが、物づくりの実情に無知で、その効用の程を確かめない生活者は「エコロジカル」といった言葉に好意を寄せ、信頼しがち。「エコ」をマーケティング手法に利用する業者もいる。

●グローバリゼーション（Globalization）

　海外の状態変化が日本にある自社のあり方にまで及んでくることや、日本国内の状態が海外にも及ぶ事態のことである。自社の意向に関わらず対応しなければならない状況を意味する。日本の服地の生産・流通は、企業規模の大小に関係なく相互連鎖（インターリンケージ）の世界に存在している。その中で、国際ビジネスに乗り出す（インターナショナル）のか、国内（ドメスティック）に留まるのか、いずれにしても存続可能な独自の戦略と行動が必要になっている。

●ファストファッション（Fast Fashion）

　最新のトレンドを取入れた服を、素早く、安く、店頭に並べる短サイクルの商品企画による安ものである。ファストフード（Fast Food）になぞらえた命名だが、蔑視的な感じがする。新奇主義とコマーシャリズムが相乗したものであるからか。「グローバル・ファストファッション」なる言葉も耳にする。

●ブランディング（Branding Strategy）

　ブランド戦略のこと。その内容は、ファンを持ち、市場で知られた、流通パワーのあるブランドとして存続させるためのマーケティングミックスである。

Ⅲ—1—12　効率主義の潮流

　原材料、工場設備、技術・技能者を常備した「物づくり」よりも、身軽に要領良く「金儲け」をするほうが賢いとする事業観がスタンダードになってきた。その具現化のキーワードは「効率」。効率主義は、時代の潮流である。ローコストの、画一的製品の、大量生産。廉価品づくりには有効でも、多種多様な要求には応え

られない。本心はコストカットと感じられる。

　良いモノを作ろうとすれば、手間ひまもお金もかかる。効率良く作ろうとすると、良いモノはできない。物づくりに能率を求めすぎると、手間がかかるモノや、月日を要するモノは作れなくなる。手間ひまのかかる物づくりだけでは採算がとれないからだ。原材料の手当も、準備工程も、生産設備の利用も、技術・技能の確保もそれだけでは難しくなる。

　1工場で両方の物づくりを行えれば、能率的な物づくりから得られるゆとりが、低能率の物づくりを可能にすることができる。これまではそれが許され、行われてきた。しかし今日、生産者にその余力は残っていない。加工に手間のかかる仕事だけが日本の生産者、あるいは職人的工場に回されるようになった。これでは存続は難しい。

　効率主義は、成果がすぐそこに見え、得られる仕事に絞り込むから、不確かなことを「無駄」として忌避する。仕掛期間の長さも然りである。試行錯誤して失敗の中からモノを創り出し、新しいコトを発見するといった不確かさは許容しないから、創造的な物事は起こりにくい。

　これまでになかったモノを創る、より良いモノを作ろうと注ぎ込む労力・費用と、その成果・収益はアンバランスになりがちだ。それを承知で物づくりに臨む職人や、持ち込まれた「自分の仕事」に力の限り仕える職人の姿は、愚かしく、無意味と効率主義者の目には映るだろう。だが、文化の名がついた時代は、このような愚直を視角に収め、愛で、美しい姿かたちとして遺してきた。作り手と使い手の気持ちの交流があったのだろう。「儲からないが、価値ある仕事だからやる」という姿勢は、今も職人気質のオーナー企業に多く見られる。

　「仕事に惚れることなど有害無用」と効率主義の企業は思うかもしれない。だが、効率主義で作られた安づくりの服には、遊びが感じられず、「シンプル・イズ・ベスト」のデザインコンセプトも希薄だ。広告宣伝によるイメージで装っても、プロモーションで煽っても実体はチープであり、「チープシック（Cheap Chic）」にはなり得ない。その粗末な服には、古着としての値段も付かず、ごみ予備軍でしかない。

267

第2章　服地の生産・流通の特性

Ⅲ—2—1　日本ならではの物づくりの多様性

　服地の生産・流通構造は、服地の商品特性に基づいた臨機応変のシステムである。海外の生産・流通のあり方と比べると、いくつもの異なりがある。日本の服地は多品種で多様。色、模様、テクスチャー、ボディ感、風合いの豊かさがある。これを可能にする繊維、糸、布とその加工方法がさまざまあり、それを担う各専業メーカーが存在してきた。

　化合繊メーカーの継続的な素材開発力と、その素材を服地にし、既製服としてファッション化させてきたマーケティング活動は世界に類を見ない。これは、日本の歴史文化の中で育まれてきた着尺の染織技術・技能の存在と、その美しさと肌触りを享受してきた日本人の感性に負うところが大きい。

　しかし、そのような産地の多くは今、衰退傾向にあり、分業を軸とした生産形態にほころびが生まれている。役割分担の連鎖が寸断、または切れかかっている。そのことが及ぼすのは、産地経済の崩壊と地域社会の消滅である。大企業もあれば、零細企業も多い共存の基盤が失われつつあり、多様性は減ってきた。アパレルサイドが服地を気ままに選択できる幅は狭まってきている。

　これまで、あることが当たり前で自覚できなかった日本の特性の数々は、見方を変えれば、今までにない、しかも他国では真似のできない新しい企画・加工生産形態に再編成できるのではないだろうか。

　「糸から生機、仕上・後加工から製品反（服地）、縫製、服までの長いプロセスをシステムデザインとして、売りにする『オール国産の服づくり』」が可能と、鬼澤辰夫は指摘する。ひと言でいえば「企画会社的活動体を創る」のである。日本にはまだ、その原型（今は形骸化してはいる）と、それの記憶は残っている。

以下に取上げる特徴・特性は、これまでと今日のものである。薄れつつあるものもあれば、新たに形成されつつあるものもある。今は生産・流通のシステムを根底から変容させ、次のシステムへと転換していく過渡期であろう。

Ⅲ—2—2　分業性

　原料から繊維、糸、布（生機）、服地までの各段階に、それぞれの専門メーカーが存在している。しかも、各段階に流通業（産元商社、親機、糸商、商社、服地卸など）が介在している。これを経営の観点では「製商分断性」と呼び、旧弊とするが、一面的である。

　分業は加工技術の確かさと人柄と経営面での信頼関係で結ばれた協業体である。分業は信頼によって機能する。この一方で、メーカー大手の一貫生産・販売や、メーカー大手と製造小売業大手との垂直協業が行われている。産地をまとめる流通業者の力は弱くなりつつある。

Ⅲ—2—3　産地性

　多くの加工段階に、それぞれの専業者がいる。その分業を統御して維持する産元商社や親機などの流通業者が存在する。ここを軸に、各専業者は1つの企業のように連係プレーする。それによって専業のメリットが活かされ、その産地特有の技術による特徴的な服地が作られる。産地は地域共同体なのである。

　産地の形成と産物（布・糸）には風土性がある。その土地の気候（四季、温湿度、日照、降雨・降雪、風力など）、水資源（水源・水量・水質）、原料の栽培、養蚕、先行する繊維技術・技能、歴史と文化などである。これらに加えて、その土地に住み、働く人の心（気質）がある。

　「産地には産地形成の意志がある」と古橋敏明（古橋織布、2015）はいう。その意志は、産物（服地の品種）とその内容、品質、デザイン表現や生産の準備工程、後加工とその工場、生産ロット、売り先（仕向先）などに表れている。この

ような違いは、遠州と播州を比べてみれば分かる。

「別珍、コーデュロイを新たな営業品目に加える」と意思表明し、実践したのが福田靖（福田織物、2015）である。自社がある磐田（福田）産地の天竜社の生産機能を支え、発展させたいという産地愛の表明でもある。

産地は、その土地の人間と文化と自然を巧みに組合せ（エンジニアリング）て創造される動的システムである。内的・外的環境の変化に対応する機敏さを失ったとき、衰退・消滅する。

完成された機械的技術は、海外移転も可能ではある。だが、産地の風土や働く人の気質・価値観は、移転できない。

Ⅲ―2―4　中小零細性と職人性

①需給調整の役

繊維業界の不況は、子機（賃織）などの零細な業者にしわ寄せされる。不況になれば操業停止に追い込まれ、好況に転じれば操業再開と、需給調整の役を押し付けられてきた。操業停止で失われた加工賃収入は取戻せない。

家内労働の生業としての生産者は多数存在してきた。生業とは日々生活していくための仕事である。彼らの「損益分岐点」は低い。いい換えれば低コストである。損益分岐点とは、費用と利益が同額になる売上高。それを超えれば黒字、下回れば赤字となる。こうしたあり様で生存してきた。服地の生産は、このような零細生産者を便利に利用する構造で行われてきたことは否めない。

②優位性と適切規模の構築

厳しい事業環境下で挫けず、新しい服地づくりに情熱をかける工場主の創意工夫、職人技、感性によってクラフト的な服地は作られてきた。今でも小回りをきかせてデザイナーズブランドのオリジナル服地づくりを担っている。規模は小さくても、自らの専門性で国境を越え、欧米の老舗ブランドと取引する服地メーカーも現れてきた。その物づくりには自ずと適切なスケールがある。高価であっ

ても、求める者だけに応じる経営戦略である。

③分け合う利益、価格

中小零細の生産者には、自己利益の強引な追求はできない。周りとの調和を重んじ、ほどほどの利益に抑える。それは経験から得た知恵であろう。

④時代遅れが新しい

定常の作業である連続生産、少品種大量生産は AI（人工知能）技術搭載の機械に置換えられるかもしれないが、非定常作業の物づくりは職人の手に残される。そこには、仕事に仕える生き方、「やり切った」という喜び、達成感がある。マニュアル通りに機械的な作業をする工員の労働には、それがない。これに気づいた若者の姿を最近、産地で目にするようになった。繊細を感受・感応し、思考する職人の眼と手は、ハイテクの意表をつく作り方をして、服地を創る。アナログはハイテク・IT と住み分ける。ときに、組合さって、新しい喜びを生む。

「時代遅れ」「ロマンチスト」と進歩主義思想の者から蔑視される職人的企業は、それとは反対で、むしろ時代の先のあり方を示唆しているのかもしれない。

Ⅲ－2－5　伝統染織の高度性

日本の伝統染織の技法には種々あって、その豊富さは世界に類を見ない。質と感性の高さも同様である。和装（着尺、衣裳、装束など）に用いられ、伝承されてきた。それらを創作する産地は、品種・技法別に特化した形で、全国の適地に散在している。これが服地産地への起点にもなっている。

服地の産地へと転換した今日でも、その基底には継承した技術・技能が息づいている。他国で開発された今どきの技術を導入した発展途上国には、その技術を創り出した豊かな背景・土壌がない。その有無が新時代の「ハイエンド創作」の要となりそうだ。先人が幾多の試行錯誤の末に創出した技術と、その過程で得た知恵を、新しい目で見直すことが次代への底力になる。

271

Ⅲ—2—6 ハイテク性

「日本の魅力は服地にある」と、海外のアパレルビジネス関係者たちはいう。その発言が示すのは、ハイテク素材とクラフト的素材である。

合繊メーカーや紡績業の化学繊維から、綿や麻、羊毛などの紡績糸まで、差別化された糸を作る日本の開発技術は世界の先端をいく。糸づくりに続く、織布や染色加工技術も同様である。これは、紡績業の紡織一貫生産、合繊メーカーの垂直連携（繊維、糸、生機、染色加工に至るバーティカルな製造）によるところが大きい。世界に類のない形態である。

見落としてはいけないことがある。化合繊、紡績、製糸などは欧米からの技術導入による大工業として始まった。その化合繊や原糸を衣生活の彩りと肌に馴染む服地・服に変えたのは、撚糸、織布、編立て、染色加工、縫製、デザイン・設計などを担う中小零細の加工場の技術と感性であった。それは、それぞれの工場が風土と経験の中で見つけ、創意工夫によって得てきた独自のものである。このように細分された技術の厚い集積と、それを相乗するマネジメントの巧みさである。

化合繊の製造については、欧米の技術が導入された時点で、すでにそれに近い技術を持っていたこともあって、早々に使いこなし、高感性素材や高機能性素材の製造へと進むことができた。

〈⇒Ⅳ— 26 ハイテク素材のマイクロファイバー、ハイカウント糸〉

Ⅲ—2—7 商社のマーケティング性

商社やコンバーターなどの流通業者が服地の生産と商品企画（マーチャンダイジング）を主導・プロデュースし、服地ビジネスを活発にしてきた。古くは「江戸後期から問屋制家内工業があった」（松尾武幸、1999）、「例えば千總などの意匠問屋が京都にはあった」（村上幸三郎、2015）ことが、コンバーターのルーツである。意匠問屋は現代まで存続し、京都産地のエンジニアリングを担ってきた。

Ⅲ―2―8　情報格差性

　日本のアパレルビジネスは、本場のパリやミラノなどの海外と極東の東京との情報格差に依拠して展開され、今日に至っている。パリコレクションやミラノコレクションの情報をいち早く、内容豊かに（質・量ともに）、しかも優れて（独占的・占有的に）得られる者が優位者であり、それができない者は劣者であるかのように見なされてきた。

　これまでの優位者（特権的業者）は、百貨店大手、百貨店アパレル大手、ファッションメディアなどである。劣者は一般人、弱小のアパレルメーカー、服地卸、産地の生産者、一般的小売業者という構図だ。優位者が劣者を意のままに動かすのは世の常。服地卸（コンバーター）は、パリコレやミラノコレの類似品づくりを求められる。国内制作の日本のオリジナルデザインは黙殺されるか、下位に位置づけられた。

　やがて、この状態を嫌って自ら欧米市場に打って出る産地の服地メーカー、アパレルデザイナーなどが現れることになった。その売りは、日本で見下された「日本の意匠性」と「服地づくりの職人技」である。

　今日ではパリコレやミラノコレの動画情報は即、日本にもたらされる。それを一般人も、弱小のアパレルメーカーも、SPA も見ることができる。その結果、コピーづくりも、いわゆる「下を潜った商い」も可能になった。現物が店頭に並んだときには、その服は既知のものであり、ニュースではなくなった。情報格差を前提としたファッション植民地型ビジネスは揺らいでいる。

Ⅲ―2―9　多品種性

　日本を1つの産地として捉えると、加工生産している服地は実に多品種である。天然繊維から化学繊維＝人造繊維（マンメードファイバー）まで各種の繊維を用い、ハイテクからハンドクラフトまでとさまざまな加工方法、生産形態を駆使して、高感度、高品質、高機能の服地を作っている。

品種名は同じでも、作り方の違いによって、風合いやテクスチャー、布色などの表現は微妙な違いを見せる。それぞれに名前を付ければ別の品種にもなる。こうした差別化を生む技法を、日本はたくさん持っている。例えば、色斑の無地ものを作る加工方法の１つである、スペック染。これはクラフト的な染色である。チーズ染による染斑のやさしさとは違った雰囲気を醸し出している。

〈⇒Ⅳ－27 スペック染と色斑の無地もの〉

Ⅲ－2－10　企画会社による服づくりの代行性

　既製服の商品企画から製産管理までを一貫して代行する機能を持つ黒子的存在は近年、服づくりのアウトソーシング化の風潮もあってか、業務を拡充してきている。このような企画会社には服地の選定・調達機能が含まれている。ODMからさらに進めて、OBMや小売り販売も視野に入れている。今や「たかが便利屋」と見なすことはできない存在である。企画会社は服地メーカーの新たな取引先になってきた。

・OBM……OEM と ODM の進化形。自前のブランドを付け、卸売りまで行う事業に拡大した存在。オリジナル・ブランド・マニュファクチャラー（Original Brand Manufacturer）の略

・ODM……相手先ブランドによる商品デザイン・設計・生産。Original Design Manufacturing の略

・OEM……相手先ブランドによる生産。Original Equipment Manufacturing の略
　見本服製作代行の現場（傘下の別会社）を見せながら「OEM、ODM を拓く」と、高木謙一（三景サンテキスタイル）は語った（1978）。

第3章　服地の商品特性と生産・流通

Ⅲ—3—1　市場の細分化、多様化する服地

　おしゃれな服の服地と一般的衣服の服地は、求める素材条件の細目に対する重要視の度合が異なる。おしゃれ服といっても、オーソドックスなおしゃれ服と流行のおしゃれ服は違う。さらに、着る人、服種、TPO、好み、購買価格などによって、細かな違いを見せる。

　それらの違いの中から、自社（ブランド）の対象市場を定める。ブランドアイデンティティーである。

　このマーケティング手法をマーケットセグメンテーション（市場細分化）と呼ぶ。細分の仕方に決まりはない。細分する者によって目の付けどころは異なる。その切り口で新たな市場を創っていくのである。こうして得た市場も時とともに変化していく。

　服地の商品特性は、細目化された市場（細分、細化、セグメント＝Segment）や、そこに拠るアパレルブランドによって取捨選択され、軽重度合がつけられる。

Ⅲ—3—2　服地の商品特性

　服地の商品特性には、デモグラフィック性、季節・気象性、おしゃれ性、ライフスタイル性、流行性、身体性、化合繊性、相場性、可縫性などがある。

●デモグラフィック性
　性別、年齢、世代、所得階層、職業、学歴、世帯規模、居住地域などの違いである。これを商品で分類すると、レディス、メンズ、ヤング、ユニセックス、エ

275

イジレスなどとなる。

●季節・気象性

　四季と歳時、晴れ・雨、木枯らし、気象異常（長雨）、天候不順（暖冬、冷夏）などに対応する素材としては、春夏素材、秋冬素材、夏服・冬服・合服用素材、歳時・行事用素材（婚礼、儀礼、就活、衣替え）などがある。商品では、サマーエレガンス、クールウール、ウインターコットン、ホリデーライン、リクルートスーツ、さらに重ね着（レイヤード）、半袖、七分袖、長袖などがある。

●おしゃれ性

　TPO に適合した服の自分流の着こなし、自分好みの服色や模様、テクスチャー、ボディ感などのこと。これに衣擦れや絹鳴り、肌触りなどの五感的要素が加わる。人の好みは十人十色で、飽きる、流行のおしゃれに気が移るといった変化もある。

　それを煽る計画的陳腐化、雑貨的な服（着捨てても惜しくない服）が目につく。おしゃれ性は多様である。

●ライフスタイル性

　その人の生き方の価値観に基づいた暮らしの姿かたち。質素・スローライフと豪奢・ラグジュアリー、シンプルベーシックとデコラティブなどの２極だけでなく、多様な「わたくし・わたし流」がある。アパレル素材にはチープシック、エコ素材、ナチュラル素材、オーガニックコットンなどさまざまある。

●形状保持性

　型崩れしない。テクスチャーの魅力保持など。

●身体性

　肌と密着する肌触り、身体の動きに添うスムーズ性など、服をまとう身体にとっての快適さ、身体保護の安心さなどである。服の基本的条件といえる。

●合繊性

丈夫で着装中の注意が要らず、維持管理も簡便、加えて低価格などのこと。

●相場性

原綿・原毛・原糸価格の変動によって、製造コストや売価は変動する。原材料が高騰すれば、損失発生のおそれがある。原材料の「相場で儲ける」投機も行われたりする。

●縫製性（可縫性）

裁断・縫製、アイロン仕上、曲面立体への成形などのしやすさ、仕立て映えなどである。これは、縫製代の高低や売価に反映される。クイック対応にも関わっている。

●機能・性能性

服の着用時の生理的快感、着心地、安全など。維持管理における手間要らずなど。これらを訴求する機能性素材の開発は感性素材の開発よりも盛んである。

Ⅲ—3—3　おしゃれ性と季節性

商品企画の最重要な働きは、多種多様性、流行性、季節性などの非合理な側面と、ビジネスとしての合理性の側面をうまく組合せることである。女性のおしゃれ心に合理性はそぐわない。おしゃれ心は気ままで、移り気、不確か。流行のおしゃれはその時々の気分であり、遊びだからだ。

「ファッションはないものねだり」（小指敦子、ファッションジャーナリスト、1971 年頃）

おしゃれの流行り廃りの予測は不可能である。企画が当たる、当たらないは確率の問題、それも偏った確率である。そのうえ天候不順なども加わる。

このような多様性と変化性に対して、アパレルサイドはリスクの回避、損失の

転嫁、機会ロスのゼロ化、回転差資金の活用を図っている。これに対応する中小零細の加工生産工場は、次のような事態を抱えることになる。

・生産時期の集中……繁忙期と閑散期の操業度の差が著しくなり、従業者の手空き（手待ち）が生まれる

・期近・期中生産……短サイクル生産（クイックデリバリー）になる

・多品種少量生産、個別生産、受注生産……生産計画が立てられない。加えて、飛び込み・特急加工、加工指図の変更・追加などで日程管理が崩れる。生産管理し難い

・品質不良の発生率が高い

（このような事態に陥ろうとも受注したい）小回りがきく弱小な零細工場に仕事が回ることになる。

　こうした工場の生産管理は次のようである。

・生産の標準化（所要時間、加工数量、工程、手順など）ができない、あるいはなされない……そのため工場主が1件1件、加工作業を指図して進められる。この方法（采配）は、ともすれば「やりやすい仕事や気の合った相手先から着手する」ことになりやすく、恣意に陥りやすい。機械は休むことなく稼働しているが、生産管理は不安定である

　生産の標準化がなされないことで、以下のような問題が発生する。

・納期遅れ……これはキャパシティーオーバー（仕掛り分の抱え込み過多）によって起こる。あるいは、見立て違いで思いのほか時間がとられた（喰われた）結果

・欠反……その原因が不上り（品質不良）であれば、再生産（再加工）して不足数量を満たすことになる。あるいは、水揚げ減で甘んじる

・高コスト……それが稼働率が低く、ロスが多いことに起因するならば、次のことの解決が必要になる。段取り替えによる稼働停止回数（時間）や原材料（糸・生地）の不適切、エネルギー（熱量・電力）・用水の浪費、染料・薬剤の使用量過多、機器の整備（塵取り・拭き取り・洗浄）と操作の調整にかかる手間ひま、要員の配分・手空き低減などである。これらを先送りすれば、生産原価の設定・維持すら難しくなる

・見本作成、新製品製作の後回し……目下の受注量をこなすことで手一杯になり、次のことにまで「手が回らない」事態。本機の空きを見て行うことになる。新製品・新技術の提案が計画的に行えず、次の商機を逃す

〈→Ⅱ－2－2 素材調達の前提〉

コラム10

アパレル素材の商品力

　ファッションの流行は、服のシルエットやデザインの流行り廃りのことと思われがちだ。「アパレル素材がその時々のトレンドの中心になることも少なくない。その素材が1シーズン前、または2シーズン前にたくさん出回った後は、使用しないことが多い。その素材をどんな新しいデザインに当てはめても、新鮮さに欠ける。色や柄と同じように、素材もまた人の記憶に残り、影響するもの」と豊口武三（TAKEZO、『ファッションデザイナー入門』織研新聞社、2006）は述べている。

Ⅲ－3－4　化合繊の普及がもたらしたもの

　化合繊とその生産・流通がもたらした影響として、次の5点が挙げられる。
①化合繊の開発・普及による服地生産・流通形態の変容
②合成繊維、合成樹脂の触知感と見た目の感じに慣らされた
③衣生活における服地に対する素養（知識）の無用化
④服装における触知感、テクスチャーの貧相化傾向
⑤地球環境と資源枯渇への責任

A）新しい生産・流通形態と新しい市場を創った

　化合繊メーカーが繊維産業、ファッション産業に果たしてきた役割は大きい。ことに、日本の既製服時代を拓いた推進者として、その働きは大である。

　ポリエステルフィラメント織物服地事業は、それまでにない感覚の服地づくりを目的に、生産チームを産地内に編成させた。そのメンバーは、ファイバーメーカーと、織布、染色加工、撚糸、加工糸などを専業とする大手メーカーである。このチームは合理的生産をする装置工業の協働体（プロダクションチーム）である。これによって産地のあり様は一大変化した。「極めて斬新なやり方であり、合繊化への総力結集ともいうべき開発軍団の形成であった」（山本裕彦、御幸毛織社長、『WOOL から見た天然繊維と合繊』御幸毛織（株）社員教育用テキスト、1989）。

　開発した技術を駆使して次々と生み出される化合繊服地は、天然繊維服地の領域を侵食し、ついには奪取した。そればかりか、スポーツウェア、アウトドアウェア、ワーキングウェアなどをファッション市場に参入させることとなった。高感性素材の開発から機能性素材の開発へと進んだ合繊服地は、身体への快適性・安全性を付加しながら新しい市場を開拓してきた。流通面ではコンバーターの興亡を引き起こした。

B）合成繊維と合成樹脂に慣らされた

　今日の生活空間は、見るもの、触れるもののほとんどが合成樹脂製（プラスチック）か、その被膜で覆われている。木製と見えてもプリント合板であったり、木製であっても（藺草のござ、畳でさえ）合成樹脂で塗装されていたりする。それ以前は多種多様な素材の材質感・テクスチャーに囲まれ、知らず知らずのうちにそれぞれの違いを知り、親しめる環境にあった。

　合成繊維は、合成樹脂と同様に合成高分子化合物である。感覚的には、合成樹脂と同類・同系。ポリエステル繊維は、ポリエチレンテレフタレート（Polyethylene

Terephthalate ＝ PET）を繊維状にしたもの。板状に成形したものがペットボトルである。アクリル繊維は、アクリロニトリルを繊維状にしたもの。板状にしたものがアクリルの透明ドア。合成繊維の基本的形状は均整である。俗っぽくいえば、ノッペラボーでそっけない。毛羽はない。これを用いて作られる布は、均整の出来となる。見ながら触れた感じを「ワクシー（Waxy）」「ソーピー（Soapy）」といい表した。

　これに対して、天然繊維の形状は不均整で、作られる布面は不揃いである。短繊維であれば毛羽があり、テクスチャードである。これを工夫と努力で均整に近づける。合成繊維には均整の美、天然繊維には不揃いの美が感じられる。

C）服地の素養が無用になった

　合成繊維が普及していなかった時代には、服地の品種とその使用繊維や加工方法はおおよそ定まっていた。そこで、その服地の性能・機能を推測でき、着方や扱い方（約束事）は事前に分かった。今日ではそのような関係はあいまいである。そのため、これまで賢い衣生活に必須であった服地の素養は、有用・有効性を低めた。従来からある服地の名称を拝借した化合繊の服地（異種の繊維や異なる加工方法で作った服地）が出回ってきたからである。

　例えば、ナイロンタフタは、「タフタ」と称すが、オリジンの絹織物のタフタとは異質で、異種である。今、タフタといえばあの三角マークを付けた黒のザック地を思い浮かべるが、それは「ナイロン66」である。ポリエステルの「縮緬」も、オリジンの絹織物とは異なる。アクリル織物のバッファローチェックのシャツ地も、オリジンである「ランバージャック」の紡毛の厚地のショートコート地とは違う。一世を風靡したフリースもまた同様で、オリジンの羊毛※や紡毛織物、モルデンミルズ社製のフリースとはまったく異なる。

　今の消費者の多くは天然繊維服地を、合繊服地を標準として評価する。であれば、天然繊維服地に粗を見いだすことは容易である。まず目につくのは均整度合や寸法安定の具合など。「繊維は丈夫、服地も丈夫、粗雑に扱っても平気」「丁寧

な着用、維持管理の心配は無用、手間要らず」なれば、「服地の使用繊維（組成）を知らなくてもかまわない」となる。

今日では綿、リネン、梳毛、家蚕絹、レーヨン、ナイロン、ポリエステルなどの織物服地（無地、生地幅で1m長）を見ながら触れて、その使用繊維をいい当てる人は極めて少ない。多くはポリエステルフィラメント織物（新合繊）を天然繊維と答える。まれな正解者も、その根拠を説明できる人は希少。この状況は、アパレルサイドのプロ（デザイナー、バイヤー、販売員など）の実態である。さまざまな服の服地の性格や品質、品位の違いを自ら触知できないまま、「合繊のほうが手間要らずで、便利で、丈夫です」とセールストークする。客はそれを鵜呑みにする。買い手と仕入れ手のレベルにベンダーは合わせる。

こうして、「擬き」と「イメージ」の売り買いとなる。「トレンドです」「お似合いです」とか、「ブランドです」「カシミヤ100％です」「テンセル® です」などと、憧れの超高級・高額で希少な天然繊維服地や超人気の新素材の服地が奨められる。生活者は多種多様な触知感を味わう楽しさから遠ざけられた。

※オリジンの羊毛＝フリースは、1頭の羊の毛を剪ったままの、1枚の形になっていて、剥いだ毛皮のように見える。

D）触知感の希薄化とテクスチャーの貧相化

「『触れる』を味わえないほど、皮膚感覚が鈍化している。レーヨンの落ち感や微妙な重さに、装いの快感を味わえる女が少なくなった」と高橋幹は憂えた。

人々が天然繊維の持ち味が生かされた服地を味わえる能力やゆとりを失うと、「モノテクスチャー」の世界に落ち込む。貧しい触知感体験しかない者には、それが当たり前の世界となる。今、その真っ只中にある。日本人が育んできた「触れる」美意識が忘れ去られようとしている。

装いの楽しさは、服の形や色柄を着合わせることに留まらず、服地の材質感の組合せを着ることにもある。「触知感のコーディネート」である。いつかある日、合成繊維と合成樹脂の触知感と均整感に「飽き」が来る、と思うのは妄想だろう

か。「服地なんてこんな程度のものか」と軽んじられる時代が来るかもしれない。

E）地球環境と資源枯渇への責任

　合繊服地を用いた服は、捨てるとなると厄介である。生分解性繊維ではない一般のポリエステルやナイロン、アクリルなどの合成繊維は、土に還らない。埋めても、山野に投げても、ごみとして残る。それは片片となり、マイクロプラスチックとなって四散。「環境を破壊する」（コンフルエンス博物館の展覧会テーマ。Musée de Confluences,Lyon,2015）。売れ残りや裁ち屑、糸屑を焼却すれば、温室効果ガス（二酸化炭素＝ CO_2）や亜硫酸ガス（二酸化硫黄）、毒性ガス（すす）を出し、地球温暖化や酸性雨をもたらす。酸性雨は服色を色落ちさせ、変色させ、服地をぼろぼろにもする。人体汚染をも引き起こす。

　綿100％使用の服地であっても、高分子加工が施されていれば「100％天然繊維」ではない。便利さに気をとられている間に、感性や機能性を付与する高分子加工を用いた天然繊維の服地は広まっていた。生活者は、天然繊維時代と異なる状況にいることに無頓着だ。織布などで生じる綿埃も無視できない。

　リベラルな生活者は、服を作る企業や売る企業に社会的責任＝環境への配慮（環境問題への対応）を求めるようになった。これを受けて企業は、自社の利益追求が社会の利益と一致してないことに気づかないふりをし続けにくくなった。「人にやさしい、地球にやさしい製品・商品、会社」をイメージさせるソーシャルマーケティングとして、「回収リサイクル」をいい出すようになった。

　「人にやさしい、地球にやさしい企業」という価値が、どれほどの購買行動を生むことになるのか。その支持者は「意識高い系」の人たちだけに留まるのか。「善さ気なことをやっている企業」のイメージ醸成でよしとするのか。流行のカッコよさを演じることに終始するのか……。

　ともあれ、合成繊維はプラスチックやガソリン、重油などの燃料とともに、枯渇を心配される化石資源を利用している。消費財に関わる企業は、風潮を気にしないわけにはいかなくなった。

これらの問題解決に向けて、2タイプの技術的方法が試みられている。

E）―1　天然物由来の生分解性合成繊維の開発

　生分解性繊維とは、自然界にある微生物や酸素によって二酸化炭素と水に分解される繊維のことである。
　綿や麻、羊毛、絹などの天然繊維や再生繊維は、生分解性を持っている。一般的なポリエステルやナイロン、アクリルなどの合成繊維は生分解性を持たない。生分解性の合成繊維には、ポリ乳酸繊維（とうもろこしの澱粉が原料）、水溶性ビニロン繊維などがある。

E）―2　リサイクル（再資源化）

　服・服地に関係する回収リサイクルには、4つの方法がある。

図Ⅲ―3―1　回収リサイクルの方法

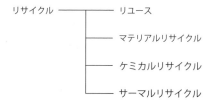

●リユース（Reuse）
　大きくは2つの方法で行われている。

・服そのものの再利用
　例えば、ユーズド（古着）の活用、ファッションのレンタルサービス、お下り、仕立て直しなどである。

・服の解体材を資材に再形成

　服を解いて繊維や小裂にし→その状態のまま集めて任意の形に固める（再形成する）。その用途として、床材、ウェス（工業用雑巾）、パッキング材などがある。

●マテリアルリサイクル（Material Recycle）

　服を解いて繊維に戻し（中間品）→これを紡いで糸にし（再形成）→織り・編みをして（再使用）→織物・編物にする。

・毛織物の場合

　「反毛」にしてリサイクルする。梳毛の織物やジャージー、裁ち屑、糸屑などを解いて（反毛）、羊毛繊維に戻す。この「再生羊毛」「ショディー（Shoddy）」と呼ばれる繊維を再び糸（紡毛糸）に紡いで、紡毛織物に織り上げて再利用する。

　この織物は低質な服地の「毛七」や、テクスチャーや色糸の表現のおもしろさを求める服地に用いられる。イタリアのプラトーはその産地として有名。

　反毛リサイクルに用いる産業屑を回収する「故繊維業者」は、今やなきに等しい存在となっている。

・ポリエステルの場合

　ポリエステルの繊維品（繊維・糸・布）は、米粒状のチップに変え、ヴァージンPET と混合し、再溶融紡糸にして、黒色の原着糸などにする。

●ケミカルリサイクル（Chemical Recycle）

　服を解いて、繊維を構成する分子レベルにまで分解し、原料ポリマーに戻して再利用する。合成繊維のナイロンやポリエステルに用いられている。

・ナイロンの場合

　ナイロンを原料であるナイロンポリマー（Nylon Polymer）に戻して、繊維にし、布地にする。

285

・ポリエステルの場合

テレフタル酸（TPA）にまで分解し、再度、原料ポリマーであるPETに戻してから溶融紡糸をし、繊維にし、織り・編みをして布地にする。

ただし、ポリエステル100％使用ではない、二者混、三者混、四者混の服地となると、ポリエステルだけを取分けることは難しい。リサイクル処理をしやすいようにと、服を材質別に解体分離することは容易ではない。その理由は、表地、裏地、芯地の組成がそれぞれ異なっていたり、ボタンやファスナー、スナップなどのアパレルパーツなどがしっかりと縫い合わされていたり、取付けられているからだ。現状では、分別作業を容易にする100％単一素材の「リサイクル配慮設計」の服づくりは、ユニフォームや学生服などに限られ、おしゃれ服には手がつけられていない。

●サーマルリサイクル（Thermal Recycle）

燃やして熱源として使用（回収）すること。したがって、焼却可能な合成繊維品、複合繊維品、天然繊維品に対応できる。廃品を消せても、処理施設の維持費用はかかる。

回収リサイクル事業は、資源ごみの回収、分別、運般、処理などに人手や費用がかかるうえ、スムーズな設備稼働と採算をとることが難しい。次のような疑問・問題が指摘されている。

・再生品は低品質で、生産原価は高い。新品のほうが安価。その費用対効果は？
・「リサイクル素材を使用している」と称しても、その使用比率はどれほどか？
・再生時に加えた新品の材料（ヴァージンウール、ヴァージンPETなど）の比率は？
・資源回収した資源ごみから得られた再利用可能の数量はどれほどか？
・大量に輸入される安価な服は、大量なごみの発生源になってはいないか？
・回収リサイクルの費用負担は、誰が、どのように負うのか？

リサイクル問題は情緒や思想にとらわれず、服というモノの発生と処理の実際

を知り、論理的に思考して問題の本質を捉えることが大切だ。であれば、もう1つの方法を見落とすわけにはいかない。

●リデュース（Reduce）
　リデュースとは次のようなことをいう。
・廃棄する繊維や糸、生地（裁ち屑）を減量する、あるいはゼロにすること。例えば、成型編地のリンキングによるニットウェア、無縫製編立てのニットウェアがある
・着捨てる服を減少させる。例えば、リフォーム、計画的なワードローブ、良いモノを長く丁寧に着るなど。人の服との関わり方、衣生活への姿勢が問われてくる。と同時に、すぐに着捨てたくなるその時だけの服、ユーズドとしての価値も付かないごみとなる安づくりの服、このような服の作り手と売り手にも社会性が問われる。真っ当な服を着られない人たちがたくさんいるのだから……

コラム11

新合繊の風が吹く

　「二律背反の表現を併せ持つ服地が現れた！」と、部屋に入ってくるなり丸山創作（丸増、FICテキスタイルスクール講師）は叫んだ。本来は相反する性状である「はり（張り）」と「こし（腰）」を併せ持ち、「ドレープ」を表現する「ソフトなポリエステルフィラメント織物服地」のことである。
　それ以前（1978年頃）のポリエステル異収縮混繊糸と、アルカリ減量加工によって生まれたソフトでシルキーな表現を持つポリエステルフィラメント織物服地によって、消費者のポリエステル服地に対する評価は好感に転じていた。その服地とは、ジョーゼットクレープ（50d、75d）である。これは売れに売れた。「それとは異なる新素材」「いい表しようがない感覚の布」

とも丸山はいった。これが後に「新合繊」と呼ばれるようになり、欧米でも「Shin-gosen」として広まることとなった。

　「中肉梳毛調の『ミルパ®』（帝人、1982）、パウダータッチの『ジーナ』（東洋紡、1989）などの登場から始まったポリエステル織物服地の高感性衣料素材『新合繊』は、92年発表のシルキーな『レジェルテ®』（帝人）でブームのピークを迎えた。ブラックフォーマル用に開発したポリエステル服地（ミルパ®）は、梳毛服地より高い価格でも売れた。天地逆転の驚きだった」（中島牧子、田村駒、テキスタイルプロデューサー、FICテキスタイルスクール講師 1998）

　ポリエステルの新合繊はさらに進化を続け、レーヨン調ドライタッチ（レーヨンドライ）やスエード調なども加わった。

　新合繊の商取引は、服地卸にとって好都合だった。合繊メーカー（原糸メーカー）が服地卸に提示した条件は次の通り。

①品質保証（合繊「メーカー保証」）。不良品発生への補償・対応も含む

②無地染もの、P下加工済生地の供給量の安定（メーカーが生機で在庫し、染色加工を引き受け、納期を保証する）

③供給価格の安定

④競合の調整（ルート販売）

⑤続々と開発される新感覚素材の提供。これによって、アパレル販売サイドが求める「Something New」に対応する

⑥活発な広告宣伝、販促活動（対消費者）

⑦欧米のファッション情報の提供と既製服化の促進活動（対業界）

　これらの条件によって、天然繊維服地の手当とは異なり、服地卸は手間が省け、リスクの低減を図れた。そこで、装置工業の合繊メーカーが生産する新合繊の消化に励んだ。その新合繊の原価構成はブラックボックスであった。双方がウイン・ウインであった。

一方、産地の機屋（機業場）や染色加工工場は、生産計画を立てやすくなるため、合繊メーカーの傘下に入った。合繊メーカーから商社を通して生機（きばた）の発注が入る。仕様を渡され、原糸を貸与され、織り上がった生機のうち、Ａ反、Ｂ反に織工賃が支払われる。Ｃ反は織工賃なしで、糸代を弁済する条件だった。色指図が添えられ貸与された生機への染色加工賃の支払いも同様であった。この好条件にどっぷり漬かったツケを、後に払わされることになる。倒産の憂き目である。

Ⅲ−3−5　国内洋装市場

　服地の生産・流通とアパレル製造、小売りは、市場・消費者（生活者）と相互作用する。

　1945年以降の日本のファッションは、「おしゃれな服を着ること」がファッションであった。それは広大で多層なアパレルファッション市場を国内に形成してきた。今、そこに異変が生じ、依拠してきたファッションビジネス（FB）に揺れを起こしている。その事象を、おしゃれの意識と行為に絞ってみていく。

　1つは、多種多様な姿かたちの出現。あるいは、おしゃれの「私化（わたしか）」である。

　アンティーク、古着・ユーズド、ダメージ加工した服、ミスマッチ、ヒップホップ・ラッパースタイルなど、これまでの服装美の規範からの逸脱、カジュアル・ドレスダウン。マーケットセグメンテーションから外していたジャンルのモノ・コトの主張現象である。音楽世界との同調を感じる。同一人による安もの買いと高級服買い、着分け・着合わせ、ファッションレンタル、ネットフリマの活用など、服のツール化、おしゃれ服への意識と行為の多様現象（おしゃれ服の所有から使用〈コンビニエンス〉へも）もある。

　2つ目は、「生き方をファッションする」（門川義彦、2018）である。

カッコイイ服で装うことがファッションであったが、働き方・暮らし方（ライフスタイル）のカッコよさがファッション、と変わった。「ファッションに着せられる時代」から「ファッションを着る時代」、そして「ファッションを生活する知的なあり方の時代」（箱守廣、『ファッション・アイ』繊研新聞社、インタビューアー：松尾武幸、1979）へと進化した先に得た、ファッションの深化である。

　生活者の進化・深化がFBを追い詰めた、と思える。「個性的おしゃれ」と称し、流行りの姿かたちの服を大量製造・販売してきた＝うまく買わされてきたことへの「消費者（大衆）の反逆」とは深読みか。

第 4 章　朝の気配

Ⅲ―4―1　「生活の質を楽しむ」ことへの協働

　服地の生産・流通とは、生活者が衣生活の質を楽しめるように協働する仕事である。私個人やその一族、一企業、一業種、一業界だけが利益や名声を得るための手段ではない。成果を公平に分配する営為が協働を持続させる。協働の基盤は、仕事に関わる人たちの共生である。共生の合意があれば、個別の案件に妥協の知恵が働く。

　しかしながら、主観的な合理的経営形態を掲げ、唯我独尊の振る舞いで、利益を追求する企業も少なくない。「流行りの服をビジネスにすること自体が流行り」とすれば、「今が盛りと稼ぎまくり、成果を手に、短命に終わることもよし」とする経営者がいても当然。この極みが、「起業したビジネスが人気を呼んで上昇機運に乗ったと見るや、その事業ごと売却する」である。こうした経営者と服地の作り手が合意形成をするのは難しい。共生の合意は、不易流行を実践するアパレルメーカーやSPAに留まることだろう。

　良質な服は超低コストでは作れないし、高コストなら作れるというものでもない。高価格が良質を保証するわけでもない。だからこそ理知性と、ちょっと今っぽい感性の出番がある。

　衣生活のコストをどのように捉えるかは、着る人のライフスタイル次第である。服との関係のあり様は「安づくりでも見てくれが良ければいい」「そこそこ着られればよい」「長く着られる飽きの来ない完成度の高い服がよい」「流行のブランド服がよい」などさまざまだ。「ウォッシュ・アンド・テア（Wash and Tear）」（高橋誠一郎）と指摘されるような安ものな服しか買えない・着られない人たちもいるから、その服装で人となりを判断することはできない。そのような

貧困の姿を戯れに真似るスノッブがいたりもするが……。衣生活の質は、「わたくし・わたし流のライフスタイル」に基づいて醸成されるもの。「これが流行のライフスタイル」といった、仕掛けたコマーシャリズムの産物ではない。

「人にやさしい」「地球環境を守る」という倫理的商品がある。「無農薬栽培」「有機栽培（オーガニック）」「化学染料不使用」「合成化学薬品不使用」といわれれば、「それを買って、着て、その事業を支持するのが人の道。価格が高いのも止むを得ない」と善人は思うだろう。だが、その通りに作られたか否かを確かめることは難しい。

農業、工業にまたがる繊維製品の生産プロセスと流通の実情を熟知するプロフェッショナルであれば、「トレーサビリティー（履歴管理）」の陰に潜む抜け道の存在は分かっている。そこで起こっている出来事も見聞きしている。生産・流通に携わる者は、倫理的商品の認証ビジネスの片棒を担ぐ「お人好し」であってはならないと思う。

今では忘れられたかのようなかつての綿花産地で「再び綿を栽培し、糸を紡ぎ、布にした」ことを売りにする製品・商品でも、土産した綿の使用比率（混率）が詳らかでなければ、地域振興を騙るものにすぎない。ストーリーを付けただけの売り物である。

「着る人の心身に良い」「倫理的に正しい」と称する売り方（イメージづけ）には、安直に同調できない。「エシカル＝ Ethical（倫理的な）」や「サステイナブル＝ Sustainable（持続可能な）」を謳ったファッションも、「ファッション＝ Fashion（流行りの格好よさ）」に過ぎないのかもしれない。このような呪文を鵜呑みにしない姿勢が大切で、知性的でありたい。素人である生活者を結果として騙さないためにも、服地づくりや服づくりの実際を熟知することが、生産と流通の両者に求められる。

服地づくりや縫製など、服づくりを協働する人と着る人の接点（インターフェイス）づくりも課題になりそうだ。

取組みやすいことから行うならば、次のようなことが挙げられる。

292　第Ⅲ部　生産・流通のグランドデザイン　❖　第4章　朝の気配

A）服づくりに携わった作り手の名前を公開する

アパレルデザイナーのコレクション発表時に、服地メーカー名、あるいはテキスタイルプロデューサー名、テキスタイルデザイナー名を、ヘアやメイクのアーティストと同じように紹介する。それは、スペシャリストとして対等（パートナー）と認めている表明になる。服づくりは、真のコラボレーションの意識を持つことから始まるからだ。次のようなプラスの変化があるだろう。
・真心がこもった服地が提供される。名に恥じない服地づくりがなされるから
・作り手が誇りを持って、服地づくりを続けていく気持ちになる
・服地づくりの後継者が現れ、技術・技能の継承・進化（深化）、生産機構の維持、作り手間のネットワーク化が促進される
・アパレルデザイナーの度量が賞賛され、さらに協力者が集まってくる
・アパレルデザインの質が向上する。使用した服地の魅力に頼らなくなるから
・その服、ブランドへの信用度が増す

B）耳マークを服に縫い付ける（ダブルブランド）

それによって次の効果が得られる。
・良い服地づくりへの励ましになる
・着る人、発想を生む人、作る人、商う人の気持ちのクロスオーバーが可能になる
・品質への信頼が増す

C）より質の高い服地にも見ながら触れる

あらかじめ設定した低い仕入価格帯よりも高価格帯の服地にも、見ながら触れる。より質の高い服地に接することで、新しい発想や工夫が生まれてくるからだ。
・おしゃれ心をくすぐる「Something New」が服に生まれる。その服地を使うための工夫や、それに近い服地を得る工夫がなされるから

293

・服地の作り手の創作意欲、事業継続意欲が保持される

・服づくりの「安さ慣れ」「同質化」から解き放たれる

D）理知性と感性を結集した共同研究

　モデリスト、アパレルデザイナー、服地メーカー、テキスタイルプロデューサー、テキスタイルデザイナーが集まって共同研究をする。これは「感性日本」のアパレルを発想し、創作するための協働である。とりわけ、モデリストとテキスタイルプロデューサーの連携は有効・有用だ。服づくりに対する理知的な思考や考察ができ、高い感性を持ったスペシャリストたちであるから、互いの専門性を尊重した共同研究ができる。それによって、次のことが可能になる。

・縫製しやすい服地づくり。成形性の発見（表地、芯地、裏地の総合による）

・仕立て映えのする服地づくり

・着心地、触知感の発見

・服の造形表現（シルエット、服色）の多様化、合理化

・異素材の組合せ（ファブリックコンプレックス）による服づくり

・異素材コーディネートによる新たなスタイルづくり

・日本の生産機能の保持

・次世代のスペシャリストの合理的な養成

　「パターン、縫製と服地の関係」に関する1年間にわたる共同研究があった。その内容は2003年11月に公開された（日本モデリスト協会主催、第3回技術研修会「糸、組織とパターンと縫製」）。研究メンバーは、モデリストたちとアパレルデザイナー（本間遊、HOMMA）、テキスタイルプロデューサー（野末和志）。参加したモデリストたちとは、モデリスト、パタンナー、芯地メーカー、縫製工場で構成する、日本を代表するプロフェッショナルチームである。

　研究課題は、1点のジャケットのデザインをもとに、「規格を違えた梳毛のギャバジンを用いて、出来上りが同じ姿かたちに見える服を作る場合、それぞれに適切な縫製工程をどのようにするのか」である。

品種名は同じギャバジンでも規格を違えるとは、使用する糸番手、双糸・単糸、SZの撚り方向、撚り数、その糸配列、綾目の方向などを違えること。縫製工程をどのように違えたらよいのかとは、パーツのとり方、芯地の選択、縫製工程でのアイロン使用の順番などのこと。これらの方法を発見すること以外にも、アパレルデザイン上での服地の弱点の避け方、さらに遡って縫製しやすく見映えのする服地づくりへの手掛りを発見することなどにも挑んだ。

この協働は、基本的品種への適切な対応技術を発見し、それを服づくりに携わる各段階が共有することが、日本のアパレルの品質向上につながり、「次世代育成への基点にもなる」ことを示唆した。

〈→Ⅲ－4－5 次世代が動き始めた 事例② JNMAとアパレル製造業へ転身した縫製業〉

Ⅲ－4－2　立ち止まって思考する好機

ファッションビジネス（ファッション産業）にどっぷり漬かっていると、「最新が最高」と思うようになりがちだ。しかし、物づくり（繊維産業）を知ってくると、「新しい素材、製法、機械が、これまでよりも優れている」とする言動に同調できなくなる。また、生活者として衣生活の実体験を積んでくると、「それほど単純ではない」と気づく。

これまで流通（商流・物流）の世界では、革新的手法が考案され、話題となり、採用されてきた。

オムニチャネルリテーリング、ネットショッピング、ファストファッション、ブランドエクイティー、ライフスタイルショップ、ビジュアルマーチャンダイジング（VMD）、ハウスカード、返品条件付き買取り（委託取引）、派遣販売員付きお買上げ仕入れ（消化仕入取引）、多頻度少量発注・納品、期中・期近発注・短納期（クイックデリバリー）、初回導入・備蓄要請、オーバー発注、RFID、クイックレスポンス（QR）、サプライチェーンマネジメント（SCM）、アウトソーシシング（OEM、ODM）、中間排除、製品買い・糸（生地）売り、自主MD、プライベートブランド（PB）、Made by Japan、値札付け・各店配送、売場改装費・

SP費の転嫁（納入業者への協賛金請求）、バッファー機能、アウトレットストア、ファミリーセール、キャッシュフロー経営などなど。

それらは、売り方（買わせ方）やリスク回避、売り逃し回避、売り増し促進、仕入原価の低減による粗利益率の向上、経費の納入業者への転嫁、価格競争力の強化、見込み外れの損失回避など効率的経営を目的とした手段であった。

立場を変えて見ると、それが、

・衣生活の質の向上や維持に、どれほどの貢献をしたか
・加工生産への作用と負担はどのようであったか
・社会的コストの発生は、どれほどであったか（増大させたか）
・アパレルサイドが得た利益よりも、支援をした形に見えるメーカーのほうが多かったのではないか

といった疑問が残る。回答となる数字は、一企業の、一期の損益勘定データにも表れない。合理的な流通のための革新的手法の開発に思考を費やし、費用を使ってきた幾分かを、服・服地の質（デザイン、品位・品質）の向上・維持、賢い衣生活の知恵やおしゃれの教養の提供などを通して生活者を育てること、買って着たくなる魅力ある服づくりの水平的システム構築に振り向けていたならば……と思う。

「新しいことが絶対」「知性より感性」「変わり身の速さ、フットワークが第一」とする価値観・事業観と、生活者を販売ターゲットとしか扱ってこなかったツケの恐さに思い知らされるのではないか。パラダイムシフト（チェンジ）実践の時、と感じる。

● RFID

製品在庫管理と売場への物流の効率化を図るシステム。在庫管理方式はさまざまあり、経営方針や商品内容などによって企業ごとに異なる。

● QR（クイックレスポンス）

適品を、適時に、適量作り、最短日数で供給するシステム。現場では一般に、

クイックデリバリー（QD）のことと理解されている。売れ筋追求型経営技法。

● SCM（サプライチェーンマネジメント）

　IT（情報通信技術）を活用した売れ筋追求型の経営技法。小売り販売時点を起点に、求める服を、求める日時に、求める枚数、売場へスムーズに供給するためのシステム。服の供給、服づくり、服地づくり、それぞれの間に発生する物流などを連携させ、効率的な経営を企てる。

　その構築には、サプライチェーンを構成する各企業がリスクを公平に負担し、利益を得るという、全体的思考が求められる。利益構造が異なる企業が共存共栄のパートナーシップで連なることが必要だからだ。

　SCMを流通サイドにとって都合の良いシステムと捉え、マーケティング第一主義で、加工生産を軽んじ、無理強いするのであれば成り立たない。加工生産サイドには流通サイドとの相互フォローの記憶はあまりなく、むしろこれまでに受けた「リアルな現実」が染み付いている。そのため、このWIN・WINの関係になれるという「イイ話」に、おいそれと「はい、賛成」とはなれない。

　ＳＣＭは2002年にも提案された。その原型のQR(1994)はQDと化してしまった。加工生産サイドはいまだ、その影響下にある。「ドキドキさせる"おしゃれ創造ファースト"の仕組みづくり」の呼び掛けがあっていい、と思うのだが……。

Ⅲ―4―3　見ながら、触れる

　服地とその生産・流通を、言葉だけで理解することはできない。現物を見ながら、触れてこそ、それが可能になる。分解鏡（ルーペ）、顕微鏡30×（倍率30のハンディー型）、分解針、ピンセットを使って覗くことで、体験知となる。アパレル小売りにとっては、この体験知を身につけることが選択・仕入れ、販売・広告宣伝・プロモーション、クレーム対応に役立つ論理的な思考と行動の起点になる。体験知もなく、他人から提示されるデータや言説に依拠していては、自らが発信する力は得られない。アパレルメーカーサイドも同様である。

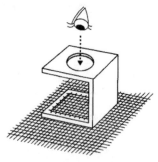

【ルーペの使い方】
①経糸と緯糸が直角で交差するように織物を広げる→②経糸と緯糸が枠に平行になるようにルーペを置く→③1インチ間の糸本数（枠に目盛あり）を数える。詰んだ織物であれば、1/2インチ間を数え、2倍して密度を得る→④編地ではウェールとコースに枠を平行させる。

　服地の規格データや価格は、読めば分かる。だが、肝心のテクスチャー・材質感や品位などは、映像（デジタル画像）でも伝わらない。ましてや、その服地だからこそ醸し出されるシルエットや、服として着られたときの動態の様（さま）は分からない。

　服地の評価は、着分（ちゃくぶん）を目にしながら、手にし、肩に掛け、撫でる、寄せる、垂らす、揺らすなど、動態で見る、触れることをして行われる。意図する服にふさわしいか、用いる価値はあるか、その価格の値打ちはあるか、是非もなく入手すべきかなどの判断に、「見ながら、触れる」ことは欠かせない。身体で感じ得た服地の豊かな経験（体験知）が、服地の生産・流通の知識を最適な服づくりに結びつける。体感の知性である。

　リアルな体感が欠如した服づくりの先に待ち受けるのは、貧相を貧相とも感じない無感動な光景だろう。ファッションECで発生する返品の山は、無関係ではない、と感じる。

Ⅲ—4—4　生産現場へ行く

　服地づくり、服づくりには、現場での話し込みが効果的だ。実際の物づくりは現場でしかできない。素材探しも現場へ行くことが有効である。思わぬ発見があったり、技術者との意見交換によって「新素材」や「自ブランドのオリジナル素材」が誕生することもある。「現場で目にした加工法を、素材置換えで新商品にする」ことも起こり得る。

デザイナーやマーチャンダイザーは、手で考え、布に語らせる寡黙な作り手の生産現場で試され、「ひと肌脱ごう」といわしめる存在でありたい。生産者を味方に得ることはとても大事である。その服地で作った服を作り手のもとに持参して見せることは効果的だ。協働の成果をともに喜ぶことから、次へのアイデアが生まれる。そうなるのも、仕事は人の心がするものだからだ。

　生産者を呼びつける、提案を待つなどの傲慢さや横着さからは、当たり前のモノしか得られない。それだけでなく、加工生産（工場、産地）の情況も見えず、聞こえず、競合の動静も窺えないことになる。

Ⅲ—4—5　次世代が動き始めた

「好転は自らを変えることで生み出す」
「現況の中に道はある」
　そう悟（さと）って新たな行動を起こした一群の経営者がいる。彼らは物づくりの職人であり、中小零細規模で賃加工する工場主である。そこからの脱皮の仕方は、次代への奔流を予感させる。その5つの事例を挙げ、生産者型コンバーターの事例も加えて紹介する。

事例①　　T・NJの「他をもって代え難し」

　産地横断型合同商談展示会「T・NJ（テキスタイルネットワーク・ジャパン）」に出展する服地メーカーの一群は、織物、ジャージー、レース、プリント、キルティング、後加工などの生産者たちである。彼らの自立への思考と行動、その成果を見てみよう。
　彼らの自己改革の目標像とは次のようなことである。
・継続的にオリジナル製品を発表できる＝企画提案能力がある
・持続的に営業活動ができる＝自販能力がある
・工場出し値を合理的に設定できる＝価格設定力がある

・自社設備で主な生産ができる＝加工生産機能がある

・原材料の供給先を持っている＝仕入れ能力がある

・海外に市場を持つ＝国際級のビジネス能力がある

・後継者を得ている＝事業活動に持続力がある

　この志を行動に移すには、覚悟と勇気が不可欠だった。自販は、中抜きされた流通業者からの報復のおそれや仕事が途切れることへの不安を抱かせる。産地の組合行動から独り外れることへのおそれもある。業界の秩序を乱す自分を支えてくれたのは、全国各地に散在する同じ志を持つ生産者たちだった。産地としての背景も、得意分野も、売り先も違う者たちである。

　目的の成就は、強い意志の持続によってなされてきた。その基底に流れているのは、次のような思いである。

・「オンリー・ワン（他が作れないモノを創る）」「オリジナル・ワン（これまでになかったモノを創る）」の存在になるという高い志。安易な物づくりで儲ける姿勢の否定である

・「自分を救うのは自分しかいない」とする自助努力と粘り強さ。その表れの１つが自腹主義である

・同志内での切磋琢磨。それはオンリー・ワンへの細分化を意味する。ニッチを見いだし、自らの居所（ドメイン）を創るのである

・同志としての情報や加工技術、材料などの交流。商品の共同開発・合作である

・得意先の共有。寸刻を惜しむ顧客への利便性の提供（素材発見・話し込み優先）

・同業者マナーの堅持（違反者の排除）

　Ｔ・ＮＪの設立は、全国の産地に散在し、ユニークな服地づくりをする中小弱小の機屋を集めた合同展「WFTF（ワールド・ファッション・トレード・フェア）大阪」（1996）の企画コーナーと「テキスタイル・ロード」（1997）の大好評に端を発している。企画コーナーは、WFTFの一画を借りて開いたもの。出展者と来場者からは「実務的だ」との賛意と、「定期的開催を」の要望が強く寄せられた。これを受けて1998年に２回、「テキスタイルネットワーク（Ｔ・Ｎ）展」の名称で、産地横断型合同商談展示会と出展メーカーの交流会を独自開催した。2009年に

「テキスタイルネットワーク・ジャパン」に改称（海外への発信強化を目的に）し、現在に至っている。

T・NJは、ターゲットを「素材を活かす服づくりをするアパレルメーカー」と定め、共通テーマと自主テーマの2本立てで服地の創作に励み、提案し続けてきた。来場者をアパレルデザイナー、アパレル素材のバイヤー（アパレルメーカーや企画会社など）に絞り込み、服の創り手と服地の創り手の「Face to Face」の話し込みを通じて、ビジネスパートナーを見いだし、自販している。

2017年春夏のT・NJは、「強撚りで創る織り編みプロジェクト」を共通テーマに、織り・編みのメーカーの技と感性の競演を披露した。アパレルに現物を見せながら、触れてもらい、服への創作意欲を誘い出すことがねらいである。Something New を求めるアパレルの来場者で、会場は熱気に満ちた。こうした支持を背景に、海外の素材見本市への出展やセールスエージェントのミラノ常駐（「Tech-style LABORATORY」Naomi Takahashi：高橋直美、元川邊莫大小製造所）などにより、海外のブランドとの取引も増えている。

「零細弱小でも生きられる」ことを実証したのは、価値観生産を可能にする基本技術の保有と、海外営業力を身につけるための弛（たゆ）まない自助努力である。

「自ら発信すること。世界に見て、触れてもらう。（先方と）会えば、直接に意見やヒントがもらえる。そして、さらに自分は向上する。そのためには、評価される技を持っていること。今、残っているのはそうした工場だ。企業規模は大きくしないで、家人と近しい従業者で営む。売上高に占める海外比率を20％に持っていきたい」（古橋敏明、古橋織布、T・NJ出展満20年に寄せて、2017）。現在は16％まできているというから、もはや「20％は目標ではなくなった。経営上の実効性を強める段階に入った」との認識である。

このようなグローバルなニッチトップに転進した出展者が増え始めている。T・NJは創設の目的・目標を達成した。それは、ファッションビジネスを巡る環境が変貌する中で、新たな思考と行動をとる時を迎えたことを意味する。

T・NJは「争わず、オンリー・ワンへの細分を進める」ことで、魅せる合同個展へと進化し、「産地の中小零細企業（工場）に活路を拓く」ための同志の活

動体になってきた。このような志に基づく産地の垣根を越えた合同商談展示会形式（T・NJ式）の日本事始めは1996年だった。テキスタイル合同展「ジャパン・クリエーション（現JFWジャパン・クリエーション）」が開催される以前のことだ。

　T・NJの仕掛け人は、「自立を目指す産地メーカーに機会を設けたい。しかも、その経費負担を軽く」という思いを持ったプロデューサーの長田和之。これに呼応したのが、「服地の作り手を守る一粒の麦とならん」とするジャーナリスト（当時繊研新聞編集長）の松尾武幸、「自力をつけた同志を増やしたい」と努めていた機屋（みやしん）の宮本英治。この企てに共鳴した糸井徹（欧米のハイエンド・ブランドアパレルを取引先に持ち、自販する機屋）、コンバーター経験の野末和志らを加えたメンバーで、T・NJはオーガナイズされてきた。その運営に公的な補助金や助成金は受けてこなかった。

　そして2017年、T・NJは出展者たちが自主企画・運営する「ステージ2」へと移行した。

事例②　JNMAとアパレル製造業へ転身した縫製業者

　JNMA（JAPAN MODELIST ASSOCIATION＝日本モデリスト協会）の会員が、パーツ（裁断された服地）を支給され、渡された指示書に従って縫製するだけの縫製業（縫製工場）から、イタリア並みのアパレル製造業者に進化した事例（2010年頃）である。

　「その縫製工場（ファッションしらいし）が保有する機能は、次のようである。
・レディス分野に絞り込む
・企画デザイン、サンプル服製作、パターンメーキング、裁断、縫製などの服づくりの全工程を行う
・服地、副資材の調達をする
・出し値の設定、自社ブランド（ファクトリーブランド）付き買取取引などができる営業力
・海外のブランドアパレルを開拓する

・海外の相手先に技術員を常駐・派遣する

　これらの機能を持ってイタリアの縫製業者と受注の国際競争を、アメリカはニューヨークで行っている。そこに商社やアパレルメーカーの介在は見られない。単独行である。この縫製工場の取引先構成比は、ファクトリーブランドが30％、海外のブランドアパレルのOEMが30％、国内のアパレルメーカーのOEMが40％。しかも、得意先1社当たりの売上げ比率は20％以下とバランスが良い」（アパレル工業新聞、2011.4.1付＋筆者インタビュー2016）。

　規模の大小や対象市場の違いはあっても、これに類する事例は増えている。ドメスティックな既製服製造卸が「中抜きされる」「服の作り手が流通を選ぶ」といった事象が起きている。ニットウェア分野では、かなり以前の1970年代に、ニッターがアパレル製造業や編立小売業という業態になるケースが見られた。彼らからすれば、「縫製業者もようやく目覚めたか」であろう。

　JNMAは2001年に設立されたモデリストの職能団体で、その目的は次の通り。
・モデリスト職の役割の社会的認知、地位の確立
・モデリストの技術向上、養成
・アパレルメーカーと縫製業を協働させて、良質な服づくりをさせる働き

　これらの目的を実現するために、研究会の開催や海外のモデリストとの交流などを行っている。会員はモデリスト個人、アパレルメーカー、縫製工場、芯地メーカー、教育機関などに所属している者、自営している者などの個人。設立と初期の運営は、古宮郁夫、稲荷田征、伊埼晴子、辻庸介、柴山登光、牧勝則、中村奉晃、小倉万寿男、高橋かおる、白石正裕、船津公子、本多徹らが担った。

事例③　　**低能率、高効率、オンリー・ワン**

　機を見るに敏な経営者たちは1960〜80年代、それぞれの節目で、次のような行動をとった。
・織布業者は素材メーカーの系列下に入り、渡された仕様のメーカーチョップ品の織布だけに専念した

・アパレルメーカーは、アウトソーシングをした

・アパレルメーカーと百貨店は、返品条件付き委託取引、派遣販売員付き消化仕入などに切替えた

　このように効率路線へ切替えることで、目下の経営課題は消え、利益が得られた。これで先々まで快調に走っていけると信じ、周囲もまた「うまくやっている」「時代に乗っている」と思った。しかし切替えと同時に、企業内では腐蝕が始まり、崩壊へと歩み出すことになった。気づいたときには、引き返すことは難事となっていた。楽を求めて煩わしさを避け、「難しさを解く楽しさ」を捨てた企業文化へと変質し、ビジネス環境の変化に対応するフレキシブルな精神を失っていた。

　一方、「仕事（職）の本来のあり方を忘れ、筋を見失ったとき、その企業の役は終わる」と感じた愚直なまでの作り手もいた。T•NJのレギュラー出展者には、そうした経営者が多い。能率的な革新織機の導入と旧機の廃棄が行政と業界の常識だった時代に、あえて博物館入りクラスの機を動態保存＝実働させ、革新織機では作り得ない織りの表現と風合いを生んでいた織布工場もあった。「代わるものがない」といわしめるその服地への評価は、今や国内外で高く、国際級となっている。今日、そうした工場は希少である。

　このような工場は、幾分かの蔑みを持って「アナクロ」と陰口されていたが、原料の選択・混用から、糸づくり、漂白・染色・仕上に至るまで細心の注意と工夫を重ねていた。作り方は非能率だが、営業効果（効率）は大である。超一級のブランドとの取引や新製品の開発にも役立っている。

　心を込め、技を尽くして作った服地と、マニュアルに従って能率的に作った商材としての服地との違いは、市場評価に表れている。前者にはコアなファンが形成されている。そうした機業は、並級の量産品に対応する革新織機も備え持ち、創作と経営のバランスをとることにも抜かりはない。

　「時代遅れ」「低能率」と蔑視された旧式織機に長所を認め、これに工場独自の改造を加え、その織機独自の表現性を創出する。これは、織り手の経験と技の豊かさがなせることである。「織り子と織機が呼応し、布を生み出す。古い機が好き」（山崎昌二、2016）という姿勢を、アナクロとして打ち捨てるのはもったいない。

コラム 12

創作の歓びと経営のバランス

　ビロード織物の織機には、シングルビロード機（ビロード織機）とダブルビロード機（二重ビロード織機）がある。前者で作ったものを「シングル」、後者で作ったものを「ダブル（二重ビロード）」と呼ぶ。

　多用されているのは、効率的な二重ビロード織機である。1台の織機で上下2枚分のビロードを同時に織るから、量産することができる。上下とは、上地と下地のこと。これを切り離して2枚にする。

　「シングル機は今や製造されていないから、残存しているものをだましだまし使っている。その機の部品が損傷すると、部品を取るために備えている廃機から取って補う。創業時（1962）に入手し、その後も改造を重ねた機をそうまでして使う理由は、おもしろい装置を付けることができるから。それによって、これまでにない表現のビロード、例えば先染の格子柄を絹・ウール交織、絹・綿交織で創作した。麻（リネン）のビロードも創った。客は（量産品との）違いが分かり、それを服に表現できるデザイナーズアパレルに絞られる」（山崎昌二、山崎ビロード、2016）

　織り手がマニアックなら、服地の使い手（アパレルデザイナー）も負けず劣らずマニアックなのだ。皆川明（ミナペルホネン）もその一人である。

　山崎が「好き」という機は、ビロード組織で織るシングル機だ。一般的なシングル機は、地経2本、パイル経（毛経）1本用の地経ビームとパイル経ビームの2本を備えている。ビロードの地組織は平織、畝織、斜文織（綾織）。地緯1〜3本ごとに「パイル用針金」を織り込み、輪奈を生む。針金は2種類を使い分ける。針金を抜くときに輪奈を切る場合、あるいは輪奈として残す場合である。輪奈の大小に応じて太さの使い分けもなされる。

　ビロード織機で作る毛房の長いプラッシュはフェークファーになる。それ

> は、起毛加工やエンボス加工、染色加工などを施すことでさまざまな表情に変化する。リアルファーにはあり得ない表現を生み出すまでに至っている。
> ビロード織機では、巻き毛のアストラカンを作ることもできる。
> 「モヘア糸を強撚し→蒸して撚りを固定し→ビロード織のように針金を使って輪奈を作り→切断し→縮絨・蒸す→撚りを戻す→巻き毛が生じる」
> これは毛皮のアストラカンに似ている。いずれも手間がかかる製法だが、織り職人のクラフトマンシップが発揮でき、物づくりの快感・満足感が得られる。アーチストである山崎は、ダブル機も備え、使い分けている。

事例④ おしゃれが変われば、風合いづくりも変わる

　おしゃれの美意識は、時の移ろいとともに変化する。「良い」とされる風合いの内容も同様で、「今どきの風合い」がある。それまでの良い風合いにこだわればオーソドックスな作り方で済ませられるが、時の気分に合う風合いやテクスチャー・材質感、ボディ感などを生もうとすれば、服地の作り方を改めることになる。その例を２つ挙げる。１つは洗いまでの織物設計によって時々の気分を表現する作り方（オフィスくに）、もう１つは二重ビームのタオル織機でシャツ地（シャーティング）を作るという発想（渡辺パイル織物）である。

●洗いまでの織物設計で風合いを創り出す

　「原毛を手にしたときに思い浮かんだ服と服地のイメージと、それを具現するために必要な糸づくり（紡績や撚糸など）、組織、密度などを想定・設計する。次に、洗い（がさついた生機の洗絨(せんじゅう)）に注力する。羊毛の自然な風合いを活かしたいからだ。思い描く風合いを創り出すのは試行錯誤である。使用する番手は、紡毛糸で２種（オリジナル番手の６番手と８番手）、梳毛糸は40番手を中心に、

変化をつけるための 30 番手と 24 番手に絞っている」（内藤尚雅、2017）

　この発言からは先染や反染にも注意を払っている様子がうかがえる。染絨に重きをおいていることが分かる。現況では先染にせざるを得ないようだ。風合いが明らかに分かる無地もの、しかもテクスチャードな服地づくりを主としている。服地づくりの構成要素を絞り込むことによって、現場経験の有効性を高めようとしているようだ。この思い切りの良さがオフィスくにの肝である。

　オリジナル番手とは、差別化を目的としてレギュラー番手にはない番手で作った織糸のこと。これは太さが違うだけではなく、使用原料の内容もレギュラー番手とは異なっている。「オリジナル番手の 6 番手は、英国羊毛を用いたトップ染糸（メリノ羊毛の染糸ではない）。この現物を 11 色、常備している。40 番手中心にするのは、多用されているレギュラー番手の 48 番手、60 番手使いでは出ない味を持っているから」である。

　オリジナル番手づくりでは、細番手用の梳毛で太番手の糸を紡ぐ。これにより、太番手用の紡毛を用いた太番手の糸とは異なる味を出すことができる。これを「紡毛挽き」という。例えば、60 番手用の梳毛を用いて 52 番手、あるいは 49 番手の糸を挽く。この番手はレギュラー番手にはなく、それに近いレギュラー番手には 48 番手と 60 番手がある。

　察するに、紡毛挽きの結果、太番手の異番手が生まれても、真の目的はそこにはなく、その先にある。硬そうなツイードに見えるが、手に取ればやわらかで、なめらか。裏側をロープ仕上で起毛すれば、新しい感覚、初体験の着心地の梳毛服地が生まれる。「生地づくりを服づくり（創作）と捉えている」のである。ロープ仕上とはマニラ麻のロープで生地を打つこと。これを「いたぶる」といっている。

　ちなみに、紡毛糸の番手は 1 〜 20 番手、梳毛糸は 24 番手以上である。羊毛糸の太さは、太番手で 1 〜 36 番手、中番手は 40 〜 66 番手、細番手は 72 〜 80 番手、極細番手は 90 番手以上が目安である。

　紡毛糸の中心番手は 14 番手。ツイードに使用するのは 2 〜 10 番手、手紡ぎ手織りツイードで 2 〜 3 番手。高級紡毛服地には 20 番手。梳毛糸の中心番手は 48 番手（48 双糸）。梳毛のメンズスーツ地は 52 番手、梳毛の細番手の中心番

手は 72 番手（72 双糸）。高級梳毛服地には 80 番手以上を使用している。中心
番手は糸相場を表す場合に用いられる。

　洗絨でウールが持つ自然な風合い（手触り、やわらかさ、膨らみ）を生もうと
すれば、天然の石鹸を用いて、織物を広げて洗い込む（オープン洗絨機＝拡布洗
絨機）。今日では手間をかけない処理方法が採られている。

　整理工場のそれぞれが、洗絨の工程で石鹸・合成洗剤の選択、洗剤の分量、洗
い時間、洗いの機器やその使い方、お湯の温度などを使い分け、組合せなどの独
自のノウハウを発揮している。

　毛織物服地の風合いづくりでは、一般的に各種の整理・仕上に重きがおかれ、
この工程で細工を施す。だが、この例ではオーソドックスな作り方を避けている。
これは T・NJ に出展している「テーブル機屋」のあり方の１つである。テーブ
ル機屋とは、加工生産設備を持たず、糸を買い、織布、整理は外注する、商品企
画と生産管理の機能だけを持っている毛織物メーカー（在産地）のこと。「頭脳
とセンスとフットワークの良さが命」である。

　　　　＜→ I―2―7 整理業（羊毛織物の仕上をする業）B）羊毛織物服地の染色と整理の工程＞

●二重ビームのタオル織機が生む風合いでシャツ地を創る

　このシャツ地は、標準的なシャツ地の精緻でしなやかな風合いとは真逆である。
幾分ラフな感じで、膨らみとやわらかさを持っている。繊細なエレガンスを漂わ
せるシャツであればオーソドックスな作りのシャツ地を用いるが、スポーティー
な気分を求めるときは、不適当だ。

　タオル織機は、２本の経糸ビームを装備している。地経糸用の地経ビームと、
パイル経糸（毛経）用のパイルビームだ。織布にあたっては、地経とパイル経を
交互に配列し、地経は強く、パイル経はゆるく張る。パイル経の張力を強めて、
普通の筬打ちをし、輪奈（パイル）を出さないこともできる。打ち込みは 50 ～
60 本と、布帛地の 70 ～ 120 本に比べて少ない。今治産地で使われているタオ
ルの織機は、レピア機、エアジェット機。いずれもジャカード装置搭載機である。

　タオルの地（平地）は、織目が粗い変化平（変化平織組織）の七七子（バスケッ

308　　第Ⅲ部　生産・流通のグランドデザイン　❖　第 4 章　朝の気配

ト織）や、蜂巣織（枡織）などで組織される。パイル経は撚りが少なく（甘撚り糸）、
やわらかで膨らみのある太い糸である。吸水性とやさしい肌触りを得るためである。綿織物のシャツ地のオックスフォードは七七子。四角の目のワッフルは蜂巣織（枡織）で作る。ポロシャツ地のワッフルは、緯編地のリブ編した２×２リブである。

　「空気を通し、肌にべとつかず、地薄（嵩高を抑える）のシャツ地を作るために、織糸を綿の 40 双糸、上撚りを 18 回／インチとし、六角形のハニカムを織り表せる 5000 口のジャカードタオル織機を使う」（渡邊利雄、2017）、「地経とパイル経の張力差、緯糸の緊張の差を活用するための設計」（渡邊文雄、2017）。ここに至る試行錯誤の過程で、多様な表現と機能を持たせる別の手法に気づいたようだ。タオル織機で織ったこのシャツ地は、アウター用に進展可能である。

　先例は、40 年ほど前のパリコレにあった。「ジャン＝シャルル・ド・カステルバジャック（フランス）が、インテリアテキスタイルやキッチンクロス（ディッシュクロス＝皿拭き用タオル）を用いて服を作った。これはナチュラル感への関心を呼び起こした」（箱守廣、1977）。

　これを箱守は「ファブリック×スタイリング×ウェアリング＝服装」という式に置換え、衣生活の中に位置づけた。「それまで服地として利用されなかった布地を見ながら触れ、そこから湧いた服のイメージを形にする。これが着こなす・着合わせることによって衣生活に取込まれ、ポジションが与えられる」ことを意味している。そこには、布地の表現性を吟味できるクリエーターの目と手とセンスが働いている。欧米でのディッシュタオルは、綿の 10 番手単糸の晒糸に色糸使いの平織組織。高級品にはリネンが用いられている。

　これと通じる事例がある。「ニコルの松田光弘は、綿の丸編地で作る下着のＴシャツに色や柄を与え、アウター化（ファッション化）した。これは、ランニングシャツをノーブラで着用するアウターへと進化し、今日の衣生活に定着した」（箱守廣、1977）。意表をつく用い方・使い道を発見し、新しい価値・意味を与えたのである。ここに至れば、糸づくり、編地づくりは変化する。このような下着のアウター化は、服装史においていくつもの事例がある。

布づくりには、「使用原料やその混用、紡ぐ、撚るなどの糸づくりと糸使い、自家薬籠中のものとした織機との相乗が有効」（渡邊利雄、2016）。そこには「慣れに留まることなく、可能性を広げる気持ちと行動力を、次代を担う人たちに持ってもらいたい」という願いが込められている。

創意と工夫は反セオリー、アンチオーソドックスな作り方を選ばせる。その思考と行為は過激である。これをなせるのは、「自らが己の製法を発見・確立し、生き抜く」意思の強さだと思う。

事例⑤　加工技法をフィーチャーした服を自販する服地メーカー

服地メーカーが自社独自の加工技法をフィーチャー（Feature）した服をデザインし、製造し、ファクトリーブランドとして自販する、さらにこれをODMにも活用する。このようなレベルにまで至ったT・NJ出展者も現れた。林キルティングである。このような動きは、編糸メーカーにも散見される。

これらメーカーがたどった経緯を見ると、「かく在りたい」と思い描く姿かたちの具現が可能になるポジションへと自らを少しずつ移していき、機を見て即、実行している。「みんなで渡れば」式ではない。

事例⑥　生産者型コンバーター

生産者型コンバーターの事業目的は、2つある。自社の備蓄リスク（見込生産による製品反）の軽減と、アパレル製造業者（アパレルメーカーやSPAなど）が抱くリスク回避や売り増し、売り逃し回避などの要望に対するサービス機能の提供である。

そのために、短納期、受注生産を基本としている。例えば、色見本を受けてから納品までに5日以内。これを可能にする方法として、生地や原糸の自社備蓄、織機の保有、専用の染色ラインの確保などの生産システムを構築している。この進化形として、生産技術と商品の開発がある。「生産方式と新規商品開発を融合

した製造販売会社の誕生が予想される」と大家一幸は指摘する（2016）。

　すべての起点となっているのは、リスク回避である。その解決方法は、アパレルメーカーやSPAにとっては「必要の都度、発注、欠反なし、納期厳守（ジャスト・イン・タイム）」、コンバーターや服地メーカーにとっては「受注生産、全量即納」である。

　これまでも、単に捺染工場を持つコンバーターは複数存在していた。P下を常備し、色柄の提供もして、受注生産する捺染工場もあり続けている。これらは相手先の新商品開発の負担軽減を目的にした営業形態である。だが、生産者型コンバーターについてはその営業形態よりも、「服地製造や素材開発の構造的な変化として注目したい」と大家一幸はいう。これを「アパレル素材の開発形態の変容」と捉えたい。

　絶対に堅牢と思えた業界構造に崩れが生じてきた。これまでとは違った生産・流通もあり得ることに、服地の製造・生産者は気づいている。業界内のヒエラルキーが変わり、今までとは異なった状態が生まれそうである。

Ⅲ—4—6　「作り手がいる」ことに価値がある

　売りやすく、儲けやすく、作りやすい安づくりをさせ、最新のモノが「最高」「今日的」と訴求し、販売する。「マーケット・イン」と呼ばれる考え方と行為が、物づくりを主導する状態が続いている。

　「売ってお金に換える」「仕事を持ってくる」「買って着る人を分かっている」のは商人なのだからと、物づくり（生産）を商い（商業）のもとにかしずかせる。だが、このような思考と行為が求める見てくれのいい服地の作り手ばかりではない。

　今どきの服・服地を見て触れて、「昔のもののほうが良かった」と感じる消費者もいる。「新しい」に惑わされることなく、その真偽を評価できる眼力の持ち主が着る服の服地づくりを担う者もいる。「良い服地づくりに仕える職人」である。

311

このような職人気質の工場は、最も良い物づくりに余念がなく、流行りに右往左往しない。ひとつの哲学（美学）を持っている。

　モノの良さ、良いモノを見る目を持った服の作り手や売り手は、自らのブランドが作りたい服、売りたい服にとって適切な服地を求め、それを用いて作った服であっても、全きでなければ「ダメ」という。「私はこうした服を作る、売る」と、姿勢が確かである。風合いや身体に馴染みが良い服地づくりに仕える職人の意気と技、「古いやり方にこだわる」というあり方もあっていい。

　「物づくりに対する日本人のマインドは世界一」（糸井徹、2017）

　「日本の価値は付加価値を付けた服にあるのではなく、服を形づくるアパレル素材、加工生産技術、それらを融合する美意識の三位一体にある」（小笠原宏、2014）

　これは日本の工芸美遺産から読み取れる。物づくりの「日本回帰」を示唆している。

　「糸づくりから仕上に至る各分野の職人を育てること、質を見分ける目を持つ人をつくることが大事」と高橋幹は指摘する。「センスある職人＝アーチストを評価する社会づくり」（加藤文子、ニットデザイナー）と同義である。

　ここに挙げた発言は保守である。「トレンドの最先端は保守にある」と思う。

Ⅲ―4―7　あさってのスケッチ

　おしゃれを楽しむ人にとって、あれこれと選べる幅広い品揃えはうれしい。おしゃれに質を求める人にとって、服となった服地から得られる深い味わいは至極の幸せである。このような満足の情景をあさってのスケッチに見ると、そこに描かれているのは……

・色とりどりの服を作る多様な専門店アパレル、デザイナーズアパレルがあり、

・それをサポートするストック型・提案型の服地卸がいて、

・色とりどりの服地を生産するさまざまな染め・織り・編みの工場（作り手）がある。工場内には、アパレルデザイナーの姿も見える
・さまざまな服を売る、さまざまなタイプの目利きの専門店が活動している
　服づくりや服地づくりと、小売りの姿は……
・技術を伴った感性表現がなされ、
・1点1点（1反1反）、細部にまでこだわった作り（日本人らしい肌理細かさと気配りの効いた作り）になっている
・顧客を「賢い衣生活者」に育てる対応、おしゃれの楽しみを教える応接
　などなど……。

　これらの働きは、職人魂と技を持った中小規模のメーカー、衣生活の知識を持ち、客の顔を知る中小規模の小売業にふさわしい。その仕事のあり様に、経営者や職人の事業観、人生観、美意識などが表れている。

　作り手と売り手は、「おしゃれで質のある衣生活を創る」という1点で連帯している。専門店は自らリスクを負い、買取りで仕入れている。誰それというデザイナーの服を売っているのではなく、「買っている」（本間遊、HOMMA、2017）という姿勢である。それによって、店が想い描く感性世界が演出され、客は共感し、ときめく。その先にクロスパトロナイジングが生まれる。

　一方、服づくりや服地づくりをする者は、国際的ビジネススキルを標準装備し、国際市場でその魅力をアピールしている。海外にもファンを創り、生産・経済ロットを確保している。別の場所には、オーダーメード、カスタムメード（洋裁店、洋服店＝テーラー、シャツ店など）やホームソーイングの姿も見える。

　これらのスケッチは、「人間的な社会のあり方、仕事の仕方」を起点に、服づくりから小売りまでを再考・再構成した姿である。これを支える仕組み（インフラ整備）も描かれている。

　1つは、産地エンジニアリング（加工生産技術の伝習システム。織布・編立て工程の前後を担う職人の保持システム、国際取引に関わる資金負担の軽減制度＝商品開発から売上げまでの経費と回収、現場力を持つ中小零細メーカーの増殖施

策、国際ビジネススキルの伝授など)。2つ目は、産業デザインとしてテキスタイルデザインの教育システム。3つ目は、グローバルな戦略思考力の醸成。4つ目は、ストーリーとクリエーティビティーをもとにした物づくり、ブランド創り。5つ目は……。

　さらにスケッチを眺めると、「テキスタイル (Textile) をテクスチャー (Texture) から触知感へと読み替える」ことで広がった光景に驚く。そこには、風合い、テクスチャー、ボディ感、衣擦れの音を創り出してきた布づくりの技術と感性を素にして生まれた「触知感デザイン」や「視聴感デザイン」の多種多様な姿かたちが描かれているからだ——。

　明後日は、今日の真逆にありそうだ。

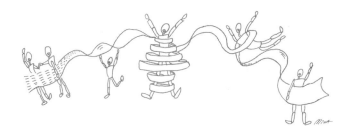

第IV部
用語に創意を読む〜言葉が示す意味と知恵

加工・生産、デザイニング分野の実務用語を中心にピックアップした。
本文中では紙幅の関係から略述したが、
軽く流すのはもったいない多種多様な知恵が詰まっているからだ。
用語の意味・利便性が分かったその先に、
その技術を必要とし、
発見させた製品開発の創意に思いいたす愉しみがある。

IV―1　複合素材

　複合素材とは、次の複合繊維品を指す。
・異なる種類の繊維と繊維を混用している服地。ex.）二者混、三者混
・同種類の繊維だが、異なる性状・形状などの繊維と繊維を混用している服地

表IV―1　複合素材の分類

複合の仕方	製品……………事例
1本の繊維内での複合	複合繊維（コンジュゲートファイバー）
	複合成分糸（コンジュゲートヤーン）
1本の糸の中での複合	
a. 短繊維同士	混紡糸………………………… ポリエステル混
	……………… アクリルバルキー糸
b. 長繊維同士	混繊糸 ……………………………… FTY
c. 短繊維と長繊維	長短複合糸（複合糸）……………… CSY
	複合紡績糸
d. 異なるタイプの繊維と繊維を紡ぐ	サイロコンポ糸
e. 異なる種類の糸と糸の撚り合わせ	交撚糸
f. 異なるタイプの糸と糸の撚り合わせ	合わせ撚糸
1枚の布の中での複合	
a. 異なる種類の繊維の糸と糸で	交織織物
	交編編物
b. フィラメント糸とスパン糸で	長短複合織物
	長短複合編地………………………ベア天

　複合素材は、異種類の繊維との混用率を、それぞれの重さの百分率で示す。その表記は、混用率（混率）が高い（多い）順となる。ちなみに、複合していない素材には次のような用語が用いられる。
・純糸……1種類の繊維だけで作られた糸
・純毛……羊毛繊維だけで作られた糸、布
・正絹……絹糸だけで作られた布。本絹ともいう

316　第IV部　用語に創意を読む〜言葉が示す意味と知恵

Ⅳ-2 仮撚り

「仮撚(かりよ)り」は、普通の撚りとは異なっている。撚りには、実撚(じつよ)りと仮撚りがある。

●実撚り

一般に「撚り」と呼ぶ撚りである。実撚りの撚り方向には、「S撚り（右撚り）」と「Z撚り（左撚り）」がある。

※その判別は、糸の外見に現れている撚りの方向で行う。「S撚り」「Z撚り」と呼ぶのがよい。

●仮撚り

振(も)った指を放すと撚りが戻り、消えてしまう撚りである。それを実感する方法は次の通り。1本の糸を張り、その両端を固定する。その糸の中ごろを振ると、一方にはS撚り、片方にはZ撚りが現れる。その状態を固定するには、ポリエステル繊維であれば繊維自体が持つ熱可塑性を利用する。すると、「仮撚り糸」ができる。

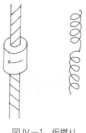

図Ⅳ-1　仮撚

Ⅳ-3　下撚り、上撚り

A）紡績糸の撚り糸

双糸を構成する単糸の撚りを「下撚(したよ)り（First Twist）」、双糸にする撚りを「上撚(うわよ)り（Upper Twist）」という。単糸2本を引き揃えて撚った糸を双糸（二子(ふたこ)＝2本諸(もろ))、3本では三子(みこ)、4本で四子(よこ)と呼ぶ。これらの糸を「諸撚り糸」と総称する。編地では、双糸を「諸糸」「引き揃え」「2本取り」などと呼んでいる。紡績工程で、単糸にするときの撚りを「元撚(もとよ)り」ともいう。

単糸の撚り方向は、日本ではZ撚りが多い。双糸の撚りは、その反対方向のS撚りにする。これを「順撚(じゅんよ)り」「諸撚り」という。単糸の撚りと同方向に撚るこ

図Ⅳ−2　単糸と双糸の撚り方向

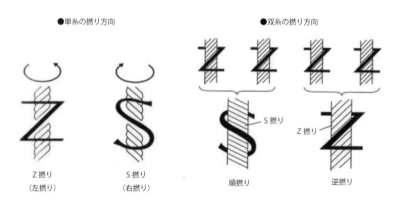

図Ⅳ−3　綿糸の単糸・40番手を用いた双糸の作り方と構造

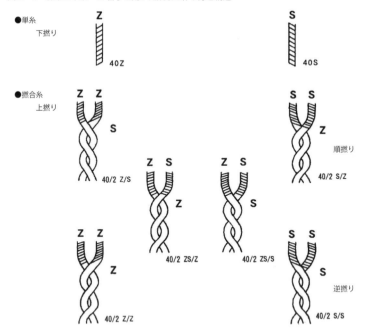

提供：川崎 千秋

318　第Ⅳ部　用語に創意を読む〜言葉が示す意味と知恵

とを「逆撚り」という。逆撚りすると、双糸の強撚糸ができる。単糸に掛かっている撚り方向と同方向の撚りを加える追撚（「追撚り」とも呼ぶ）と、単糸の強撚糸ができる（図Ⅳ—2）。

「引揃糸」は、引き揃えただけで撚りは掛けてないもの。番手の表示では、番手の数字の後にスラッシュが2本平行で記され、その後ろに引き揃えた本数が示される。例えば、綿番手の40番手2本引き揃えは「40d//2s」、デニール番手の40デニール3本引き揃えは「40d//3」となる。ちなみに、40デニール3本撚りの場合は「40d/3」と記すから要注意。

綿糸の単糸・40番手を用いた双糸の作り方とその構造は図Ⅳ—3のようになる。双糸は、同じ糸と撚り合わせても、撚り数によって形状・性状は変わる。相方の形状・性状によっても現れる姿かたちは違いを見せる。服地づくりの現場では、目的の風合いやボディ感を得るために試行錯誤が繰り返される。

B）絹糸、フィラメント糸の撚糸

絹糸では、生糸の数本を引き揃えて撚り合わせ、1本の糸にしたものを、「片撚り糸」という。片撚り糸を2本引き揃え、撚り合わせて1本にした糸を、「2本諸」という。このときの片撚り糸の撚りを「下撚り」、撚り合わせた撚りを「上撚り」という。

ポリエステルフィラメントでは、無撚りのフィラメントを1本から数本引き揃え、撚り合わせて1本の糸にしたものが、ポリエステルの片撚り糸である。束の数で、「1本片撚り」「2本片撚り」などと呼ぶ。

片撚り糸を2本引き揃え、撚り合わせて1本にした糸を「2本諸撚り」という。このときの片撚り

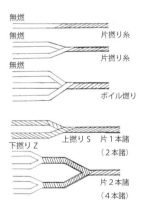

図Ⅳ—4　絹糸、フィラメント糸の撚糸

糸の撚りを「下撚り」、撚り合わせた撚りを「上撚り」という。「3本諸撚り」なども作られる。これらを総称して「合撚糸」という。絹の下撚り、上撚りの技法は、

319

合繊の糸づくりにも生かされている。

※ポリエステルフィラメントの原糸には、元撚り(10〜20/m)が掛かっている。これを「無撚り」という。
※ポリエステルフィラメント糸はマルチフィラメント糸として多用されるが、フィラメント1本を織糸として用いることもある。これを「モノフィラメント糸」と呼ぶ。

〈⇒Ⅰ—1—5 合繊撚糸業〉

C）双糸の順撚り

双糸は、順撚りであれば撚り戻りは起きない。ところが、逆撚りの強撚糸で、捩れ（スナール。「びびれ」）が起きれば、スムーズな織布は不可能。それを防ぐ糸づくりは単純ではない。

D）Z撚り、S撚りの交互配列

服と服地の品質、テクスチャー表現に深く関わるから重要である。
・双糸を使った天竺編地で作ったシャツは斜行しない。ところが、Z撚り単糸、またはS撚り単糸だけを用いた天竺編地のTシャツは斜行する。「単糸使い」にこだわれば、S撚り糸とZ撚り糸を1本交互に配列して防ぐ
・SZを冠するウーステッドを用いたスーツは型崩れしない。といわれるのは、織地が変形しないから
・経がS撚り糸、緯はS撚り糸とZ撚り糸の1本交互配列、経緯糸ともに強撚り、スーパー80'S使用の48単糸のSZギャバジンは、膨らみがあり、ナチュラルストレッチ、ドレープ、清涼感などを生む。右綾にして、斜行を防いでいる（HOMMA、児玉毛織、2003）

〈→Ⅱ—2—10 アパレルデザイナー〉

E）順撚り、逆撚りの交互配列など

肌触り、着心地に著しく関わってくる。順撚り糸と逆撚り糸を1本交互に配列した経糸に、順撚りの緯糸を用いた梳毛織物に「順逆ポーラー」がある。地合いは硬

く、さらり感を生んでいる。多孔で、風通しが良い。強撚りのポーラ糸を使用。

F）解撚糸

解撚糸は、撚りが掛かっていない状態の糸である。作り方は、綿の単糸に、ポリビニールアルコール（PVA）のフィラメントを、単糸の撚りと反対方向に撚り合わせて、双糸にする。その撚り回数を単糸と同数にすると、単糸の撚りは戻ってゼロになる。織布の後、PVAを溶かし去れば、無撚の綿糸が現れる。

Ⅳ—4　意匠糸の品種と加工機

「飾り糸」とも呼ばれる意匠糸には、撚糸で作ったもの、紡績で作ったもの、仮撚りで作ったものなどがある。意匠撚糸とは撚糸で作る意匠糸のこと。形状は似ているが、撚糸によるもの、紡績によるもの、仮撚りによるものがある。例えば、「スラブ」を付した名称の糸である（図Ⅳ—5）。

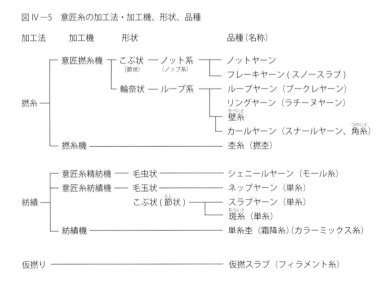

図Ⅳ—5　意匠糸の加工法・加工機、形状、品種

IV—5　織物幅と織縮み

A）幅の名称

　数値の肩に付いている「”」の記号はインチ（inch）の略号で、業界の慣用である。

●織物幅
　36”（91.4cm ＝ 1 ヤード、表示は 92cm。これを「ヤール幅」「さぶろく」と呼んでいる）から、40”、44”（112cm と表示。「よんよん」と呼ぶ）、48”、50”（約127cm）、54”、150cm（約 59”。「ウール幅」と呼ぶ）、155cm（約 61”。「ウール幅」と呼ぶ）、160cm（約 63”）、180cm（約 71”）、80”、90” など多種多様である。

●広幅織物
　広幅織物とは総称である。小幅に対して、36” 前後の幅の織物を指す。「並幅」といったりもする。「化合繊メーカーでは、36” 〜 44” 幅を『普通幅』といい、これを超えるものを『広幅』と呼ぶ」（梶哲也、元旭化成、2000）など、分野・立場によってまちまちである。一般に 44” 〜 50” を超えたものを指しているようだ。着尺の小幅織物の幅は、35 〜 40cm である。

●ダブル幅、シングル幅
　これも広幅と同様にまちまちで、用い方に決まりはなく、大雑把な区分けとなっている。ウール幅の毛織物は、200cm 幅を織れる広幅織機で織ったもの。ダブル幅の織物である。シングル幅の織物はフライ織機で織られたものが多く、ダブル幅の織物は革新織機で織ったものが多いようだ。

B）織物幅は織機幅と織糸の収縮で決まる

　織物の幅に関わる用語には、次のものがある。

・織機幅（機械幅）……織機の幅

・仕掛り幅……織機で織る幅

・生機幅（織上げ幅）……織機から降ろし、張力が掛かっていない状態の生地幅

・仕上り幅……仕上げ後の生地の幅

・希望仕上幅……製品反の幅（服地設計が目標とする幅）

・織物服地の幅……耳内の寸法。両耳を除いた間が「地」であり、耳内と呼ぶ

　仕掛り幅から仕上り幅になるほど狭くなるのが一般的である。

　織糸の収縮とは、次のようである。

・織糸の性能上の縮み……ex.）ストレッチ糸や強撚糸（撚縮み）

・織縮み……経糸と緯糸が交錯し、互いに屈曲するから縮む。ex.）平織物

・仕上縮み……整理で縮む。ex.）紡毛織物。しぼ寄せで縮む。ex.）シルクのデシン、
ジョーゼット、綿クレープ

　織糸の性状を活かして、望む風合いを求める場合は、目標の織物幅に合わせる
よう、織機、仕掛り幅と生地幅、仕上り幅を選定・設定する。仕上り幅 150cm
のストレッチ織物であれば、織機幅 230cm の織機で、180cm の生機を織って仕
上げる。仕上幅 120cm であれば、織機幅 200cm の織機で、150cm の生機を織っ
て仕上げる。これは、ストレッチ性の程度（収縮率）で違ってくる。

　仕上縮みの著しい例は、「36" 幅で 16 匁のシルクデシン。この生機幅は 40"。
シルクジョーゼットでは生機幅 44"」といったようにする。綿クレープは、しぼ
寄せにより織上げ幅の 70％位に縮まる。いずれも強撚糸織物である。

Ⅳ－6　織布準備機器と工程

　有杼織機と無杼織機では、織布準備機器と工程が異なる。

A）有杼織機の場合

　有杼織機の場合は、次のような織布準備を行う。

●整経機

　染糸（色糸）や晒糸で「縞割り」をする先染の縞ものや毛織物であれば「部分整経機」を使い、同じ番手の経糸の後染用織物では「荒巻き整経機」を用いる。整経の長さ（経糸の実長）は、織物の長さよりも長く設計されている。織縮みを見込むからである。織縮みは織物によって異なる。実長は、原価計算に用いる1反の経糸量になる。

　部分整経する縞ものは、縞柄のリピート（レピート）が複雑であれば、整経の手間は煩雑になるから、単純な縞柄よりも工賃が高くなる。部分整経では、「縞割り表」に基づいて縞柄のワン・リピート（One Repeat ＝ 1縞）を単位として、あるいはその倍数を1単位として、部分的に整経する。織物長を巻くと、切断し、その横の位置に同じことをする。これを全幅に複数回繰り返して、縞柄を構成する（整経する）。

●糊付け

　毛織物の単糸であれば糊付けし、双糸では無糊にする。綿織物では、糊付けと糊抜きの巧拙は、染め色、風合いにも影響するから大事である。

●綜絖

　綜絖枠に装着されて用いられる。綜絖枠の枚数は、織組織によって異なる。平織の金巾であれば2枚、三つ綾では3枚といったように、である。

●筬通し

　筬羽1羽に引き通す経糸本数は、品種（織組織と密度）と求める品位によって違える。普通は1〜5本通しである。綿ボイルは1本通し（片羽入れ）か2本通し、金巾は2本通し、三つ綾は2本通し、3本通し、四つ綾や五枚朱子などは2〜5本通しなど。透かし目がきれいで品位を感じさせる綿の本ボイルやウールボイル（双糸ボイル）などは1本通しである。筬羽に経糸を入れないところを作ると、その糸間が縞状の隙間となって現れる。この方法を「空羽」と呼

ぶ。シャドーストライプの作り方である。

●管巻き

無芯管巻き機を使って、ボビンなしで、糸だけの無芯管糸を作る。この利点の
1つに、ボビンの1.5～3倍と、巻ける糸量が多いことがある。

B）無杼織機の場合

生産規模が大きなポリエステル後染織物（フィラメント織物）の例をいくつか
挙げる。無杼織機による強撚糸織物や加工糸織物であれば、糊付けが省かれて織
布されたりする。

●ジョーゼット（強撚糸織物）

原糸パーンのフィラメントは撚糸されて強撚糸となり、その経糸用は整経され、
糊付けせずに機上げされる。緯糸用はそのまま織機（レピア織機、エアジェット
織機）に直接給糸され、織布される。

●無撚りのマルチフィラメント糸使い（50～75d）の高密度織物

「整経→経糊付け→プレビームに巻き上げ→プレビームからワープビームに巻
き取り→機上げ」される。緯糸は、原糸パーンからレピア織機、グリッパー織機、
エアジェット織機などに直接給糸され、織布される。

●ファイユのような甘撚り糸（弱撚糸）使いの織物

原糸パーンから引き出した無撚りのフィラメントに追撚りをして、甘撚り糸に
する。経糸用には、「整経→ 経糊付け→ プレビームに巻き上げる→ プレビーム
をクリールに仕掛けて→ ワープビームに巻き取る→ 筬通し（経通し）などして
→ ウォータージェット織機に仕掛ける」。緯糸用はそのまま織機に給糸し、織布
する。

325

●量産品のタフタ

　織糸の太さが均一、経緯の番手差なし、単純な織組織のフラットな織物では、経糊付けを省き、無糊糸を用いてウォータージェット織機で無糊織布が行われる。大量生産するポリエステル後染織物の織布では、織糸を大量に巻き上げた大きな円筒状のチーズ（「ドラム」と呼ぶ）が用いられる。

　シャトルレス織機の織機ビームも、50疋以上に対応する大容量巻き（ラージパッケージ）のものが多くなる。例えば、ポリエステルフィラメント織物の1仕掛けは、75dで、4000 〜 5000 m（100疋）になる（松文産業、1993）。

　疋とは、フィラメント織物に用いる反物の長さの単位。1疋は50m位。1匹とも記す。

　パッケージとはヤーンパッケージの略称で、糸巻きの総称。加工生産工程の能率化・省力化を目的として種々の形状が生まれている。芯に巻くタイプに円筒形の「チーズ」や、その大径の「ドラム」があり、円錐の先端部をカットした形（台筒形）の「コーン」、パイナップル形の「フィラメントパーン」などがある。合繊メーカーが撚糸工程に供給するフィラメントのパッケージは、大容量を巻いたフィラメントパーン（原糸パーン）である。そのまま糸染できる穴あきボビンもある。無芯タイプに「ケーク」と呼ばれる無芯管糸や綛がある。

IV—7　多給糸丸編機の給糸口数と口径

　多給糸丸編機は、数十本もの編糸を順番に第1給糸から最終給糸へと追っかけて給糸し、並走させ、先行する編糸とループ（編目）を作り、縦方向と連結した編地を生み出していく。この動作が左から右へと順になされ、ループが横方向に並んだコースが現れる。

●多給糸丸編機の種類
・シングルシリンダー編機
・ダイヤルシリンダー編機

・ダブルシリンダー編機

●編糸の送りと口数・口径

ヤーンパッケージ（コーン、あるいはチーズに巻いた編糸）から引き出された糸は、給糸口（フィーダー＝ Feeder）を通って編針へと運ばれる。

給糸口の数（口数）には、30 口、32 口、36 口、40 口、48 口、72 口、78 口、80 口、90 口、96 口、120 口、141 口以上などとある。80 口であればシリンダーの 1 回転で 80 コース、120 口であれば 120 コースが一度で編める。

無地編機は 72 口以上が多く、ジャカード編機は 48 口以下が多い。「風合いが良い、編目がきれい」と評される天竺を編む「吊り編機（吊り機）」の給糸口数は 2 口と少ない。低速度（1 時間で約 1m）で生産能率は極めて低い。裏毛のプルオーバーでお馴染み。

口数が多くなるほど、丸編機の口径（シリンダーの直径）は大きくなる。広幅の編地は大口径の編機によって作られる。生地幅は 145cm、160cm、165cm などと広くなってきた。165cm 幅であれば、レディスのアウターの L サイズの身頃を 3 枚取ることができる。

シリンダーの直径が 20 インチ（50.8cm）以下の口径を「小寸」、22 インチ（約55.88cm）以上を「大寸」と呼ぶ。カットソー用編地には大寸の 30 〜 33 インチ（約76.2 〜約 83.8cm）が中心として使われてきたが、34 インチ（約 86.6cm）、36インチ（約 91.4cm）、40 インチ（約 101.6cm）などと大口径化している。口径 30 インチの外径は約 239.3cm となる。小寸は吊り天、フライスで用いられる。

シングル編機で作った円筒状の編地を、そのまま 1 人分の編地幅として用いる「丸取り」は、肌着や T シャツなどで行われる。これには小寸の 13（約33cm）〜 16.5 インチ（約 42cm）が用いられる。

生地幅の広幅化は、生産効率の向上という目的以外に、着る人の体格の大型化に対応するためでもある。カットソーされる大寸は開反仕上（開き）、丸取りする小寸は丸仕上（丸胴）がなされる。製品反はロール巻きになっている。

給糸口数と口径、ゲージ、糸番手、編目の粗密・長短、編地幅などは相互に作

用している。

●多給糸の方式

アンブレラー式とサイドクリール式の2タイプがある。

・アンブレラー式（オーバーヘッドクリール式）……編糸は編機の上部に円形状に配置されたコーンから引き出される。縦取りである

・サイドクリール式……編糸は編機の脇に置かれたクリール（Creel）に掛けたチーズから引き出される。基本は横取りだが、縦取りされることもある。

これらの方式は、作業性や糸質などによって使い分けられている。

多給糸口化は生産性（作業性、高速・多量生産）の向上、編地の広幅化はアパレル縫製の合理化指向への対応が主目的である。広幅化は、横編機では編地幅2mが一般的。経編機では260インチ（約660.4m）のものもある。編立ての生産性追求は、糸の送り出し給糸の24時間化や、1本ビーム（経糸ビーム）から複数本化、ヤーンパッケージの大型化などに至っている。

Ⅳ―8　コンピューター自動横編機

コンピューターによって自動的に横編を行う編機。この機は、自動横編システムを構成するハードウェアである。機を作動させるのは、信号化された編立てデータ。ソフトウェアを作成するのは、人のセンスと目、手。技能である。

このシステムの利点は次のようである。

・大柄やジャカード柄を表現できる（柄のリピート幅が大きいこと、選針の自由、編成カム・編針の作動の制御、色糸切替えなどによって）

・細かな編目のなめらかな編地（丸編地のような）を作る（18G対応の編機によって。これまでは16G、14G対応までだった）

・小ロット対応ができ、小回りがきく（丸編機、経編機の大ロットに対して）

・試編が短時間で、容易にできる

・柄出し費用が低い。柄出しが速い

・編立て速度が速い

・再現性が高い（編立てデータの記憶・再使用によって。作業者の記憶や手加減に依存しない）

・編立てデータの漏洩が防げる

・色糸ロス（残糸）の激減（交編率を98％ほどに高くできる）

・編機の故障が少ない（機械の構造が単純）

・編立てデータの複写、部分変更、編集、伝達、保管、持ち運びなどが容易（織布、レース、印捺、製版などの場合と同様である）

・天竺編、リブ編、両面編とその変化組織、目移し（トランスファー）、振り（ラッキング）などが編める

Ⅳ—9　絹織物服地と「練り」

　絹織物とは、生糸を用いた織物のことである。生糸を構成する繭糸は、フィブロインとセリシンの2成分で構成されている。賞賛される絹の色沢となめらかさなどは、フィブロイン（絹繊維）からくるものである。

　繭糸は2.8d（デニール）前後だが、練りによって、2本のフィブロインに分かれ、その1本は約1dである。

$$2.8d \quad \times \quad (1-0.25) \quad \div \quad 2 \quad = 1.05d$$

繭糸の太さ　　　　　　練減　　　　　　　フィブロイン1本の太さ(d)

　2本のフィブロインを覆っている膠質のセリシンを取除くことを、「絹練り」「精練」という。略して「練り」である。セリシンを除く度合（セリシンを残す度合）と、工程のどの段階で練るかは、絹織物服地の風合いづくりにとって最重要である。

　練る段階には、図Ⅳ—6のAとBがある。

図IV−6　絹織物服地の制作工程における練り

A. 生糸 →糸練り →「練糸」→　織る →「練絹織物」（先練織物、練織物）

　　　　　　「練糸」→　糸染 →「色糸」→　織る →「先染織物」

B. 生糸 →織る →「生絹織物」→　布練り →「後練織物」→　無地織物

　　　　　　　　　　　　「後練織物」→　プリント下地 →　プリント服地

「生絹織物」→　セリシン定着 →「生織物」ex）シルクオーガンジー

　布練りは、繭糸の約25％を占めるセリシンを取除いて細くし、織組織をゆるくさせ、やわらかな風合いやドレープを生み、衣擦れ、絹鳴りを発する。あるいは、しぼ立ちさせて、クレープ（縮緬）を生む。

　シルクツイルであれば、先練りものは練絹糸の特質がそのまま織り込まれ、地は締まっている（見た目の感じも、触れた感じも）。後練りものは、ふんわりと、やわらかい。望むボディ感や風合いに応じて使い分けられている。ex.）ドレス地とプリントスカーフ地

　絹の練りは、残しておくセリシン（残膠）の割合によって、本練り（0〜1％残膠）と歩練りに分けられる。歩練りは「七分練り」（1〜5％残膠）、「五分練り（半練り）」（7〜20％残膠）、「三分練り」などに細分されている。セリシンを適量残してフィブリル化（ラウジ発生）を防ぐ。織布の容易さと布面のきれいさを得るためである。

・フィブリル（Fibril）……繊維が長さの方向に裂けて割れ、細い繊維となったもの

・ラウジ発生……フィブリルがひげのように布面に出てくること。これが絡んで、織布不能や布面の乱れを発生させる（宮下靖英、宮下織物、2017）

・セリシン固着……シャリ感をつけるためにもなされる。例えば、シルクオーガンジーは、八丁撚糸機で強撚りした生糸を用い、織布されたもの。しかも、布練り（後練り）をせずにセリシンを固着させ、粗い糸間を保っている。風合いは硬く、特有な光沢を持っている。ポリエステルオーガンジーは、20dのモノフィラメント糸の1本または2本使いで硬さを出している。あるいは、高分子加工を

施して硬めにしている。

　ポリエステルフィラメント織物のシルキー素材は、練織物の風合いに似せている。そのために用いられる「アルカリ減量加工」は、布練りと似ている。この減量加工で生機を減量する割合は、10%、15%、20%、25%などである。その度合によって「風合い出し」を微妙に行う。この加工は、強撚糸織物、異収縮混繊糸織物、加工糸織物などに施される。例えば、ポリエステルシフォンの 75d がある。

〈⇒Ⅳ－26. ハイテク素材のマイクロファイバー、ハイカウント糸〉

Ⅳ―10　霜降糸と混色効果

　霜降糸は「ミックスドヤーン」とも呼ぶ。霜降糸とは、ミックス糸、朧糸、トッププリント、杢糸、単糸杢、混繊杢など、霜降りが表現された糸の総称である。

　1 本の糸が、①異色の繊維が混ざり合って、あるいは②異色の糸が撚り合って、見える様を霜降りという。それらの糸が表す布色は、染糸あるいは無地染が表す布色よりも複雑で、深みがあり、品位も高いと評される。黒色と白色、あるいはこれらに灰色を加えて表したグレー（灰色）の糸が多用されている。

A）霜降糸の構造
....

●紡績糸（スパン糸）の場合
・異色のバラ毛を混ぜ、紡ぎ出した単糸。「ミックス糸」と呼ぶ
・異色のスライバー（トップ）から紡ぎ出した糸。「トップミックス糸」と呼ぶ
・間隔をおいて色を捺染したトップから紡ぎ出した糸。「トッププリント」と呼ぶ
・異色のわた（綿）を混ぜ、紡ぎ出した綿の単糸。「朧糸」という
・異色のスライバーから紡ぎ出すときの、単糸に掛ける撚りで杢糸のように見える糸。「単糸杢（Mari Yarn）」と呼ぶ。綿ではこれを「杢糸」といったりもするから紛らわしい
・異色の糸を撚り合わせて 1 本の糸にした糸。「杢糸」「撚り杢」という

331

●フィラメント糸の場合

・異色の糸を撚り合わせて1本の糸にした糸。「異色交撚糸」

・異染性のフィラメントを混繊した異染性混繊糸。染色して表す「混繊杢」

・異染性のフィラメント糸を撚り合わせて1本の糸にした糸。染色して表す「カチオン杢」

　トップをチーズ染色機に詰めて浸染することを「トップ染」という。紡毛をバラ毛状で浸染する「バラ毛染」は、合繊の短繊維の染色にも用いられる。綿も、わた状やスライバー状で浸染する。これを「原綿染（わた染）」と呼ぶ。

　杢糸（撚り杢）とは、異色の単糸を2本（二杢）か3本（三っ杢）、撚り合わせて作った1本の糸。梳毛糸では「ムーリネヤーン」とも呼び、その織物服地を「ムーリンウーステッド（Mouline Worsted）」という。ムーリネを冠する梳毛服地は、この撚り杢を用いた高級品である。

　単糸杢（単糸杢糸）とは、異色の繊維を混ぜ合わせ、紡いだ単糸。あるいは、異染性繊維の混紡糸を後染し、単糸杢としたもの。

　混繊杢とは、後染すると杢糸らしく見える「異染性（異色）混繊糸」。これに対して、杢糸を「撚り杢」と称し、混繊杢との違いを強調している。混繊糸はポリエステルの異染性混繊糸、杢糸は梳毛糸であることが多い。

　混繊杢、カチオン杢の使用は、低コスト、小ロット、クイック対応を可能にする。混繊杢が後染で表現する霜降り調（杢調）を「シネ調」と呼ぶ。

　霜降り調の織物を簡単に作る手法としてよく用いられるのは平織組織で、経に黒色の染糸と白色である晒糸、緯に晒糸を使い、配列を工夫して織ると、霜降り効果が現れる。素人目には本物と見違えるほどである。

B）霜降糸のカラーデザイン

　霜降糸をカラーデザインで大別すると、フロストヤーンとメランジヤーン（メランジュヤーン）の2タイプになる。

図Ⅳ－7 霜降糸のカラーデザイン別分類

● フロストヤーン（Frost Yarn）

フロストヤーンのカラーデザインには、モノトーンの2タイプがある。
・グレー系の糸……白〜グレー〜黒を混色したもの。フラノの霜降グレーはフロストヤーンの代表的色調。霜がうっすらと被った感じを Frosty（フロスティー）という
・茶系の糸……チョコレート〜ベージュを混色したもの。ジョルジオ・アルマーニ（GIORGIO ARMANI）のその表現に魅せられた「アル中」が増えた（箱守廣、1980年代）

いずれもオリジンは羊毛のナチュラルカラーを混色した糸である。今日では、素材色に似せて染めたバラ毛、トップも用いられている。

● メランジヤーン（Mélange Yarn）

羊毛に、本来の羊毛にはない色を染め、混色し、紡いだ糸や撚り杢。混色する色は、赤、青、黄、橙、緑、ピンク、水色など。ツイードの「ヒザーミクスチャー（Heather Mixture）」はその一例。

● ケンプ（Kemp）を混紡した糸

ケンプはケンピーともいい、「死毛」とも綴る。染まらない銀白色で、鈍い光沢がある、硬くて、太い、短な直毛。この毛を用いて、飾り効果と粗い感じのケンピーツイードが作られる。ハリスツイードはこれである。

これらの糸を解いて繊維にして見ると、混合した色が分かる。

〈⇒ 1－2－6 染色加工業〉

333

Ⅳ―11　防抜染

防抜染の先扱き、後扱きとは、
- 先扱き……地色を先に与えてから、柄色を与える
- 後扱き……柄色を先に与えてから、地色を与える

図Ⅳ-8　防抜染

　扱きとは、「地色糊を反始から反末まで一面に摺り付ける」、あるいは「地色の染料液に浸し→すぐに引き出し→ロールの間に挟み込み、余分な染料液を絞ると同時に、染み込ませる（パディング＝Padding）」などの方法を指す。

　与えられた地色や柄色は、P下に付着しているだけで染着していない。「この状態で捺染操作を連続して行う点が特徴」と津村敏行（ロンシャン、FICテキスタイル・スクール講師、1994）は語った。

●先扱きの工程

「生地→パディング（地色を付着させる）→印捺（柄色を印捺する）→蒸熱処理（染着させる）→染まった布」となる。

　染色機の配列順と工程順は、連結した染色機（浸す→絞り取るパディングマングル＝パッダー機→印捺するフラットスクリーン捺染機）で地色と柄色を連続して与え、蒸熱処理機で染着する、となる。

図Ⅳ-9　先扱きの工程

●後扱きの工程

「生地→印捺（柄色を印捺）→全面印捺（地色で被せる）→蒸熱処理（染着させる）」。染色機の配列順と工程順は、同じ捺染機(フラットスクリーン捺染機)で、地色と柄色を連続して与え、蒸熱処理機で染着する。

図Ⅳ－10 後扱きの工程

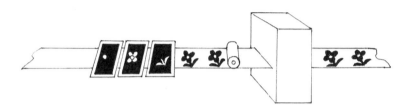

防抜染の服地は、地色の染まり具合で見分けることができる。
・広い面積の地色が裏表なく染まっているものが、先扱き
・裏面が「生地白」になっているものは、後扱き
どちらの方法を採用するかは、販売ロットで決まる。

Ⅳ－12　糸目ものと糸目友禅

糸目とは、柄の輪郭線を表現する細線のこと。糸目ものは、この細線が色柄表現の大部分を占めている模様の総称。糸目は多彩で華やかな絵模様を染め表す「本友禅（友禅染）」の技法でもある。このことから、本友禅を「糸目友禅」とも呼ぶ。糸目には白糸目、黒糸目、色糸目、金銀などがあり、配色美を生む配色技法の1つでもある。糸目によってセパレーション効果や融和の効果が得られる。

糸目友禅は、糸目糊を防染に用いる捺染法である。工程は、「糯米で→糯糊（糸目糊）を作り→糊筒に詰め→握力で押し出しながら布面に線を描く（糸目する）」。その様子が糸を引くように見えるところから、糸目の用語が生まれたらしい。

糸目糊の役割は、色と色の境界に糊の堤防を作ることで、色同士が滲み合って

335

濁らないようにすることである。糊で括って空けた箇所に染め色を差す(差し色)。そこで「差し友禅」とも呼ぶ。色差しをする職人は「友禅師」。その役目は「配色する」ことである。カラーリスト、配色師ともいえる。糸目友禅では彩りが重視されている。

　糸目友禅の糸目の表現は、バティックのジャワ更紗のそれよりも細く、伸びやかで、繊細である。これに差し色が加わって、多彩な絵模様が描き出される。「染色美の最高峰」と賞賛されている。

　糸目友禅の色柄表現を、スクリーン捺染で華やかな草花模様のプリント服地に置換え、ワンピースを作って一大ブームを巻き起こしたのは、リヨンのレオナール（LEONARD）である。一方、色面構成で流麗な抽象模様を表現したのは、イタリアのエミリオ・プッチ（EMILIO PUCCI）である。日本の伝統染色美が、きものの世界から今日的感覚の洋服の世界に転生したかたちだ。現代のアールヌーボーといえる。

Ⅳ—13　染料と染色と染工場

　糸・布の染色には、天然染料と化学染料が用いられる。染料には染料と顔料の2タイプがあり、使い分けられる。工業的染色には化学染料や合成顔料が、服地には化学染料が多用されている。

図Ⅳ—11　染料の分類

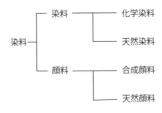

A）染料と顔料

●染料

　染料は水に溶ける、あるいは水に分散する色素である。各種の染料と繊維には、それぞれ相性・特性がある。どの染料でも使えるわけではないから、適合する染料の中から使用染料を決める。二者混、三者混、四者混などの複合繊維織物は、使用染料や染色法も複雑になってくる。同種の染料と繊維を用いても、浸染と捺染では染色性に違いがある。

　染料を用いる染色では、水、熱、動力を大量に必要とする。そのうえ、工場廃水の化学的処理施設が必須である。染色加工では、精錬・漂白から染色、仕上まで、大量の水を使う。その染色用水の水質は染物の品質に、用水の価格と工場廃水処理の経費は生産原価に大きく影響する。用水（染色用、精錬用、ボイラー用）は軟水である。そのため、工場の立地条件が大事になる。顔料捺染では、このような負担は無に近い。

　染めるもの（繊維、糸、布）の組成形状・性状によって、染色方法や工場設備、染色機器は異なる。捺染であれば型版保管場が必要。原糸や原反の受け入れから製品反の出荷までをこなす広いスペースも不可欠だ。専門特化している染工場が多い。

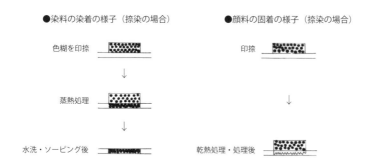

図Ⅳ−12　染料と顔料の染着の様子

●顔料

　顔料とは、岩絵具などを細かく砕いた色素のこと。今日では、化学的に合成された有機顔料が多用される。染料に用いる化合物と同じものが多い。

　顔料は、どんな繊維にも着色する。「粒子状の顔料を合成樹脂の固着剤に混ぜ合わせ→これを布表に印捺し→乾熱処理すれば、合成樹脂は溶けて繊維・糸などの隙間に入り、冷えて固まる。着色完了」となる。工程と設備は簡単、低コストである。

　顔料プリント服地の弱点は、着色した部分が硬くなって肌との馴染みが悪い、色面が洗濯・商業クリーニングによって剥げたり、ひび割れたりすることである。そこで、服地では小さな部分に用いられる。金属粉のラメプリントや発泡樹脂プリントなども同様。常態では顔料プリントの色面や糸目は、その存在をはっきりと主張する。表現上の特長である。

B）繊維の親水性と疎水性

　染料は染色加工上、14種（12部属）ほどに分類される。各染料の染まり方はさまざま。その違いによって、染色加工方法に相違が生まれる。繊維の親水性への対応の仕方で大別すると、親水性繊維に用いる染料と疎水性繊維に用いる染料に分けられる。

●親水性繊維は、水分を吸いやすい

　水に馴染む天然繊維である綿、絹、羊毛、セルロース系再生繊維のレーヨンには、水に溶ける直接染料、酸性染料、塩基性染料（カチオン染料）、反応染料などが用いられる。

●疎水性繊維は、水分を吸いにくい

　水と馴染まない合成繊維であるポリエステル繊維やトリアセテート繊維には、分散染料が用いられる。分散染料は、水に溶けにくい色素を分散剤で水中に均一に分散させて用いる。ナイロン繊維は合成繊維だが、繊維と化学的に親和する酸

性染料が用いられる。

C）染色温度

染料は、染色温度により2つに分類される。
・常圧染色で使用できるもの
・高温高圧染色（加圧染色）で使用するもの

●常圧染色

常圧染色（100℃までで染まる）は、染色設備や作業などが簡便。用いる染料は、羊毛繊維、絹繊維、ナイロン繊維などには酸性染料、アクリル繊維にはカチオン染料、綿繊維には直接染料、反応染料、スレン染料など。常圧で染まる易染性ポリエステル繊維は、高温で損なわれる繊維との交織織物などに用いられる。

●高温高圧染色

高温高圧染色（100℃以上で染める）には、高温、高圧で処理できる密閉型の液流式染色機や蒸熱機（スチーマー）が必要になる。ポリエステル繊維の場合、染めるのに120〜130℃で1時間ほどかかる。用いる染料は、ポリエステル繊維やトリアセテート繊維に分散染料。

表IV−2　工業的染色における染料と繊維の適応性（浸染と捺染では多少異なる）

染料の部属 / 繊維の種類	直接	酸性	酸性媒染	酸性金属錯塩	塩基性(カチオン)	硫化	バット(スレン)	ナフトール	分散	反応	顔料
セルロース系（綿、麻、レーヨン、ポリノジック）	○						◎			◎	◎
絹		◎	○	◎						○	○
毛	○	◎	○	◎						○	○
ア　セ　テ　ー　ト					○				◎		○
ナ　イ　ロ　ン		◎	◎	○					○		○
ポ　リ　エ　ス　テ　ル									◎		○
ア　ク　リ　ル					◎						○

◎最適　○適

直接染料は、綿、麻、レーヨン、ポリノジック、キュプラ、リヨセルなどのセルロース繊維を染める。が、染色堅牢度や人体への有害性（アゾ染料24種類）などの不安から、使用が減っている。服地には使っていないが、別色のレースや刺繍糸に使われていることもあるから要注意。
　日本は、染料、薬剤を、中国製に依存している。その品質の不安定さが、染色の不安定要素となっている。

Ⅳ—14　定量混合ネット

　定量混合ネットとは、染料あるいは顔料の混合の比率と、それに加える水または白色顔料の比率を比較等数的に変え、多数の色を作り出すシステムである。これを調色や配色制作のツールとするために、染布化し、色票集を作成する。その手順は、「混合の数値(比率)をチャートにまとめる→この混合比の1つひとつを、それぞれ別々の布に染色し→これらの染布を系統的に編集し→色票集にする」。
　染料の場合、少数の基本染料（母色＝Mother Color）の混合で多数の色相を生み、加水して染料濃度を下げ、彩度を低くし、明度を高くする。これにより、色みと濃淡さまざまな多数の色が作られる。各色相の濃淡は「段落ち」で表され、「色あし」はそのままである。

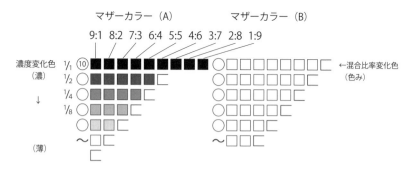

図Ⅳ—13　定量混合ネットの構造図

●段落ち

濃色が段々と淡色に変わっていく状態。あるいは、そのように配色すること。調色から生まれた合理的な配色の型である。古今東西で多用されてきた、生産現場から発生した配色美である。好例に陶磁器に施す「呉須染付」がある。スクリーン捺染では、段落ちは「濃」「中」「淡」の3枚のスクリーン型を使って表現する。調色での染料濃度の高低差である。「ロール捺染の"段彫り"は、1本の彫刻ロール（捺染ロール）を『深い』『中ぐらい』『浅い』の3段に彫り分け、色糊の付着量を加減して、布への転移量の差で濃淡を表現する」（石井昇司、ロンシャン、1995）。

●色あし

ある色相の濃色を徐々に淡色にしていくと、その色相が隣の色相のほうへずれていく現象。色あしが起きない色相もある。これを利用した配色の型もある。

定量混合ネットの利用で、調色は速く、染料の無駄使いもなく、色合せは正確になる。再現性も高い。配色制作や配色指図もまた同様である。配色指図とは、用いる色の指定、あるいは配色効果を見て分かるようにしたもの。

職人的な調色師に依存することなく、調色作業を進められることも、定量混合ネットの利点である。個人の経験、勘、癖、体調に左右されず、合理的である。

●調色

調色には、コンピューターを使う方法もある。「CCM（コンピューター・カラー・マッチング）」を利用して調色データ（使用染料の調合処方）を出す機器と、そのデータをもとに、染料を配合した粉末または液を作る機器「CK（カラーキッチン、CCKともいう）などが使われている。

Ⅳ─15　ウェット・オン・ドライ捺染、ウェット・オン・ウェット捺染

ウェット・オン・ドライ、ウェット・オン・ウェットは、プリント服地の色柄

表現の品位、スクリーン捺染の生産能率に関わる基本的な事柄である。

●ウェット・オン・ドライ捺染（Wet On Dry Printing）

　先に印捺した色糊が乾いてから、次の色糊が印捺される方式。ハンドスクリーン捺染は間欠的印捺である。1型を印捺してから、型を上下する。次の印捺までに間がある。あるいは、間をおく。その技法に「飛び（スキップ）」がある。捺染台に熱板や熱台を使用することもある。重色効果が得られる。

　飛びとは、1型分を印捺しないで（飛ばして）、その次の箇所を印捺する手法である。これを反末まで繰り返してから、反始に戻り、飛ばした箇所を埋めるように印捺しながら反末に至り、1反分を完了する。型踏みが起きない。

●ウェット・オン・ウェット捺染（Wet On Wet Printing）

　先に印捺された色糊が濡れているうちに、次の色糊が印捺される方式。連続的印捺である。濡れて重なった色糊は、布面で混濁し、色汚れを起こす。したがって、クリアな色面や重色効果、「被せ」は望めない。絵際や糸目が滲む。型踏みを起こし、色面や図柄を乱すおそれがある。オートスクリーン捺染やロータリースクリーン捺染、ローラー捺染は、この方式。その弱点を補うために、中間乾燥機や空きの型版を加えたりして、ウェット・オン・ドライ捺染に近づける工夫をしている。

Ⅳ─16　色材混合系色彩体系、網版印刷系、CG系の色表現

　いろいろな色の位置を正確に表し、伝達できる色彩体系（表色系）には、色材混合系の他に混色系、顕色系、網版印刷系、CG系などがある。

　色彩体系は目的に応じて選択、利用される。色彩教育用、色彩調査用、測色用、染織の配色用、などが作られている。

●色材混合系

　「材料色混合系」とも呼ぶ。染料混合系・色糸混合系はこれに属す。染料混合系では、

342　第Ⅳ部　用語に創意を読む〜言葉が示す意味と知恵

よく用いる染料を定量混合ネットに基づいて混合して生み出した色を、よく用いる布に、よく利用する染色方法で染める。それらを染料別、布の品種別、浸染・捺染別など、調色、配色、配色指図に便利なように編集し、色票集を作成する。それを利用する集団内では、合理的かつ実用的である。

　だが、使用してきた染料の使用禁止、生産中止、新染料への切替えとなれば、色票集の新規作成が必要になる。

◎『STANDARD COLOR CORD』（設計：沢辺秀雄、斉藤昭雄、土屋勝吾、岩野誠、協力：荻原・アトリエ、製作：沢辺プリント、第2版、1968）は使い勝手の良い色票集で、3版まで製作されている（初版には高橋幹が参画）。酸性染料を用いる絹プリント織物に適応する。定量混合ネットで生んだ淡色、中濃色に、豊かな色・色の味を求めれば、母色に変化を加え、特色を生む。これをバージョンに加え補充する。

◎『STANDARD COLOR OF TEXTILE』（企画・編集・設計：北畠耀、城一夫、高岡弘、野末和志、発行：研彩館、1977）のカラースワッチは、分散染料で染色するポリエステルフィラメント織物の色見本指図法に適応する。染布（色票）の編集は HV/C 色票に倣っている。

◎『C.W.M. (Chambray-color Weave Magic)』（設計：宮本英治、企画・編集：宮本英治、東京造形大学大学院・テキスタイル専攻、野末和志、製作：みやしん、2006）は、綿の先染織物のシャンブレー効果を予測するための色糸混合系色票集である。

・混色……2つ以上の異色を混合して別の色を作り出すこと。光の混色の場合と、色材の混色の場合とでは、原色が異なり、生まれる色も異なる

●網版印刷系

　印刷インクの三原色（シアン＝ Cyan、マゼンタ＝ Magenta、イエロー＝ Yellow）と、黒（Black）を用い、重色と並置加法混色の割合、網点の大小と密度、紙の白地などと組合せて色を表現する。色材混色系と混色系の組合せである。

・重色……染料による異色の色面と色面を重ね、第3の色を生むこと。その色は、もとの色よりも鈍く暗い色になる。減法混色である。プリントデザイン技法の1つ

・並置加法混色……異色の、平らな点、細線を、平面上に混ぜて置くと、目に1つの色を感じる（感じさせる）混色の型。この混色で生んだ色を一見色という
・特色……色柄（配色）の中でアピールしたい特定の色だけを、並置混色ではなく、色材の混色で作る色。あるいは、並置混色で表せないために作る色（次項）

● CG系

　混色系と顕色系の組合せである。CG（コンピューターグラフィックス）の画面で発光する色光の三原色「RGB（Red、Green、Blue）」が、目から脳に伝わり、混色し、色を感じさせる。その感じた色を物体色として表現するには、印刷インクや染料のCMY（Cyan、Magenta、Yellow）とBK（Black）を四原色として用いて、紙面や布面に摸写する。これを「ペーパーアウト（Paper Out）」「オンクロス（On Cloth）」という。ディスプレー上の画像と似てはいるが、同等の再現は望めない。

　プリント服地の色柄では、四原色の並置的混色で発現した色面と特色の色面などの組合せで配色表現される。この方法は、CGでシミュレートした配色と現物（捺染布）の差違、表現できる単色、配色美の質、柄の内容にも深く関わる。色域は、染め色のほうが印刷インクが表す色よりも広い。

・オンクロス……デジタル信号に変換された色柄を、コンピューター内から布面に写し出したもの（プリントしたもの）。プリントすることを「デジタルプリント」という。この1つに、インクジェット捺染機を使う「インクジェット捺染（プリント）」がある

●顕色系

　物体色を、見えた感じの度合で表す。これを塗料で色票にしたものが、マンセル表色系（マンセルシステム）のマンセル色票（HV/C色票）やJIS色票、別システムのNCS色票（EU圏で使用される）などである。服地の配色制作には不便である。

●混色系

　光の混合割合で色を表す。服地の配色制作には使わない。

　色彩体系の多様化は、これまでの染色の概念を超え、網版印刷やRGB系の世界

と混然となってきた。染織美への意識、服地への評価をも多様に変化させつつある。生産サイドはもとより、流通の現場にもその変容は強く現れている。

Ⅳ―17　自動色分解機とトレース

スクリーン型の製版には次の2つの方法がある。

●トレースフィルムを使う写真製版法

トレースに始まるこの方法は、ツーウェイの色柄であれば、

「1リピートを描いたトレースフィルムを→感光液を塗布したスクリーン面に重ね→露光し、焼付ける。これを縦横全面に繰り返す（送る）→現像する（水洗する）→感光した部分は残し、未感光の部分は溶け去り、スクリーン彫刻型ができる→その型を使って絵刷りする」

人手のかかるこの作業には精度と根気が求められる。これをこなす技能者の存在が不可欠である。

トレースフィルムの作り方は次のようである。

「ポリエステルの透明シートを図案に重ね→図案の色柄の同色の部分だけを墨と筆で描き写す（トレース＝ Trace）→これを各色ごとに1枚ずつ行う→色分けしたトレースフィルムができる」。8色あれば8枚のフィルムが作られる。この作業を「トレス」とも呼ぶ。

●自動色分解機を使う製版法

自動色分解機（Color Scanner）が行う処理は次のようである。

「プリント図案（色柄）に当てた光の反射内容の処理とコンピューター処理で→分色データ（デジタル信号）を得る→分色データ、または分色データと特色データに基づいて生む画像を、感光液を塗布したスクリーン型の版面に直接、焼付ける→彫刻されたスクリーン型を作る」。型は分色された色ごとに作られる。加えて、特色の型も作られる。型合いの精度は高い。

345

色分解機では、分色フィルム（トレースフィルム、網ポジフィルム、網ネガフィルムなど）の作成もできる。そのデータを保存しておくことで、再版も可能だ。ちなみに、トレースフィルムの保管には手間がかかり、しかもその寿命は3年ほどと短い。

布面での色表現は、網版印刷のようにマゼンタ、シアン、イエロー、ブラックの4色、あるいは特色との組合せでなされる。いい換えれば、その色らしく感じさせる仕掛けによって、そこに存在するかのように見せる。そのため、色柄の輪郭と色面にあいまいさが生じる。

それに対して、トレースとトレースフィルムによる型の捺染は、その色をズバリ表現する。したがって、色柄はしっかりと布面に存在することになる。特色が必要な理由は別にもある。表現不可能な色が意外とある。例えば橙、鈍く、色みが変わったりもする。

特色とは、網版印刷の用語である。ぼんやりとした画面（色柄）の中の特定の色面を際立てるため、その色をインクの混合でズバリ作る。この特色だけを刷る版も作る。その版を加えて印刷すると、並置混色と重色で表現したあいまいな色面の中で、特色がしっかりと存在感を示す。メリハリが効いた配色表現になる。特色の効果である。この手法を捺染に応用している。

〈⇒IV—16 色材混合系色彩体系、網版印刷系、CG 系の色表現。IV—18 デジタルプリント。IV—19 テキスタイル CAD システムとアパレル CAD システム。→I—2—6 染色加工業 D) 捺染〉

IV—18　デジタルプリント

人手で作った型版を使う捺染から、CAD を使用した色柄の制作、型版の製作、インクジェット捺染へと、捺染はデジタル化した。

色柄は CAD で制作・入力され、デジタル信号に変換される。人手が描いた図案はスキャンされ（入力され）、ディスプレー画面上にシミュレーション画像として映し出される。コンピューターによって、4色や8色に限定された色数のインク（染料系あるいは顔料系）がインクジェット捺染機のノズルから布面へ

と噴射され、色柄が印刷される。転写紙面への印刷も同様である。この転写紙を用いる転写捺染は、インクジェット捺染とともにデジタルプリント（Digital Printing）の範囲に入る。転写捺染と区別するために、インクジェット捺染を「ダイレクトプリント」とも呼んでもいる。

　自動色分解機でデジタル信号に変換され、分版した型を用いるスクリーン捺染もまた、デジタルプリントである。インクジェット捺染、転写捺染、スクリーン捺染などの区分は、「デジタル信号の出力方法の違いであり、入力方法は同じ」というのは大家一幸（2016）。工業的捺染は「デジタルプリントに全面シフトしている」「プリントの服はインクジェット捺染システムを併設した縫製工場内で製造されるようになるかもしれない。アパレルデザイナーやテキスタイルデザイナーも、そこで仕事をする時代が来るのでは」とも指摘する。まさに捺染分野とデザイン分野、縫製分野を一気通貫する CAD/CAM システムだ。これは IT の世界である。

　インクジェット捺染は、カラー写真印刷のように、布面に織模様、編模様、染模様、刺繡模様などを表現できる。金巾の表にデニムのテクスチャーやタータンチェック、ジャカードの紋、ゴブランなどを表現できる。ケーブル編やアーガイルなど、あり得ないことも表せる。糸目友禅や江戸小紋、西陣織も同様である。こうした便利さから、安価な紛いものづくりや、おもしろさづくりにも利用されている。

　捺染技法は、絞り、バティック、木版捺染、銅版捺染（カッパープリント）、ローラー捺染、本友禅（糸目友禅）、型染、注染などからスクリーン捺染へと移行し、それにつれて各技法が生む特有な染め味を愛で、楽しむという出会いは失われてきた。かつての技法の記憶は、布表の色柄の表現様式にかすかに残るのみである。その表現の意味を問う人はいなくなる。

　デジタルプリントは、どのような美の様式を提供するのだろうか。「ハードはソフトを変える」といい切れるだろうか……。

〈→Ｉ－２－６ 染色加工業 E）－①捺染の方法と機器。⇒Ⅳ－16 色材混合系色彩体系、網版印刷系、CG 系の色表現。Ⅳ－17 自動色分解機とトレース。Ⅳ－19 テキスタイル CAD システムとアパレル CAD システム〉

IV—19　テキスタイルCADシステムとアパレルCADシステム

　コンピューターを活用したCAD（Computer Aided Design）システムは、テキスタイルCADシステムとアパレルCADシステムに大別できる。

A）テキスタイルCADシステム

　ファブリックの設計・デザインを制作し、これをデジタル信号（データ）に変換する。そのデータを記録し、加工機に伝達するシステムと、CADのデータを受けた加工機（コンピューター搭載）でファブリックを作るシステムからなる総合的システムである。加工機には、織機（ドビー機やジャカード機など）、編機（丸編機、横編機、経編機）、レース機、刺繍機、捺染機などがある。シミュレーション画像はプリンターでペーパーアウト、オンクロスができる。

　次のことも行える。
・捺染型の製版
・調色

B）アパレルCADシステム

　パターン（型紙）を製作し、デジタル信号に変換する。これを記録し、自動裁断機に伝達する。このCADのデータ（縫代付きパターン、グレーディング、マーキングなど）を受けた自動裁断機は、服地を裁断し、パーツを作る。これらを連結して行うシステムを「CAD/CAM」と呼んでいる。CAMとはComputer Aided Manufacturingの略で、データに基づいて生産工程を自動化するシステムである。

　次のようなことも行える。
・無縫製コンピューターニット・横編システム……編立てデータを作成し、これを記録・伝達する。これを受けたコンピューター編機は、編機上で1着の服に編み上げる
・着装シミュレーション……デザイン画や写真に服地を入れ込んだ状態（着装し

348　第IV部　用語に創意を読む〜言葉が示す意味と知恵

た様子）を見ることができる

C）CADシステムの利点

●試作ロスの低減（試織、試編、試染の場合）

・試作品の没率低減（不採用率低減）

・試作点数の低減、経費節減

・シミュレーション段階での判断が可能。色柄修正、配色替えが可能。スピード化

●相手先との呼応がスムーズ（商談期間の短縮）

・色柄制作（柄出し）が速く、制作費用が低減

・意思疎通の効率化

・採否、進行・中止などの判断のスピード化

・シミュレーション段階での商談進行

●模様や配色表現の自由自在化

・異組織の組合せによる複雑な模様づくりが容易

・色柄（柄出し）表現が自由

・シミュレーションにより出来上りの予測が容易

　当然のことだが、CADシステムは導入しさえすれば「完了」とはならない。CADシステム（ハード）を操作するオペレーター（人間）の技量、センス、使い方（ソフトの創出力）次第で、成果は左右される。ジャージーの場合でいえば、編糸、組織、編み方などの特性や、編機の特性、服種とその姿かたち、機能、RGB（色光の三原色）を超えた色表現の質、時代の気分などを熟知したデザイナーでなければ上手をとれない。「それが、仕事に出る」と小笠原宏はいう（2016）。製品にオペレーターの素地・素養が表れるわけだ。

Ⅳ-20　配色法と配色指図法（プリント服地の場合）

　配色制作の仕方である配色法と、その配色表現を指図する方法である配色指図法などは、求める色合せの精度と、求める配色効果に応じて選択・採用される。配色法は5つ、指図法は4つあり、色合せや配色制作の手間のかかり度合と所要時間はそれぞれ異なる。

図Ⅳ-14　配色法と配色指図法

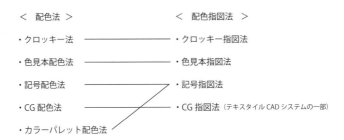

● クロッキー法
　絵具で紙面に塗り・描いて表現し、指図する。配色効果が分かりやすい。

● 色見本配色法
　工場専用の「レサイプカラー（Recipe Color）」や市販の色票（カラースワッチ＝ Color Swatch）などを使って配色する。その指図は、各色に付された色番号（記号）で行うか、市販の色票を切り取って色見本（カラーチップ＝ Color Tip）とする。見本とする色糸や色布を渡して指示することもある。
　印刷物から切り取った色を色見本とする指図は手軽なため多用されているが、色見本としては不正確。色合せのトラブルの原因となる。色糸や色布の小片であっても、その繊維の種類が、染める生地の繊維と異なっていれば、色見本として不適格である。
・レサイプカラー……染色工場が染色した色糸や色布の調色データとその現物見

本。色見本帖に編集されている。非売品である

・レサイプ……染料と薬剤の調合・処方データ。レシピ（Recipe）の俗語

●記号配色法

　色名あるいは色記号を用い、その組合せを頭の中で行い、配色効果を想像する。色名、色記号で表現・指図する。

● CG 配色法

　コンピューターを使って行う配色。出力したペーパーアウト、または RGB のデータで指図する。テキスタイル CAD システムの一部である。

●カラーパレット配色法

　定量混合ネットで作った色票から使用色を選択し、トーンごとに 1 枚のスカーフ状の布に染めて作成したもの（カラーパレット＝ Color Palette）を使う。色指図はその色番号で行う（定量混合ネットの色番号と同じ）。配色制作はカラーパレットに染めた色を隣接させて行う。考案・設計は、岩野誠（テキスタイルデザイナー）である。製作は荻原・アトリエ、捺染は沢辺プリント。

IV—21　型版と配色効果

　型版とは、捺染に用いるフラットスクリーン型、ローラー捺染型（彫刻ロール）などを指す。型版を利用しない捺染を「無（製）版プリント」と呼ぶ。型版を作ることを製版という。製版作業は、商品計画、配色計画に基づいた型順の決定から始まる。

　型版は、図案を布面に再現するに留まらず、型版を用いればこそ表せる染色美を出現させることにある。ex.）型染、紅型、プロバンサルプリント（Provenqal Print）

　図案は、イメージを紙面に表した便宜上のもの、つまり「下絵」である。ビジネスの観点に立てば、製版は図案の表現を再現するだけでなく、商品のバリエー

ションを展開するために行うことになる。その目的は、型版を使い切り、製版経費をゼロ（メーター当たりの生産コストが低くなり、利幅は広くなる）にした目新しい商品を作ることにある。

型版の活用には、型版の用意と操作、型順、版面の表現などの配色設計、紗(しゃ)の選択、素材置換え、仕向先、商機の複数化、配色計画など種々様々な手法がある。

IV—22　品質トラブルと売場の対応

服地の品質設計は、服地のデザインとともに、服づくりと服地づくりで重要な目的事項である。顧客との品質をめぐるトラブルの解決、再発防止と品質の向上には、状況の正確な把握が必要になる。

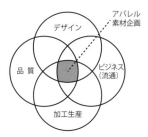

図IV—15　アパレル素材企画の位置づけ

A）服地が関わる品質トラブル

●形状の変化

洗濯や乾燥による収縮、熱収縮、裏地のぞき、型崩れ、斜行、伸び、ダレ（垂れ）などといった変形のことである。紳士服やコートなどのハイグラル・エクスパンションによるパッカリング(布面の波状のしわ)、バブリング(布面の泡状の凹凸)、シームパッカリング（縫目(ぬいめ)部分のしわ）、カーリング（反(そ)り）、型崩れ、折り目（プリーツ）の消失などがある。

・ハイグラル・エクスパンション（Hygral Expansion）……ウーステッドやそれを用いた服が湿気を吸う・吐くを繰り返すと、伸びたり、縮んだりする現象。この被害を防ぐには、織布から裁断、縫製、製品保管、店頭に至る各段階での湿度・温度管理が必要になる

●テクスチャーと手触り・肌触りの変化

毛羽立ち、ピリング（毛玉）、毛抜け、スナッグ（スナッギング）、ツレ、風合

い硬化・軟化、膨らみ消失、縮絨（フェルト化）、平滑さの消失、ぬめりの消失、艶の消失、てかり（悪光）、白化、中わたの吹き出し、ポリウレタン樹脂加工布のねちゃつき発生、被膜剥離と汚染などの現象。

●摩擦・引っ張り強さの変化

目寄れ、滑脱（スリップ）、穴あき、破れ、薄破れ、擦り切れ、ひじ抜け・ひざ抜け（バギング）などのこと。

●布色の変化

変色、褪色（退色）、脱色、色斑、黄変、白度低下、色落ち、汚染（色移り）、色泣き（ブリード）、復色、白目（糸反り、リバース）、色面剥脱、色面亀裂などがある。

●機能の変化

ストレッチ性、撥水・防水性、抗菌・消臭性などの消失・低下。

●その他の変化

臭気、蒸れ、帯電、皮膚障害など。

B）服地に関わる品質トラブルの発生原因

●生産者サイドの原因

・アパレルデザイン
・服地（布、糸、繊維。染・織・編。仕上）
・パターン
・マーキング
・縫製（裁断縫合、柄合せ）、上下混用、ロット違い、仕上
・無縫製編立ての仕方

353

・芯地、裏地

●小売店サイドの原因（陳列、保管、輸送での不注意）
・紫外線（日射、照明光）の照射（日焼け）
・内装材の使用薬剤、内装塗料
・包装材（段ボール箱、ビニール袋）、防虫剤
・隣接衣服との接触
・環境中のガスとの接触
・温度・湿度
・手による取扱いの粗雑

●消費者サイドの原因（衣服に関する知識不足）
・取扱い・着用の不適切（着合わせ、洗濯・商業クリーニング、保管の仕方、粗雑な着用など）。ex.）香水、お手拭きの不注意な使用
・経年変化・経年劣化など品質の限界性無視
・「着用→洗濯・商業クリーニング→保管→着用」の反復による性能劣化や脆化の必然性軽視

　起因が複数あって、複合事故的なトラブルが起こるケースも多い。トラブルの発生と防止は、商品企画、デザイン、加工生産（服地、服）、流通、着方、ライフスタイルなど、全プロセスにわたる課題でもある。
　使用品質は、時代の社会通念、流行、着用者の好みや価値観、関心事によって変わる。例えば、ポリエステル繊維の普及、ユーズド感覚の流行、ファストファッションの普及、着捨て主義がある。洗い加工、ダメージ加工、しわ加工、斑染、高分子加工などの進展を背景に、これまで「非常識」「不良」とされていた事象や感覚を楽しむ人たちも現れ、おしゃれ服や服地の品質の良し悪しの評価も杓子定規にはいかなくなっている。その良し悪しは「誰にとって」のものなのかを意識することが大事になる。

C）品質トラブルの受付対応とその後の処理

C）―1　品質トラブルの受付段階

・客への聴き取りと事故品の観察
　　→苦情の申立者とトラブルに遭った人の関係の確認（本人、代理人）
　　→事故品の確認、確保（拝借する）、試験（点検・検査）の許諾を得る
　　→事故品の生産者、ブランド、品番、製造番号などの確認
　　→事故品の単品、単品コーディネートもの、セットものなどの確認
　　→事故品の自店での販売、取扱いの有無の確認。店舗・売場の特定
　　→販売（購買）年月日、販売（購買）の仕方、あるいは贈答品かどうかの確認
　　→入手から事故に気づいたときまでの経過（着用、維持・保管、単独あるいは
　　混用などの扱い方）。気づいたときの状況・環境
　　→購入価格
　　→Ｂ品、Ｃ品、処分品、サンプル品、試作品など、「わけあり」の品であるか
　　否かの確認
　　→事実と自分の憶測（私見）を混ぜこぜにした記述（受付書作成）をしない

・応接時の言動
　　→正しい用語を適切に使う（先入観、誤認、誤解を避けるため）
　　→不用意に回答期日（月日）を設定しない（解明するまでに日時を要するかも
　しれない）
　　→安易な裁定をしない（要因は複雑かもしれない）

C）―2　製造者の原因究明段階

・事故品の点検
　　→トラブルの事象確認

355

→申立者が指摘した事象以外の問題点の発見

・受注時の生産条件の把握
　→生産数量
　→ロット番号
　→生産時期
　→生産期間、飛び込み
　→分割生産（ロット違い、1反取りなどの縫製上の条件付き）
　→条件付き受注加工生産品

・生産当時における加工技術の一般的な水準の把握
　→加工生産の実際の知見
　→加工生産と流通の状況把握

　事故処理は、事故の申立者から聴き取った内容を記述した受付書と、拝借した事故品をもとに、原因の究明を進め、責任の所在と軽重を判断する。これを行うには、事故・トラブルを受け付ける小売店の品質トラブル担当者の状況把握能力と記述能力、職務範囲の認識が重要になる。究明を担える者は、加工生産技術の実際に通じた経験豊かな専門家（加工生産に関わる技師）である。

　生産者にとって品質トラブルは、それが生じた方法に代わる新しい方法を発見する発端になり得る貴重な情報でもある。適当に始末するのはもったいない事柄である。

IV—23　色合せと色見本

　染め上がった糸色（ビーカー色）や布色（マス見本染など）を見本の色と比較するには、それを行う室内の光の環境が整っていることが前提である。
　色合せは、正しく色を確認できる適切な光源と明るさのもとで見ることが第1

条件になる。

A）色合せに必須の環境

●適切な光源
「適切な」とは、光源の演色についてである。

演色とは、照明光が糸色や布色（物体色）の見え方に及ぼす影響のこと。

演色性とは、物体の色の見え方に影響を与える光源の特性のこと。

糸色や布色を見るときには、演色性が高い光源の光のもとでが正しい。「演色性が高い」「演色性が良い」とは、自然光（北窓の天空光）に近い光であることを意味する。

演色性の尺度として多用される平均演色評価数（Ra）では、100に近い数値ほど色を正しく見せる、とする。高演色形蛍光ランプには、「演色AAA」「演色AA」などと性能が記されている。

●適切な明るさ
明るいほど、色はよく見える。色を見る明るさには次の2点がある。

・布を見る室内の明るさ

・照らされて見える布の明るさ

照明光で見る室内の平均的な明るさは500ルクスでよい。が、1000ルクスあればさらに都合が良い。

照度とは、見る物（糸や布）を照らす光の量のことである。その単位を「ルクス」という。

●色合せなどカラーワークの現場環境と適切な色の扱い方
カラーワークの現場とは次のようなことが行われる状況である。

・商品色の選択・決定（カラーマーチャンダイジング計画など）

・カラーデザインする（配色・図案の制作、色糸・色布の分解など）

- 色見本づくり（ビーカー染、霜降糸の試作など）
- 色指図の受け渡し（ビーカー出しなど）
- 調色
- 出来上りの色合せ（さっと眺めた感じでの「合っている」「合っていない」のレベルと、厳密に見たときの色合せのレベル）
- プレゼンテーション（商品・製品説明会での提示）
- 展示会などでの受注・商談、ショールームでのショーイング
- 小売り店頭（売場）での商品陳列やVMDなど

　カラーワークの現場には、立場の異なるさまざまな人たちが関わっている。発注者である服地やアパレルのメーカー、デザイナー、MD。受注者である染色メーカー、調色師（リサイパー）、染料メーカー、機屋。アパレル小売業のバイヤー、販売スタッフ。買って着る人（生活者）などである。それぞれの関心の度合や業種・業態の違い、利害損得も絡んでいる。費用対効果を計算する経営者も含まれている。

B）カラーワークの実務技術・技能

　カラーワークにはさまざまな人が関係するだけに、その環境と作業に共通性が必要になる。だが、その実現は容易ではない。アパレルデザイナー、テキスタイルデザイナーと染織編工場の意思疎通に絞って留意点を挙げる。

B）―1　カラーワーク実務の基本知識

●光源を同じにする

　明るさを求めて利用される一般的な光源には、蛍光灯ランプやLED、タングステン電球などがある。これらの中から演色性が高いものを使うことが望ましい。実務的には、費用と手軽さの点から次の方法がある。

- 全般的照明には、演色AAレベルの3波長形蛍光ランプを使用する。これをカラーワークを行う各所に使い、色を見る条件を同じにする。見る時刻と土地は異

なっても、同じ色をともに見ることができる。異なる光源のもとでの色の合い、色の評価、意見交換は無意味、不毛、有害ですらある
・商品色の色合せ、評価、選択などを厳密に行うためには、自然光と、照明光の蛍光ランプ、白熱電球、LED電球など、複数種を用い、その下で見るのがよい。異なる光源で見比べ、確かめるためにも

●色見本の意味を理解する

　発注者が受注者に渡す色見本そのものが、「見本としての基準にならない」ことが多い。その理由は次の4点である。
・どのような光源で見るのかが定まっていない。ある光源で同じ色に見えても、異なる光源では違う色に見える（条件等色）。見本色を表している混色の内容と、それに似せて作った色を表している混色の内容が違う
・色合せの許容幅を定めていない。色相のズレ、彩度のズレ、明度のズレに対しての許容度合である。これらのうち、どの点を重視するのかが伝達されていない
・色見本の色を表現している方法と、糸色や布色の色表現の方法の適合性無視
・色面の広さや形によって、色は違って見える。テキスタイルデザイナーやアパレルデザイナーが選択のために見た色見本の大きさと、受注者（染織編工場）に渡される色見本の小ささの差によって、発注者が感じている色と受注者に見える色は違ってくる。色合せでの測定値は同じであっても、色見本の小さな色面と、出来上った布色の広い色面では違って見える

●色の扱い方で変わる色の見え方

　色の扱い方によって見え方は違ってくる。その理由は次のようである。
・見たい糸色や布色を置くテーブルや机の天板、あるいは台紙の色などの背景色に影響される
・見る部屋の広い壁面の色も、影響を及ぼす
・その色だけをズーッと見ていると、色を鈍く感じるようになる
・見る色を急に変えると直前に見ていた色に影響され、本来の色と違って見える

359

B）—2　変幻する布色づくりの経験知

●染め色の表現は、繊維、染料、染め方の関係で決まる

　染め色は、糸や布に染色して現れる色である。「この繊維は染色できる」としても、表現したい色を染められるとは限らない。染め表せる色の多種多様さや色域は、染める繊維と染料、染め方などによって異なる。例えば、次のようである。
・絹布に酸性染料で染める場合……色表現は、色み、明暗・濃淡ともに多彩である。色域は染色の中で最も広い
・綿布に反応性染料で染める場合……色域はかなり広く、染色の中で二番目
・ポリエステル布に分散染料で染める場合……色域は前二者よりもかなり狭い

　したがって、ポリエステル織物服地の色指図に絹布の染め色とか、麻の織物服地の色指図に羊毛糸や布の染め色を色見本にすることは、不適切である。だが、このような色指図がしばしば行われている。いくらシルクの染め色、ウールの織り色に魅せられたとしても、低レベルなデザイニングである。このような色見本は、デザイナーのイメージとしての色であり、工業的な服地づくりの色指図としてはふさわしくない。染色で表現可能な方法への知識と工夫が抜け落ちている。感覚に溺れない理知的なデザイン思考と実際の知見が求められる。

●テクスチャーのある服地の色は見方で変わる

　布色の色の合いを見るとき、ソリッドカラー（Solid Color）の見方をするのは不適切である。ソリッドカラーとは、単一色の印刷インク・塗料で、一様に刷られた・塗られた平らな色面の色。色料を練り込んで作った原着糸、シートの無地色である。布色は、布という身体を持った色である。

　布には多種多様なテクスチャーがある。布色はテクスチャーと一心同体で存在するから、それに適した接し方が必要になる。例えば次のように色の見え方は変化する。
・毛羽、毛房のある服地の場合……ビロード、別珍、ベロア仕上、ビーバー仕上のコート地などは、①布面を平らにして、「真上から見る」「側面から毛先を透か

360　第Ⅳ部　用語に創意を読む〜言葉が示す意味と知恵

し見る」「斜め上から見る」。それによって、違った色に見える。②毛羽や毛房を「伏せて見る」「逆立てて見る」。それによって、色は異なって見える。③毛羽や毛房、輪奈の毛足の長さ、密度の粗密の度合いでも、色は違って見える

・艶のある鏡面的な服地の場合……サテンやベネシャンなどは、布目（ぬのめ）が見えるマットな服地とは違って、色は鮮やかに、濃く見える。しかも透明感を伴って見える

・規則的な畝（うね）を持ち、陰影のある服地の場合……絹のツイルやファイユなどは、ハイライトカラー、ボディカラー、シャドーカラーを生じ、華やかでありながら落ち着いた布色を見せる

・透けた（糸間が空いた）服地の場合……シフォンやボイル、模紗（もしゃ）（目透織（めすきおり）、モクレノ）などは、淡く見える。動態のときの布の重なりで、襲（かさね）の色目（いろめ）を現したりする

　このようなわけで、布色の見方には約束事が必要になる。それは色指図に注意が必要であることを意味している。それは服色の表現にも及ぶ。

　服地を押圧（おうあつ）して平らにしたり、縮めて糸間を密にしたりして、色の合いを評価する方法は、おしゃれな服地に対して、実際的ではない。だが、プレーンな布面の定番素材や制服用服地であれば、この方法が用いられたりもする。JIS規格に「表面色の視感比較方法」がある。

●繊維の素材感（材質感）によっても、染め色・布色の見た感じは変わる

　赤のウールコートは温かく、ナイロンコートでは冷たく見える。青の起毛のウールコートに冷たさは感じない。紺のブレザーのネイビーブルーは、カシミヤとウールでは、品位を含めてクラスの差違まで見せる。海島綿（かいとうめん）と米綿（べいめん）（アプランド綿）では、ともに綿であっても布色に違いを見せる。

　上質の繊維で作った色糸を多く用いた綿パイルは、豊かな布色を感じさせる。少量にすれば貧相を感じさせる。HV/C（マンセル表色系）では同じであっても、見た目には違ってくる。

●布色の見た感じは、布の構造でも変わる

　無地の先染織物では、織糸を構成している繊維の性状・形状（繊維の配列状

態など）、織物を形づくっている織糸の番手、撚り数、撚り方向、糸配列、密度、布の性状（屈曲、伸縮、スポンジネス＝押し戻し感）、織組織などや、織り上げ後の仕上（整理）によって、織り色の見た感じは変わる。

　ジャージーも同様である。編組織と編物特有のループ（輪奈）の大小、粗密が変化を著しくさせる。ビーカー染を「現物糸」で行う理由はここにある。天竺組織では、天地（上下の向き）、表目・裏目で、編み色の見た感じが変わる。これが縫製段階で見落とされ、トラブルの起因となる。

　異素材コーディネートの色合せには豊富な経験が必要になる。色の合いは、見る人の目に判断が委ねられる。判定者の選定に慎重でありたい。

B）―3　模様の配色と色合せ（プリント服地の場合）

●模様の色が置かれる状態

　地色も柄色も、ある面積と形状で配色される。布面で複数の色と同時に見られ、対比されて見られるという点で、無地が見られる状態とは異なる。色指図では違った色だが、布面では同じ色に見えたりもする。その色の存在があいまいに見えたり、消えたように感じることもある。

　別の色との対比によって、本来の色と変わって見えたり、色面の大きさ、形、散在の様子などで違いを見せたりもする。

●配色の色合せ

　求める色柄表現によって、色合せに対する評価は次のように異なる。

・全体をある色調の雰囲気で表現する場合……目的とする雰囲気が表れていれば、個々の色の合いの誤差は問題視されない。ドミナントカラー配色、トーナル配色であれば、鏡（扱き）や地染オーバーなどの染色技法が用いられたりもする

・特定の１色を主役にする場合……広い地色やアクセントカラーであれば、色合せに精度が求められる

・色面構成の柄でその彩りの効果を得る場合……それぞれの色の合いが大事になる

B）―4　色合せの眼目

　染色工場にとって色合せで最も重要なこと（眼目）は、①色見本と同じように
見える染め色を表現する技術の実践と、②デザイナーが求める布色や服色のニュ
アンスを読み取ることの2点にある。色見本と染め色の相違を確かめることで
はない。

B）―5　感動させる服色の見せ方、色合せ

　「服となって着用されるときの服色の"光環境における演出"は最重要である。
夜会服であれば、シャンデリア輝く室内の、タングステン電球の光のもとで、服
色が見られるかもしれない。今どきはLEDの下であるかもしれない。アロハシャ
ツやスポーツウェアであれば、昼間の直射日光を浴びて眺められる。ブルーライ
ト・ヨコハマのデート服であれば、自然の光といえども黄昏どきでは見え方が異
なる。服地の色、服色の評価はここで決まる。これをエンターテインメントにす
るのがステージ衣裳である」（村上幸三郎、2015）。
　服色の見せ方は、その服を着用した環境の光の中での色合せに行き着く。ダイ
アナ妃が東京に降り立った光景が、まさにそれであった。ハーディ・エイミス（英
国女王のドレスデザイナー）と、その演出効果を歓びとともに眺めたものだった。

IV―24　地合い調整操作

　織機さえあれば思い通りの服地ができるわけではない。織布の調整に時間を費
やす気持ちと手間、調整技術の有無、その上手下手で、服地の品質、地合い、品
位が左右されるからだ。
　調整の内容（箇所や仕方など）は、作ろうとする服地の品種と、使用する織糸、
目的品質、地合い、品位、使用織機・装置・器具、置かれている気候風土などによっ
て違ってくる。例えば、綿ブロードとタペット式自動織機、梨地ウールジョーゼッ

トとドビー織機、湿緯を打つ綾羽二重（シュラー）と力織機、ポリエステルフィラメントのサテンとレピア織機など、織布条件によって違う。

サテン（朱子）といっても、シルクサテンでは湿度70％をベストとして湿度調整（織布工場内の）をして、開口時の経糸の伸びと経糸切れに注意を払う。ポリエステルサテンには特段の湿度管理はしない。

経朱子の織布は裏織り（織裏）であるから、織布中の表側の様子は見えない。そこで、「裏にまわれ」（宮下靖英、2015）といわれる。巻き取り装置のサーフェイスローラーに巻かれた織上りに注視するのである。

収縮率が異なる糸（羊毛糸と綿糸）との縞ものであれば、羊毛糸100％の場合とは経張力を違えて、加減する。これは、服地になってから湿気を含んだときに、綿の縞糸の部分が波打つ（コックル）ことを避けるためである。

使用繊維でいえば、綿織物と毛織物とポリエステルフィラメント織物とでは、風合いづくりの指向が異なっている。ポリエステルフィラメント織物では、織布操作を一定にして生機を作り、織糸（繊維や糸づくり）と後加工で風合いを生むことを指向している。それが綿織物や毛織物との相違として現れる。

調整は、使い慣れた織機、装置、器具とその扱い方、よく手がける品種、織組織、織り方、織糸の形状・性状など、その産地での経験知があって初めて可能になる操作である。この調整とは、織布運動、開口時の経糸の状態、織布準備工程、温湿度、回転数などである。

・地合い、風合い……地合いとは、服地の見た目の感じ、触れた感じの評価である。その点では風合いと似ているが、風合いは服地を享受する者が服地を評価するときに用いられる。これに対して、地合いは服地の作り手が自ら行った織物設計（原料、糸づくりを含む）、織布の仕方（織機、地合いの調整操作）など、服地の構造の仕方とその表現効果に対して用いる。織布サイドの用語である

・裏織り（織裏）……経朱子は、布の裏側を表にして織る。他の多くの織物は、表側を表にして織っている。裏織りをする理由は、「織りやすい」「動力の節約」「組織図作成の簡便さ」「表側の汚れを防ぐ」である

A）織布運動の調整

織布運動の時間的な相互関係（タイミング）を調整する。開口（杼投げ）のタイミング、筬打ちのタイミング、経糸の送り出しのタイミング、織った布の巻き取りのタイミングなどを、うまく合わせることである。

織機は、次のような運動と、それぞれの運動を支える装置によるシステムである。その織布運動は、主運動、副運動、補助運動と、それらをさせる装置で構成されている。

●主運動

①開口運動（織り口、杼口を作る）、②緯入れ運動（杼投げ、打ち込み）、③緯打ち運動（筬打ち、打ち込み）の3つがある。これらは織糸を組織し、織物にする基本的な運動。

その手順は、「経糸を上・下（上糸と下糸）に分けて杼口を作り→緯糸を通す→通した緯糸を筬で織り前に打ち寄せる→経糸と緯糸が曲がって交錯し、織物」となる。開口における綜絖の静止と緯入れを、タイミング良く行うための調整もある。

●副運動

①巻き取り運動、②送り出し運動の2つがある。織り出されてくる布を、順々に巻き取る。織布の進みにしたがって、経糸を順々に送り出す。この2つの運動により、織布を連続して行うことができる。

その手順は、「ワープビームから経糸を送り出す→織る→織り出された布を→サーフェイスビームに巻き取る」である。この工程では、送り出し量の加減などがなされる。

●補助運動

①緯糸交換運動（緯糸色替え）、②経糸切れ停止運動（経止め）、③緯糸切れ停止運動（緯止め）、④緯糸補給運動（緯糸補充）などがある。これらの役目は、

主運動と副運動の働きをスムーズにさせることである。

・緯糸交換運動……2種以上の緯糸（糸質、番手、あるいは色が違う糸）を使い
分ける

・経糸切れ停止運動……経糸が切れたり、ゆるんだりしたとき、織機の運転を自
動的に止める

・緯糸切れ停止運動……緯糸が切れたり、なくなったとき、運転を自動的に止める

・緯糸補充運動……緯糸がなくなる直前に、別の緯管に巻いてある新しい糸に切
替えて、運転を継続させる（連続運転）。これを自動的に行う装置を装着した織
機を「自動織機」という

B）開口時での経糸の調整

開口運動の仕方には複数あって、その装置や操作は複雑である。装置には、タ
ペット式、ドビー式の各種、ジャカード式がある。開口運動は、並列している多
数本の経糸を高速度で上下に分けるから、互いに激しい摩擦を連続して受ける。
しかも、緊張された状態で行われるから、経糸は切れやすい。この「経糸切れ」
は、服地の品質を低下させる。

開口の仕方とそれが作る姿かたちは、一般的に4タイプある。それらは、経糸相
互の摩擦の強弱にも関係する。織る服地の品種や織機の装置にも関わってくる。開
口時に織機が保持するワープライン（経糸線）の状態（水平、傾斜）や開口の高さ
によって、経糸に掛かる張力と伸びは、経糸と緯糸が交錯する姿かたちに影響し、
地合いづくりにも関わってくる。例えば、開口時に上糸と下糸に掛かる張力に差をつ
け、やわらかな風合いを生む。開口の高さは、緯糸の太さやシャトルの大きさにも
関わる。そのうえ、シャトルを安全に、しかも確実に通す役目を担っている。

C）織布準備工程での調整

織布準備工程で行う経糸引き込み（ドローイング）や機掛け（ルーミング）は、

織機の正常な運転と目的効果が得られるように調整される。その調整は、ワープビームを織機にのせる前に行うか、のせた後に行う。

●経糸引き込み

ワープビームに巻いてある経糸を引き出し、ドロッパー（Dropper）やヘルド（Heald＝綜絖）、筬（Reed）に通す工程（Drawing-in）である。これはのせる前に行われる。すべての経糸は、綜絖に1本ずつ通される。さらに、筬の羽間、1羽には1本（1本通し）とか、2本（2本通し）とかと、通す。これを「筬通し」という。ボイルのような糸間が空いた服地は1本通し、羽二重は2本通し、高密度の織物は8本通しなどする。筬羽のところどころに経糸を通さず空羽に織ると、ストライプ状に隙間が現れる。その細縞、太縞などを組合せて瀟洒を醸す。

●綜絖

シート状に引き揃えた経糸を、上下に分ける器具。綜絖は綜絖枠に並列状に組まれ、織機に装着されて用いられる。その枠の1つを「1枚」と呼ぶ。例えば、経五枚朱子とは5枚の綜絖枠を使って織った経朱子を意味する。

●筬羽

櫛の歯に似ている。その歯と歯の間（筬羽）に経糸を通す。筬は、織物の幅を決め、通り抜ける杼（シャトル）のガイドともなる。前後往復する筬は、緯入れされた糸を設定した密度で織り口に食い込ませる働きをする（筬打ち）。必要に応じて、ドロッパーにも1本ずつ通す。

●ドロッパー

経糸切れを感知すると、運転停止装置を作動させる器具。

●機掛け

引き込みが済んだワープビームを織機に掛け（のせ）、織り出せるように支度

する作業（Looming ともいう）。「ワープビームに付けられた筬、綜絖枠、ドロッパーを、織機の所定の装置に取付ける→一定の張力で経糸を引き揃えながら、織りつける」。これで用意万端整う。

D）温湿度の調整

織場の温湿度によって、経緯の織糸は伸縮する。天然繊維や再生繊維は湿気を吸ったり吐いたりするから、空調機器の設置、あるいは「打ち水」（宮下靖英、2015）などをする。

E）回転数の調整

織機の回転数は、開口運動などの織布運動、織布能率、杼などの損傷や消耗度合にも関わるから、調製が必要になる。回転数は、織布能率、生産原価、工場経営にも関わる重要事項である。

調整能力は、小ロット生産、多品種対応（品種変え）、不良反発生防止にもつながる経営要素である。調整は、他人の目に触れないが、製品と工場への評価となって現れてくる。それは、織りに仕える者のプライドであり、工場の命である。

IV—25　ゲージと糸番手（適合番手）

「適合番手」とは、編機のゲージと適合し、編みやすく整った編目で、安定した編地を作るための糸の太さ（番手）のことである。ルーズな編地づくりには不要である。

適合番手は、編機やゲージ、糸の種類、編組織などによって相違する。種々発表されている適合番手表は目安を示したものである。表IV—3の事例は、小笠原宏が現場経験から得た丸編機と梳毛糸の関係である（『ニットファブリック

（ジャージー）』私家版、1985）。

表IV−3　丸編機と梳毛糸の関係

ゲージ ＼ 組織／糸	平　編 メートル番手	ゴ　ム　編 メートル番手	両　面　編 メートル番手
12 G	$1/14 \sim 1/18$	$1/28 \sim 1/40$	$1/16 \sim 1/20$
14 G	$1/20 \sim 1/30$	$1/40 \sim 1/52$	$1/20 \sim 1/26$
16 G	$1/26 \sim 1/36$	$1/44 \sim 1/60$	$1/24 \sim 1/32$
18 G	$1/32 \sim 1/40$	$1/52 \sim 1/64$	$1/32 \sim 1/40$
20 G	$1/34 \sim 1/48$	$1/72 \sim 1/80$	$1/40 \sim 1/46$
22 G	$1/42 \sim 1/51$	$1/80 \sim 1/100$	$1/42 \sim 1/57$
24 G	$1/48 \sim 1/60$	$1/100 \sim 1/120$	$1/48 \sim 1/64$
28 G	$1/52 \sim 1/70$		$1/68 \sim 1/100$
32 G	$1/80 \sim 1/100$		$1/90 \sim 1/120$

IV—26　ハイテク素材のマイクロファイバー、ハイカウント糸

　ハイテクとは、ハイテクノロジーの略。ポリエステル繊維においては、繊維、糸、織物、編物、染物、後加工などに用いられ、服地づくりを工場生産で行う高度な技術である。ハイテク素材の1つであるハイカウント糸織物の服地づくりは、次の順序で行う。

　ハイテクノロジーで、「マイクロファイバーを作り→このフィラメント（単糸、単繊維）を多数本用いてハイカウント糸にする（マルチフィラメント糸）→これを織り、ハイカウント糸織物にする」。

●フィラメント糸
　織糸としてのポリエステルフィラメント糸を構成するフィラメントの本数の多少によって、次のように分類される。
・モノフィラメント糸……フィラメント1本の織糸。1本のフィラメントは、モノフィラメント（Mono Filament）、あるいは「単糸」「単繊維」とも呼ばれる
・マルチ（Multi）フィラメント糸……複数本のフィラメントで構成する織糸

図Ⅳ-16　フィラメント糸の分類

● 糸の太さ（番手＝ Yarn Count）

　モノフィラメント糸（単糸）には30d（デニール）がある。硬い糸で、オーガンジーに用いられるぐらいで、一般的ではない。

　マルチフィラメント糸は、50d、75d、100d、125d、150dが一般的。標準デニールは75dで、ジョーゼットクレープや楊柳（ようりゅう）、シフォンなどに用いられる。180dはバックサテン、アムンゼンに、200〜240dは「梳毛紡毛」に使われる。

・d（デニール）……デニール番手の記号。この数値が大きくなるほど、糸は太くなる。同じ数値でも、繊維の比重が小さいものほど太くなる。1dは9000mの長さの繊維・糸の重さが1g。450m長で0.05gのとき、1dといい換えられる

● 構成するフィラメントの本数

　フィラメントの本数が多いことはフィラメントが細い、本数が少ないことはフィラメントが太いことを意味する。フィラメントの多い・少ないにこだわるのは、同じ太さ（番手）の糸であっても本数の多寡によって、それを用いた織物の性状に違いが出るからである。したがって、織糸を太さ（番手）だけで捉えることは「片手落ち」になる。

　そこで、糸の表示は次のようにしている。例えば、糸の番手が75d、フィラメントの本数が37本であれば、「75d37f」と表示する。この75dの糸は37本のフィラメントで構成されている、との意味である。番手とフィラメントの本数の掛け合わせによって、用途や風合いは違ってくる。

　ローカウント糸の「50d12f」「75d12f」などは、硬めでドライな肌触りのジョーゼットクレープやシフォンなどに用いられる。撚糸をしなくても「ドライタッチ」である。フィラメント1本の太さは4〜6d位。

普通カウント糸の「50d24f」「50d36f」などは、シルク（絹）に近い風合いがする。フィラメント 1 本の太さは 2 d 位。

ハイカウント糸の「50d78f」「75d96f」などは「パウダータッチ」である。フィラメント 1 本の太さは 0.6d、0.8d 位と、極めて細い。75d96f は、96 本の細い繊維で構成される「スーパーハイマルチ（Super Multi-filament）」と呼ばれるフィラメント糸である。そのフィラメント 1 本の太さは 0.78d 位で、「ファインデニール」と呼ばれるマイクロファイバーである。ファインとは「細い」の意味。

●繊度

1 本の繊維を単繊維、単繊維 1 本の太さを「繊度（せんど）」という。ポリエステル繊維の繊度を表す単位には、「デニール（d あるいは D と表記）」「テックス（tex）」「デシテックス（dtex）」などが使われている。今日まで長きにわたって使われてきたデニールは、業界人の身体に染みついた感覚でもある。容易には変えられない。

テックスとデニールの関係は、0.1tex ＝約 1d、1d ＝約 0.11tex である。そこで、1d を 1 dtex（デシテックス）と呼んで実用している。

※デシテックスとデニールの換算式は、dtex＝1.111×d。
※天然繊維では、絹に「中（なか）」、羊毛に「ミクロン（記号は「μ」。マイクロンともいう）」、綿に「マイクロネア（一般にはマイクと呼ぶ）」などが実務で用いられている。

●ポリエステル繊維の繊度区分

ポリエステル繊維を繊度とその呼び方で区分けすると、次のようになる。ただし、これは定めではない。日本と欧米でも、また国内においても違っていたりする。

表Ⅳ−4 ポリエステル繊維の繊度区分

呼び名（A）	呼び名（B）	繊　度
	普通糸	1d 以上（1.5 ～ 6d が多用される）
極細繊維	極細糸	0.5 ～ 1d（欧米ではマイクロファイバーと呼ぶ）
超極細繊維	超極細糸	0.5d 以下（日本でいうマイクロファイバー。0.1 ～ 0.6d が一般的）
	極超極細糸	0.1d 未満

※細いといわれる絹繊維の太さは 2 ～ 3d だが、化学繊維はもっと細い繊維も、太い繊維も作れる。太さを自由に変えられるところも便利である。

371

●ハイカウント糸はマイクロファイバーがあってこそ作り得た糸

ハイカウント糸織物服地の、これまでにない質感と性能は次のようである。

・やわらかい、曲がりやすい、曲面を生み出しやすい

・シルキー（シルクタッチ）

・パウダータッチ、「ピーチスキン」タッチ

・スエードタッチ……「エクセーヌ®」

・高密度織物を作ることができ、撥水・透湿性のある、薄くて軽い服地を生んだ

・引っ張りに強い服地

マイクロファイバーの登場は、①ポリエステルの服地を天然繊維の服地らしさにより近づけた、②それまでになかった独自の「新しい」を生んだ。その新しさは、「布の造形表現（シルエット）」「触知感（肌触り、手触り）」「機能（アクティブ・スポーツウェアなどの機能服）」などに表れている。

マイクロファイバーは衣料分野を超えて、新しい領域に広がっている。カーシート（「アルカンターラ®（ALCANTARA®）」）、フィルター、医療・衛生用材、建材など、資材と呼ばれる分野である。

Ⅳ—27　スペック染と色斑の無地もの

●スペック染（Speck Dyeing）

色斑のあるカジュアルな綿先染織物服地づくりに利用されている。染め方は、「反応染料の粒子を凝縮して塊（ケーキ）にし→これを砕いて微小片にし→糸に振りかけ、付着させる→その後、アルカリ処理→熱処理を施して染着させる」。付着の不均一さが、染め色の濃淡、斑の形状となって現れ、染斑のある糸になる。スペース染（Space Dyeing＝段染）の糸（スペースダイドヤーン、段だら糸）や、チーズ染の染斑の糸、絣糸など、微妙な色表現にこだわるアパレルデザイナーに愛用される。染色工程は手作業であり、工業的染色には馴染まない。高コストな染め方である（大家一幸、2016）。

第Ⅳ部　用語に創意を読む〜言葉が示す意味と知恵

●色斑の無地もの

　作り方で分類すると、仕掛ける段階は布の状態、糸の状態、繊維の状態となり、それぞれの加工方法は先染、後染、捺染、後加工などとなる。

　糸に限ってみても、①異染色性を利用したもの、②異収縮性を利用したもの、③異色混紡したもの、④異色交撚したもの、⑤異色交織したもの、⑥異色糸の配列の仕方で錯視させるもの、⑦染斑の糸を用いたものなど、さまざまある。染斑と見える糸でも、捺染して表現したもの、浸染したもの、防染したものなど種々ある。これらは今日、用いられている技法である。

IV—28　異番手、オリジナル番手

　異番手という言葉には、「経緯の番手が違う織物（例えば 2/48 × 2/60 のような）の組合せ」と「レギュラー番手にはない番手」という 2 つの意味がある。異番手にする理由は次のようであると、和田文昭（市田、FIC テキスタイル・スクール講師）は指摘する。

①差別化を目的にした服地づくり

　この服地は「並みではない」と知らしめ、商取引を有利にしたい。羊毛糸の価格・価値は、糸の内容ではなく、番手で決まるから、それを避ける。

②服・服地の創作のために糸づくりした結果、異番手になった

　単糸の場合であれば、形状・性状が異なる羊毛を混紡した糸づくり、採取した羊の種類、羊毛の等級などを違えた糸づくりなど。

　双糸の場合には、形状・性状が異なる単糸を合糸・撚糸した糸づくり、やわらかな単糸と、はり（張り）、こし（腰）のある単糸を組合せた糸づくり、強めの撚りの単糸と、弱めの撚りの単糸を組合せた糸づくり、太めの単糸と細めの単糸を組合せた糸づくりなどである。

Ⅳ—29　風合い、ボディ感、着心地

　風合い、ボディ感とは、服地の性格である。

　服地が分かっている者同士では、言葉は風合いである。そこに語りは無用である。差し出された服地を見て、触れ、垂らす、落とす。それだけで分かり、伝わる（服地の性格がはっきりと触知できる。しかも、仕立てやすさ、仕立て映え、型崩れまで読み取る）。

　風合いは言語という伝達手段に置換え不可能な、微妙な感覚表現である。多様な形容語を用いても、大雑把にしか表現できない、伝えられない。写真や映像などは幻影であり、伝達方法としては不十分である。風合いは、現物でしか表現できない。

　風合いやボディ感は、服地の品種名が同じであっても、個々の現物によって違うものだ。その違いこそ、競合品との差別化を企てる作り手の工夫・努力の成果である。「一般的風合い」という存在はない。あるのは、「この服地の風合い」「その服地の風合い」「あの服地の風合い」である。

　これはボディ感も同様である。例えば、ロンシャンは東京プレテックス（服地見本市、1992 年頃）において、自社ブースの入口に新作の服地を白無地の状態で垂らし、展示した。「生地のボディ感を示し、『この新しさが分かる？』『このボディ感で服を創らないか？』と仕掛けた」（矢野まり子、ロンシャン、東京プレテックスコンセプト委員、2017) のだ。「張り、腰、ドレープ」が全盛時代に。

　風合いに近い感覚に、体性感覚がある。それは指や掌以外の肌が広い面積を持つ部位（ウエスト、背中、ヒップ、脚など）が触れて受ける感じであり、着心地に関わっている。肌触り、フィット感、動きやすさ、乾湿感（さっぱり、蒸れる、濡れ冷え、汗が流れる）、温冷感（触れた瞬間に感じる温かさ、冷やっこさ）、ラウジネス（二つ折りにして圧したときの反発度合）などの感じが、体性感覚である。

　風合い、ボディ感、体性感覚の関係は、図Ⅳ—17 のように整理できる。

※ボディ感は洋服の造形にとって最重要の要素であるから、風合いから分離独立している。きもの・着尺の評価の仕方との違いに無知で、混同しがちになることへの注意でもある。

図Ⅳ-17　風合い、ボディ感、体性感覚の関係

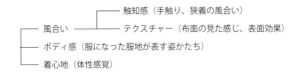

　服地の風合い、ボディ感、体性感覚を感じ取るには、原料繊維が持つ特有な感じを体感した記憶が必要不可欠である。天然繊維であれば、それぞれの天然繊維が持つ自然な感じ。羊毛繊維ならば、メリノとシェットランドの味の違い。獣毛繊維なら、カシミヤとアルパカの味わい方の違いなど。化学繊維であれば、それぞれの化学繊維の原型（基本型）に現れた独自な感じ。例えば、ナイロンであればナイロン66とナイロン6の違い、レーヨン織物とスフ織物の違いなどである。

　このような体験知によって、「○○ライク」「□□調」といった表現の意味するところが分かってくる。服地の風合い、表面効果、ボディ感、底艶、衣擦れ、絹鳴りなどの評価には、原料繊維が持っている表現性が関わっている。

Ⅳ—30　風合いのデザイニング

　図Ⅳ-18（→376頁）は、人に「快」を感じさせる風合いづくりの構成要素をモノとコトに大別し、それぞれの要素の関係を表したものである。

　織物服地であれば、モノは原料繊維から糸、生機、製品反、服と姿を変える。その間に糊料、色材、薬品、高分子化合物などが加わる。コトは、繊維原料の作り方から繊維の採取の仕方、紡糸、紡績、撚糸、織編、染色加工、仕上・整理、後加工、縫製まで、全加工工程にわたり存在する。これにエイジングを加える。それらの要素を取捨選択し組合せることが風合いのデザイニングである。

　クイック対応の廉価な服であれば、量産され、常備在庫されている原反（生地）に、後加工で表面変化と風合いをつける程度しかできない。文字通り「付加価値」である。「付け艶」はこれである。「風合い出し」は、繊維がもともと持っていて、

潜んでいる風合いを引き出す加工のことをいう。「底艶」がこれに相当する。品位ある風合いづくりは、原料から始まる。図Ⅳ―18は、製品・商品開発にあたって、どの要素を重視するかの見取り図になる。

図Ⅳ―18　風合いづくりの構成要素

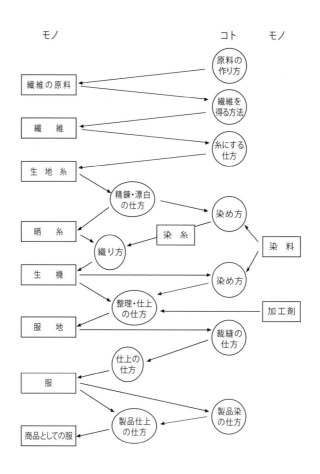

IV—31　服色、布色（織り色、編み色、染め色）

　布色とは、織り色、編み色、染め色のこと。服地は裁断されてパーツとなり、縫合されて服になる。布としての形状や性状は著しく変わる。布色は服色となり、見え方を変える。

A）服色の見え方

　服・服地の色は、テクスチャーや繊維素材感、ボディ感と一体で見える。HV/Cで表せる色よりもはるかに複雑である。しかも服色になると、形と大きさの要素が加わる。

図IV—19　服色・布色の構成要素

服色は服に見られる色。服が見せる色ともいえる。静態と動態で表現される。

図IV—20　動態の服色・静態の服色

●静態の服色
　服が着られ、静止しているときに見える服色は、複雑な曲面を持った立体の色である。そこに陰影が生じ、同じ色であってもハイライト、ボディカラー、シャドーカラーなどと見え方は変わる。円筒状であれば、同彩度で明度がグラデーションで違ってくる。光が当たっている箇所は黄みに、陰の箇所は紫みに見える。

透けた服地を用いた服の重ね着（レイヤード）であれば、重ね色やトランスペアレントカラー（Transparent Color）、襲(かさね)の色目(いろめ)、オペークカラー（Opaque Color）、スケルトンカラー（Skeleton Color）などが現れる。目の空いた「重ね織物」であれば、挟まれた色糸の微妙な動きが透けて見える。オペークカラーである。

繊維・糸の材質が透明であれば、それを透過した色が目に映る。ポリエステルやアクリルのブライト糸織物に、ステンドグラスの透過光(とうかこう)のような色を感じる。

● 動態の服色

着られた服は、しわ（皺）やひだ（襞）が生まれたり消えたりし、変形し続ける。玉虫効果（イリディセント効果）やメタリックカラー（Metallic Color）などがここで現れる。「動態の色」である。

着装して動く環境によっても服色の見え方は変化する。背景色と照らす光（光の質、量、方向など）でも見え方は変わる。

B）服地の色

服地の色は「布色」「糸色」「素材色」に分けて捉えることができる。

図Ⅳ—21　服地の色分類

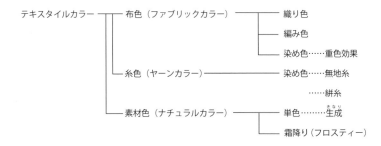

● 布色

服地の色には、織りで生まれる織り色や、編みで生まれる編み色、染めで生ま

れる染め色などがある。織り色は、異色交織織物のシャンブレー、タイシルク、甲斐絹(かいき)などに見られる。染め色は、異色との重ね合わせで現れる。編み色に、異色交編で生むメタリックカラーがある。これらは、染・織・編の技法が生む「第3の色」といえる。ウールの編み色は、繊維の染め色が相互反射して、深い色を湛える。ランダムな繊維集合体がなせる表現。目の空いた織物や編地であれば、糸間から投射光は通り抜け、吸収も反射も少ない。布色は淡く見える。

「繊維のいろといろ、糸の色と色の響き」と織り色を表現するのは岡田峰喜(丸増、1994)。

●糸色

染糸などの無地糸に見られる。あるいは、単糸杢や杢糸、カラーミックス糸などの混色された糸、絣糸や斑染糸(むらぞめいと)、段だら糸などの一様に染めていない糸に見られる。単色・多彩の意匠糸も含まれる。

●素材色

リネンの「リネンカラー」「亜麻色(あまいろ)」、ペルー綿の「生成の色(きなり)」、アルパカの「6ナチュラルカラー」、羊毛の「ベージュ」「ケンプ(ケンピー)」、練絹(ねりぎぬ)の「練色(ねりいろ)」などと呼ばれる色が素材色である。生成、エクリュ(仏語の écru)は「ナチュラルカラー」とも呼ばれている。天然繊維がもともと持っている色である。多くの場合、素材色(色素)は除去され白色にし、化学染料で別の色に染められる。あるいは、淡く残される。「ウール白(しろ)」「リネンカラー」「ペルー綿の生成」がこれである。素材色を持ったまま異色のものと混合し、第3の色を作る。英国羊毛のフロスト(Frost =フロースト)ヤーンである。

〈→ I―2―6 染色加工業 A〉染色加工 B)精練・漂白などの準備工程。⇒IV―10 霜降糸と混色効果〉

C) 布色の表現方法
....

布に色を表現するには、「施色する」「発現させる」という2つの方法がある。

布の成り立ち方の違いを活用している。

●施色する

　表現したい色そのものを布に与えること。その色は単色である。色の与え方は、染める、塗る、色糸で縫う、色布を縫い付ける、粗糸、ウェブ（Web。シート状の繊維の集積）をニードルパンチする、などである。

●発現させる

　その色があたかも存在しているかのように感じさせる仕掛けのこと。異色混紡、撚り杢、異色交織、異色混繊などの技法がある。

・異色交織で織り色を発現させる場合

　①シャンブレーカラー（Chambray Color）を生む設計は、織組織を 1/1 の平織か、2/2 の綾織にする。経緯糸の糸質、番手、密度は同じ。毛羽立ちがない均一な太さの細番手を用いて、平らな布面にする。色糸の用い方を、A）経に色糸、緯に晒糸とすれば、色糸の色を淡くした色面が現れる。B）経緯を有彩色にすると多彩な織り色が現れる。C）経に晒糸と色糸を 1 本交互に配し、緯に晒糸か色糸を用いると、淡色調の微塵格子（End and End Chambray）が現れる。

　一般的な織布では、経密度は高めで、経糸は細めに締まって直線的に、緯糸はゆるめになる。したがって、各色糸が現れる量と形は均等・同形ではない。布面は経緯の浮き沈みで凹凸（組織による規則的な起伏）ができて、陰影がハイライトカラー、ボディカラー、シャドーカラーを生み、その漸次移行で糸色の色みは微妙に変わる。明度は混色する色の和よりも低くなる。

　シャンブレーカラーを現す織物を事例として示し（カラー印刷の紙面で）、並置加法混色を説く色彩学入門書が多いが、太さのある糸の組織体である織物デザインの実務には役立たない。「並置混色的」（細野尚志、日本色彩研究所、1962）というが、似て非なるものである。織物の混色効果は、太番手の糸であれば混色せず、斑点にしか見えない。着ている本人の目との距離、眺める人との距離など

によっては現れない。

②異色交織の手法で生んだ織り色に、金色、銀色を感じさせるメタリックカラーがある。編み色でも生むことができる。染め色では、重色で生む。

〈→Ⅰ－2－6 染色加工業〉

D）布色の印象

布の色面から受ける色の感じは、それぞれある色面の構成内容によって異なる。色面の種類には、単色、色調、色目、諧調、玉虫色、褪せた色などがある。

●単色

単色糸が表した色面、あるいは単一の色で染め表した色面である。はっきり、すっきり、シンプルであるだけに強烈な表現・印象となる。素人目には、作る手間がかからないと感じられる。

●色調

織物・編物では、単糸杢、杢糸、カラーミックス糸を用いた織物・編物の布面に現れる。霜降りである。織物では経糸1色・緯糸多色でも、色調は得られる。経糸共通で生むドミナントカラー配色である。いずれも複雑で豊かな味を感じさせる。

織物の色調づくりでは、

・バラ毛、スライバーの色を違えてカラーミックス糸を作る。色差は、色相、明度、彩度を近似（カマイユ、フォカミユ）にする。あるいは、補色同士や三原色の混合の割合で、ニュアンスのあるグレー調やブラキッシュ（遠目には黒に見えるがわずかに色みがある）の無地を生み出せる。霜降り、オックスフォードグレー、ヒザーミクスチャー、グリー・シネなどである。朧糸は、綿の単糸杢。杢糸でも雰囲気のある無地ものができる

・極細の線を狭い間隔で並列させると、遠目には混じり合い、色調が現れる

・染色では、捺染に抜きや地染オーバープリント、浸染にオーバーダイなどで得られる（ドミナントカラー配色）

● 色目(いろめ)

　色目は単色の布色の重なりで生じる。そこはかとない雰囲気を漂わす。服として着る場合は、着る人の重ね着（レイヤード）のセンスが表れる。服地としては重ね組織、ダブルプリントがある。

● 諧調（グラデーション＝ Gradation）

　色糸の色が漸次移行（濃・中・淡、色相環の順）した色面で現す。オンブレー(Ombre)である。あるいは、経糸密度が密(みつ)から疎(そ)へと漸次移行して濃淡の諧調を現す。ピケボイルである。空羽(あきは)を用いている。

● 玉虫色

　異色交織織物の布面の色が、外光の角度や見る方向によって変化して見える現象（イリディセント効果）を、玉虫(たまむし)効果という。玉虫調、シャンジャン（Changeant [仏]）とも呼ぶ。見えたり消えたりする色が玉虫色である。絹織物やポリエステルフィラメント織物によく現れる。宮下織物のシルク「玉虫タフタ」はこれである。ベネシャンなどの梳毛織物でも作ることができる。

　毛経(けだて)と地糸を異色にしたベルベットも、玉虫効果を現す。パイルの色と透けて見える地色が漂わせる雰囲気が蠱惑(こわく)的であり、これを山崎昌二は「玉虫」と表現している（2017）。このベルベットを仏語でナクレ（Nacre Velvet）と呼ぶ。

　「二重ひょっとこ」（図Ⅳ－22）を使った作り方もある。二重ひょっとことは、二重糸道（Plating Feeder）の俗称。この方法で異色の糸を2本用いて天竺編（平編）をすると、リバーシブルの横編地となり、玉虫効果が現れる。

図Ⅳ－22　二重ひょっとこ

● 褪せた色

　新品であったときの色が、褪せた色面である。年月を経て古びた色（古色(こしょく)）や、洗い晒(さら)した布色、洗い・すすぎで脱色された布色、日光に曝(さら)された布色、擦(こす)られ磨(す)り減った布色など、白化した色。"Shabby Chic"である。着る人が着古してい

く過程で生まれたパーソナルな色が、今日では新品を古く見せ、付加価値商品色として使われている。脱色加工したブルージーンズのインヂゴブルーである。かつてそれは、若者のフリーダムのシンボルであった。

Ⅳ—32　無地ものは作りが難しい

無地ものは一見、簡単な作りに見えるのだが、実際は作るのが難しい。

A）均整に染めることの難しさ

糸・布を構成する天然繊維の1本1本を均一に染めることは容易ではない。繊維の表層は芯部よりも濃く染まる。羊毛は毛先へ行くほど細くなり、透明性が増す。毛根のほうは濃く、毛先へ行くほど淡く染まるため、一様には染め難い。編地になれば染まり具合の僅差が見えず、糸色の相互反射で編み色は深く見える。

先染織物であれば、微妙に違う色の毛（繊維）を混ぜ合わせて糸にすることで、色斑を馴らして消していく。こうした糸を多数本使って織り、さらに均一な色面に見せる。これが織り色に深みを与えることになる。

B）整った布面を作ることの難しさ

一般的なポリエステルフィラメント織物を均整に後染することは、綿や麻よりも容易である。しかも、染色工程と所要時間は短く、加工コストも低い。

しかし、ポリエステルフィラメント30dの高密度織物のドレス用服地を作ろうとすると、事情は違ってくる。「真空噴射式捺染で起きた『糸つれ』は、仕上温度で『たてつれ』『よこ引け』の欠点となって現れる。絹の高密度な無地（織物の場合）では、糸練りの加減で染斑やラウジが発生し、色面を乱す。白無地では、工程中の綜の引っ掛けや油汚れが、織布中や布になってから『糸切れ』『つれ』を起こす。染め場では染料の粉末が風で飛び、しみを作る『粉とび』もある」（宮

下靖英、2017）

　高密度織物で整った布面を作るには、細心の注意と高度な技術が必要だ。

・たてつれ……経糸の1本または数本が、他の糸と比べて張り過ぎて、縦方向に筋を生じたり、布面に波状を起こすこと

・よこ引け……緯糸が1本または数本並んで緊張し、布面を乱すこと

　無地や白無地の美的表現には、2つの姿かたちがある。

　「きれいに」整った美しさ。

　「趣ある」不揃いの美しさ。

　整った美しさを表す方法は2通りある。

①原材料の材質の良さ、整った形状。色材の発色の良さ。これらを活かす技術

②不揃いの原材料を負に感じさせない糸づくり・布づくりの技術

●不揃いの美しさを演出する方法

　①②の方法を採れない場合、あるいはあえて採らずに美しさを表す場合、不揃いを趣に転換する道をとる。「野趣」「ナチュラル」「手づくり」などは、そこから生まれる趣である。これらの感じを模した服地づくりは、ハイテクノロジーの機器で工業的に行われている。

C）真白を作ることの難しさ

　純白のコート地の織布では、色の着いた綿埃が舞い落ちて織り込まれるおそれがある。織機を拭き清めても安心はできない。専用機と専用工場が必要になる。外観管理にかかる手間ひま、金などの点から、「流行とはいえ、こうした仕事はできればしたくない」（和田文昭、市田、FICテキスタイル・スクール講師、1995）と服地メーカーは思う。

D）烏の濡れ羽色〜L値のこと

●雨に濡れた墨情

濡れた石畳やアスファルトは濃くなって見える。こうして見える色を濡れ色という。

冴えた黒染のブラックフォーマル・スーツ地づくりは簡単ではない。ブラックフォーマル・スーツに多用されるのは、ポリエステル繊維である。この繊維は屈折率が高い。形状は滑らかな表面をした円柱状で、光をよく反射する。で、黒くし難い。次の2つの方法を両用し、黒く（深く）見せている。

①繊維を低屈折率の樹脂で被覆する（浸漬＝ディップする。コートする＝羽織るのではない）

②繊維の表層にミクロの凹凸を与える（乱反射させる）

これらを、深色効果加工、深色化加工、濃色加工などと呼んでいる。

黒く感じさせる仕掛けは前段階でも行われている。

③構造加工糸に作り、仮撚りし、複雑な陰影を持つ織糸にする

④テクスチャーで暗さを増せる織組織を用いて、後染用織物を作る

⑤黒染（後染）する

見た目の黒さを数値で表すのが「L値」である。真白を100、真黒を0とするから、数値が小さいほど黒に近く見える。ポリエステルでは8.5〜9、ウーステッドでは11〜12である。この黒さの差は素人目にも分かる。

ところが、高級紳士服ではウーステッドが多用されている。「服地の良さは黒さだけではない」とする美学を紳士は持っているのであろう。梳毛の材質が醸す品位を賞味する。突っ込んでいえば、そのスーツに"成功した男"を見ている。

上品なウーステッドは次のようであると、河野典晃（ニッケテキスタイル、元藤井毛織、FICテキスタイル・スクール講師、1998）は指摘する。

①風合い（手触り、見映え）がよい

・しなやか（ぬるみ）である

・腰（しわの回復性、ドレープ性）がある（仕立て映え、着心地のよさが味わえる）

・膨らみがある
②艶(底艶)がある
③発色がいい

　このようなスーツ地を作るには、「羊毛の品質、織糸の番手、撚り数、織密度、織組織、整理などのバランスが大事」としている。

※ウーステッドにも深色効果加工(弗素(ふっそ)を用いた合成物〈液〉)や低温プラズマ加工などが施されたりする。

綿ギャバジンに、シリコン樹脂を用いた深色効果加工(写真左)と未加工の黒染布(京都紋付)

● 黒に染める

　冴えた黒地は和装でも特別扱いである。黒紋付染(くろもんつきぞめ)は浸染(継続浴染色)で、黒一色(くろいっしょく)の黒無地を作る。黒留袖(くろとめそで)の地色は引き染で行われる。刷毛(はけ)で与えた染液が裏まで染み、深みを出す。

　下染(したぞめ)、本染と二度以上重ねる三度黒がある。ログウッド黒染はその1種。黒留袖の意匠の構造(黒の地色が広く、裾の部分は多彩な文様)を読み取り、洋装化したのがレオナール(LEONARD[仏])のプリント。着眼とセンスに脱帽だ。

　黒染で黒無地の服地を作る場合、染料の用い方に次の方法がある。
①単一染料(単品)で黒染……1個の化学構造である=1個の黒色染料のみ用いる
②混合染色……異色の染料を混合(混色、加色(かしょく))して黒を作る=異なった化学構造の染料を混用する

・単一染料で黒染(黒色の染料がある)
　直接染料、酸性染料、反応染料には黒がある。分散染料にはない。黒染用のクロム染料、硫化染料、酸化染料(アニリンブラック)などは用いられなくなった。

・混色の黒で黒染

　「三原色（赤、黄、青）を混色すると黒になる」「補色同士の混合で黒が出る」といわれているが、絵具を用いて行うと、黒っぽい色は生まれるが、真黒にはならない。調色現場での黒の作り方を大家一幸は次のように語る（2018）。

　「混色のベースにする色（染料）を定め、これに別の色を加えて黒を生む。混色手順は、2色で淡く作って色みを確かめる→目的の黒に近づけるために別の1色を加えて調整する→目的とする黒、である。用いる色数は3色以内。こうした混色を加色という。配色（混色する色の組合せ）を4通り挙げると、

①紺をベースに、橙を加える。これを“紺から”という。さらに黒くするためにはターコイズ（青緑）を加える

②橙からでは、橙に青を加える

③紫からでは、紫に黄を加える

④緑から、は行われない。多用されるのは①と②である」

　これを“補色の、補色の配色（色合せのこと）”と大家はいう。

　混合染色における条件は、次のようである（大家一幸）。

①発色性の大きいものを用いる

②染料のコスト（染料価格、使用量、染料・助剤の在庫など、経済性）

③配色の作業性（手間、所要時間、染料ロスなど）

④染料の堅牢度（含む、後加工後の変褪色）

⑤演色、メタメリズム（条件等色）

⑥染布の脆化

⑦環境汚染、健康被害

　など。

●色がある無彩色

　黒（Black【英】＝ブラック、Noir【仏】＝ノアール、Nero【伊】＝ネロ）は、無彩色とされている。が、色みのある黒色（オフブラック）があり、その無地服

地も作られている。赤みの黒、茶みの黒、青みの黒、緑みの黒、紫みの黒などである。

　色名が付けられているものもある。赤みの黒には赤墨、エボニーブラック。青みの黒には、青墨、アイボリーブラック、ミッドナイトブラックなど。緑みにはオリーブ黒、憲法黒茶、スプルースなど。真黒（黒）には、漆黒、烏羽色、墨色、カーボンブラック、ランプブラック、エボニーなどの色名がある。

　黒無地の布面も多種多様、表情は豊かだ。

①艶を伴うタイプ……カシミアドスキン、ドスキン、ベネシャンなど

②艶消し（マット）タイプ……ウールクレープ、梨地織、タフタなど

③綾目、畝を現すタイプ……ツイル、ファイユなど

④糸間が空いているタイプ……ジョーゼットクレープ、モクレノなど

⑤織模様を浮かすタイプ……サテンストライプ、浮き織物など

⑥野趣があるタイプ……シャンタン、ポンジーなど

　繊維の材質、鏡面的布面、しぼ・しじら、規則的な畝、不規則な節などが、光の反射・吸収、陰影に作用し、黒の見え方に相違を起こす。“漆黒”“緑の黒髪”が用語としてあるのは、黒漆のような艶を持った黒を愛でてきた表れ、と思う。黒は着用効果・目的によって使い分けられている。墨染の衣には“さび”を、艶やかな黒には豪華と権力・権威を感じる。ともあれ、黒にエレガンスとコンテンポラリーのおしゃれを感じる。

　黒の周辺には、黒と見間違う有彩色がある。

　青系であればネイビーブルー（暗い紺）、ブルーマリーヌ、ミッドナイトブルーなど。緑系にはヴェールブティユ。紫系には濃紺ログウッド。黒に近いチャコールグレーもある。コーヒーブラウンならぬ Black Coffee はペギー・リーのジャズソングである。濃い灰色にも見えるグリー・シネは霜降りである。混繊杢を用いた白生地を黒染したもの（後染先染）。黒と白の並置混色的混色で、いきいきとした黒っぽい灰色を表す。

　眼をこらすと、黒の世界に多彩が見える。混色の仕方も生地づくりも多様だ。「ソニア・リキエルに黒のラ・モードを見る」（八重嶋佳枝、2018）。活き活きと確りと存在する黒だ。“ N１（HV/C 色票）”では表現しきれない黒。

●現場力を理解するために（読者への出題）

Q.1　黒色の作り方を4つ紹介した。①②が多用され、④が多用されないのはなぜか？

Q2.　混色の1回目を淡く作り、2回目で濃く作る。そのわけは？

　以降のQ3〜5をポスターカラー使用、カラーインク使用で行う。手持ちの水彩絵具でもよい。

Q.3　黒と白で灰色を作る場合、どのような作業手順で混色するか。赤と白でピンクを作る場合は？

Q.4　緑を暗くするために黒を加えると、どのような事象が見えるか？

Q.5　色みを変えないで緑を暗くしたい場合、どのようにするか？

IV―33　オフ白（オフホワイト）と色の錯視

●オフ白（白系の色）

　有るか無しかの色（色み＝色味）を感じる白がオフ白である。スノーホワイトは眩しいが、カメリア（椿の花の白）、ベージュエタン（消え入るようなベージュ）、白藍、うす桜色、オールドホワイトなどであれば、しっくりとしてしゃれている。

　オフ白には、①残された素材色、②淡い染め色の2タイプがある。いずれにも精練・漂白、浸染＝染色技術が関わっている。布色が希薄になると、染下のボディ感、風合い、材質感などがものをいってくる。無地ものの品位はこれで決まる。紡織編、仕上・整理、ファブリックデザイン（設計）はここに関わる。異素材のオフ白の縫い合わせ、着合わせ（コーディネート）はおしゃれの極致。銀を加えればさらに瀟洒。

※銀糸、銀ラメ糸を加えて織編、ラメプリントをする。銀（シルバー）と灰色の見た目の違いは、光沢、輝きの有無である。華美の金（ゴールド）に対して抑制的（燻銀であればなおさらに）。

●真白とオフ白

　白と白、黒と黒の配色は、服装美、服色、布色においては日常茶飯。材質感が異なる白とオフ白、黒とオフブラックの組合せは、"意識高い系"といえそう。

●色の錯覚

目を歌舞伎の世界に転じると、

①暮色の雪の中、白鷺の精が舞う玉三郎の「鷺娘」。白の衣は舞につれ、変形し、陰影を生み、明暗の諧調と色みを表す。真黒な帯、けだしの真赤が、白を真白に見せる。引抜きの町娘姿の赤が冴える。桜色、紫、赤紫と変わり、白に戻る。色が白を有らしめる。これは色を錯視させる対比効果の仕掛け。舞姿に気を取られているうちに背景色が白・灰色、暗い青紫と変えられる。照明が降る雪を強調し、長唄は白一色の風情を描く。真白の世界と思い込ませ、感じさせる仕掛けが幾重にも講じられている。真白に色気を漂わせる。

②「だんまり」は、薄明りの中で黙りして演じる技。「音羽嶽だんまり」であれば、役者も衣裳もオフブラックの情景である。真っ暗闇の中で、見えない相手を探り、ぶつかり、争う滑稽な様がおもしろい。と楽しめるのは、真っ暗闇のつもり、とのお約束事であるから。であれば、と薄明りを活用し、見得をきる場にも転じる。二重、三重のすり替え。

色（布色、服色）は、①光と、②光に当たる物（布）と、③人間の眼と脳の3点セットで感受される。衣生活においては、④意識あるいは文化が加わる。それによって色の見え方は変わる。色に意味が付く。多くの場合、目にしている事実が事実でないことに気づけない。いい換えれば、見たいように見える。仕掛けられた錯視（演出）にのせられる。

眩しいものに白色を見ない。真白とは最も白く見える白である。真っ暗闇では真黒なものは見えない。薄明りであって黒を知る。その黒は微かに灰みを帯びている。厳密にいえば、見える真白や真黒はオフ白、オフブラックである。

●白布に見せる加工がある

・青味付け（Blueing）……漂白後の黄みの白布に青・紫系の淡色を染めて灰みの白にする

・蛍光増白……前述〈→Ⅰ－2－6 染色加工B）精練・漂白などの前処理工程〉

空想が形をとる

　　　まだ、姿かたちが無く
　　その名も無いとき
　　　　想い描く「布」の原型。

　紡織繊維の発見、
　績む。
　　　繰り、
　　　　撚る
　　　　　紡ぐ。
　編む。
　　　捩り
　　　　結ぶ。
　　　　　織る。
　どちらが先か後か、行きつ戻りつ
　「布」が姿かたちを現す。

　紡糸で創る繊維がたどる布への工程、原理は同じ。
　　　幾千年の時空を超え共感する触知感。
　　　　纏う身体と心を現す。

あとがきに代えて

「美しく商う」と、服地づくりの現場力

　より美しく、より良く、より妙なる触れ合いを創る・作ることに、想を練り、技を尽くす協働は愉しい。自らが企てた服の素材企画・開発も手がける皆川魔鬼子（イッセイミヤケ「ハート」トータルディレクター）は、このように語る。

　「紡績、染め、織り、編みなどの技術者と、私たちの創意工夫の、キャッチボールで素材づくりをしてきた。一緒に取組んできた技法から生まれたテキスタイルを、感謝の気持ちを込めて紹介したい」（「Heart in Haat」テキスタイル展＜2014〜15＞に際して。繊研新聞、2015.5.19付）

　皆川さんの仕事姿から気づくことは。
①お互いの専門性に敬意を持ち、尊重する
②服地の発注者も、服地づくりの基本知識・技能を持つ
　作り手から助言・提案が得やすくなる。生半可の知見、一知半解は邪魔、である。
③現場へ行き、現物に触れ、見る。現場で発見・発想する。そしてセンスと知恵と技を出し合う。

　「美しく商う」（䑓吉郎、元吉野藤、東京織物卸商業組合理事長）には、モノづくりに"協働する笑顔"が欠かせない。

おしゃれのエンジニアリング

　「現場力と、空論に堕ちない机上力をバランスよく組合せたエンジニアリング」

（遠藤宣雄、2018）を身につける実学の場を設けたい。そこに常備する実物教材と用具は、受講人数に適応できる数が、手もとに揃っている。供したい内容は次のようだ。

①体系的に整えられた現物服地（織幅・編幅×1m長）と、それを用いた衣服

②分解鏡（ルーペ）、顕微鏡（携帯用）

③演習用教材と用具

④ファブリック・カラー設計システム（色材系）

⑤教授メソッド

⑥教習実施記録（FIC テキスタイル・スクール、IFI ビジネス・スクール、文化オープンコース（文化服装学院）、高島屋「商い塾」など）

　次世代に有用・有効な実務者講師の編成、教習システムの設計、カリキュラムの設計、教授メソッドの開発、教場（教室，備品庫）の設置・運営などを、同じ思いの方々と協働し、行いたい。

　感性には、知性、理性の親友が必要。それらがあって新しい次元が手に入る。

2019年1月　野末 和志

索　引　〜索引を読むと、現場の実際が見えてくる

本文の文脈上、まとまった形で全容を説明できなかった用語があります。
その用語が載った全頁を読むと、
①用語が用いられる状況が分かる
②その用語の他との関係が分かる
用語のバリエーションは、欄外の事例を参照し、表にすると捉えられます。
本索引に収録した用語とそのノンブルは計画的に編集しています。
第2の本文ともいえます。

　　　用語の末尾の〈　〉は、その用語が使われる分野を示しています。
　　　〈織〉＝織物、〈編〉＝編物、〈レ〉＝レース、〈染〉＝染物
　　　〈ファ〉＝ファブリックワーク、〈刺〉＝刺繍、〈糸〉＝糸

ア

アーガイル　078, 079, 347
アーチスト（アーティスト）
084, 148, 271, 306, 312
RFID　295, 296
RGB（色光の三原色）　344, 349, 351
アールヌーボー　336
IFIビジネス・スクール　221, 234
アイデア図案　131
IT（情報通信技術）　260, 297
アイテム平場　225
アイボリーブラック　388
アイレット　094
アイレットレース　089, 094, 096
アウター用編地（ラッセル編）　065, 079
アウトソーシング
182~184, 185, 209, 220, 274, 304
アウトレット（アウトレットストア）
175, 296
青墨　388
青味付け　388
赤いカード　242
赤墨　388
空羽（あきは）　324, 367, 382
アクリル織物　044, 281
アクリル繊維　281
アクリルバルキー糸（アクリルバルキーヤーン）　029, 032, 316
アクリロニトリル　281
麻糸（リネン、ラミー糸）　028
麻織物　044, 158
麻紡　028

薊（あざみ）起毛　137
褪（あ）せた色　382
アゾ染料 24 種類　340
新しい意味、価値をつける　150~151, 309
アップツイスター　039
アップリケレース　096, 097
後加工　021, 080, 099, 100, 106, 131~135,
174, 188, 202, 213, 223, 373, 375, 377, 387
後工程配慮加工　131, 132, 135
後扱き　119, 334~335
後染（反染）　034, 047, 050, 102, 106, 107,
112, 324~326
後染先染　047, 113~114
後染用織物　044, 045, 139, 324
後床（バックニードルベッド）　071
後練織物　103, 330
アトラス編（バンダイク編）　065, 078,
079, 090
アトリエ　155, 239
アニリンブラック　386
アバウト　182, 235~237
アパレル・マフィア、百貨店・悪代官
233
アパレルアーキテクト　214
アパレル CAD システム　348
アパレル製造業　168~170, 302, 303, 310
アパレル製造小売業（SPA）　→ SPA
アパレル素材　020, 025, 150, 162, 211, 246
~247, 276, 279, 311, 312, 352
アパレルデザイナー　086, 093, 099, 143,
156, 157, 185, 209 ~211, 214, 251, 273, 293,
294, 305, 347, 358, 359
アパレルパーツ　162, 164, 210, 286

アパレルパーツメーカー　164
アパレルメーカー（アパレル製造卸業）
161, 168, 170, 171, 175, 181
アフガンスカーフ　047
脂付羊毛（グリースウール）　103
アプルーバル（承認）デザイン　240
亜麻色　104, 379
Amazon（アマゾン）　265
甘撚（あまよ）り　035, 204, 309, 325
編上り度目　074, 076
編糸　028, 035, 058, 076, 083, 202~205,
247, 251, 310, 326, 327, 328, 349, 381
編糸メーカー　148, 205
編み色　084, 215, 251, 362, 377~379
編機　058~060, 061~072, 088, 090~093,
348, 349
編み（あみさが）り　060~062
編下り生地　061, 062, 064, 071, 075
編立て　025, 043, 058, 086, 100, 168, 203,
204, 328
編立業　058, 226
編立てデータ　148, 328, 329, 348
編反（あみたん）　021, 059
網地（プレーンネット）　090
編地柄（編）　059, 076~079, 080~084, 216
編地図（編）　216, 217
編みつけ　093
編み度目　074, 075
編幅　062, 063, 066, 073, 079, 091
編針　059, 061, 062, 064~067, 068, 072
網版印刷系　343, 344, 346
編紐　163
編目（ループ＝ Loop）　060, 062~065, 073

394

~076, 082, 187, 326~328
編目曲がり 075, 132
編目密度 074
編模様 059, 217, 347
編レース 089~091, 092, 093
綾織物（斜文織物） 045, 053
綾目（斜文線） 212~214, 228, 295, 388
洗い加工（製品洗い） 101, 136, 354
アラファトスカーフ 047
荒巻き整経機 324
亜硫酸ガス（二酸化硫黄） 283
アルカリ減量加工 106, 287, 331
アルカンターラ® 372
アルパカ 375, 379
アレンジ 174
阿波しじら 106
合わせ撚糸 034, 035, 316
an・an（アンアン） 242
アンチ貫糸効果 098
アンブラ（産地もの） 034
アンブレラー式（オーバーヘッドクリール式） 328
アンブレラー式丸編機 061

EC（E コマース） 041, 261 →ファッション EC
イージーオーダー 239, 240
異捲縮（混繊糸） 037
石井昇司 341
異収縮 136, 373
異収縮（混紡糸） 032
異収縮（混繊糸） 037, 113, 287, 331
異種交撚糸 035
意匠糸 039, 084, 139, 205, 321
意匠糸精紡機 321
意匠糸紡績機 321
意匠問屋 239, 272
意匠撚糸（Fancy Twisted Yarn） 039, 321
意匠撚糸機 321
異色交織物 379, 382
異色混紡糸 332
異色染 113
異染色性 113, 114, 273
異染性混繊糸 332
異素材組合せ 143, 207, 249
委託販売 224
イタリー式撚糸機 038, 039
ITAL Tex 155
異断面（混繊糸） 037
市田 373, 384

市松模様 131
一見色 344
イッセイミヤケ 211
1反取り 356
1本片撚り 319
異デニール（異繊度）（混繊糸） 037
糸井 徹 232, 302, 312
伊藤一憲 095, 096
糸売り（いとうり） 034
糸売り・製品買い 295
イトーヨーカ堂 244
糸卸 041
糸買い・製品売り 169, 184
糸反り 353
糸繰機 056
糸質 049, 051, 059, 093, 148, 173, 328, 366, 380
糸質見本 148, 252
糸商 041, 269
糸染（ヤーンダイ） 101, 107~112, 140, 162, 181, 201, 252, 254, 330
糸張力（経糸、緯糸） 051, 152
糸張力（テンション）〈編〉 075, 203, 204
糸つれ 383
糸練り 102, 103, 330, 383
糸配列 106, 147, 151, 188, 210, 295, 362
糸偏ブーム 155
糸巻き（ヤーンパッケージ） 050
糸斑（いとむら） 049
糸目（いとめ） 127, 206, 335~338, 342
糸目糊 335
糸目友禅 335, 336, 347
糸量 074, 147, 324, 325
糸レース 089, 090, 093
糸枠 056
異番手 061, 307, 373
燻銀（いぶしぎん） 389
イリデッセント効果 111, 378, 382
色あし 340, 341
色合せ 190, 356~360, 362, 363, 387
色糸 048, 077, 083, 084, 095, 103, 107, 189, 190, 330, 350, 380, 382
色糸切り替え〈編〉 328
色糸見本 148, 252
色糸目 335
色糸ロス 329
色落ち 283, 353
色柄〈編〉 077
色ぐせ 147, 208
色止め（フィックス処理） 106
色泣き（ブリード） 228, 353
色馴れ 189

色糊 118~121, 123, 127, 128, 190, 251, 334, 341, 342
色番号 350, 351
色み（色味） 249, 346, 360, 381, 389
色味付け 104, 379
色見本 357
色見本指図法 350
色見本配色法 350
色無地 112, 113, 121, 147
色目（いろめ） 382
岩絵具 338
岩仲毛織 186
岩仲治喜 186, 188
岩野 誠 351
インクジェット捺染（ダイレクトプリント） 128, 346, 347
インクジェット捺染機 123, 127, 128, 346, 347
インターシャ柄〈編〉 076, 078, 082, 087
インターロック（スムース） 137
インターロック（スムース出会い） 069, 070, 072, 073, 078
インヂゴ（インディゴ）（藍） 108
インヂゴブルー 042, 108, 383
インティメイトアパレル（ランファン） 171
インテグラルガーメント 081
インドロー仮撚加工糸 036
印捺 118, 126, 337, 338
インバウンド 265
インプレ（In Play） 127
インポート売場 222
インレー（挿入糸） 066

ヴァージンウール（バージンウール） 139, 286
ヴァージン PET 285, 286
ヴィヴィアン・アイエ＆イヴ・ヴァカリサス 156
VMD 235, 295, 358
VP 加工 134
Vベッド式（横編機） 071
ウインス染機 107, 114, 115, 117
ウーステッド 037, 109, 137, 138, 139, 198, 211, 320, 352, 385, 386
ウーステッドヤーン 139
ウール糸〈レース〉〈編〉 093
ウール幅 322
ウールカウント 028
ウーレンファブリック 138

395

ウーレンヤーン　139
ウェール（Wale）　064,074
ヴェールブティユ　388
ウェス　385
ウェット・オン・ウェット　126,342
ウェット・オン・ドライ　125,341,342
ウェブ（Web）　380
ウォータージェット織機　048,050,051,
325,326
ウォッシュアウト　136
Wash and Tear（ウォッシュ・アンド・テア）
229,291
浮き編　078
浮き織物　046,388
浮彫（レリーフ）　078
浮き糸　078
薄起毛調　042
うす桜色　389
薄地　047,073,128,138
薄糊付け　132
打ち込み　147,180,308,365
打ち水　368
績む　391
裏織り（織裏）　364
裏地（ライニング）　162
裏地卸　162
裏地模様　166
裏抜け（裏通し）　127,165
裏糊付（バッキング）　134
裏目〈編〉　069,070,362
売上げ仕入（売仕）　223
売上げを売る　184,221
売仕　223
売事（うりじ）　226
売り筋　023,257
売り逃し（販売機会ロス）　220,236
売場　175,191,193,220,225,234,253,257,
352
売場買取り　232,234
売り増し　114,190,191,220,236
売れ色　191
売れ筋　022,222,236,297
上釜　069,070,073
上撚り　038,317~319

エ ••••••••••••••••••••

エアジェットオープンエンド（OE）精紡機
030
エアジェット織機　048,050,051,325
エアジェットスピニング機　030
営業期　177,257

営業企画　175,210
HV/C（マンセルシステム）　344
HV/C色票　344,388
Everyday Low Price　187
AI（人工知能）技術　271
エージェンシー　157→海外デザインエー
ジェンシー
エージング　186
AB柄　122,123,125,165
絵型　170,210,216
絵柄　046
易染性（えきせんせい）（ポリエステル繊維）
339
液体アンモニア加工　134
液流染色機　107,114,115,116~118
絵際（えぎわ）　078,127
エクセーヌ®　372
エクリュ　379
エシカル　292
江尻弘　234
SCM　297
エスプリ　222
SZギャバジン　212,214,320
SZ使い　075,320
SP　234,296
S撚り（右撚り）　212,317,318
S撚り糸　205,320
絵刷　208,248,250,252
絵刷り　208,250,345
エディトリアル機能　145
江戸小紋　347
NCS色票　344
N処理　106
NB　144,225,226
NPB　226,238
FICテキスタイル・スクール（東京ファッ
ションインフォメーション・コミッティ）
421
FF機　081,083,087,088,215
FOB　257,258
FC　218,219
FTY　202,316
エボニー　388
エボニーブラック　388
エミリオ・プッチ　336
M&A　041,185,259,261
MD（マーチャンダイザー）　210,234,235,
237,253,358
MD（マーチャンダイジング）　177~178,
234,235,237,253,256,257
MDカレンダー　177,178,253,256,257

絵様　130,131
襟吊　164
襟レース　097
LED　358,359,363
LVMH　185
LC（信用状）　257,258
L値（えるち）　385
エルメス　166
塩基性染料（カチオン染料）　338,339
円型編機　061
円形（型）ミラニーズ編機　059,066,079,088
円形（型）ミラニーズ編地　066,079
エンジニアードプリント　122,123
エンジニアリング　058,148,270,272,313
塩縮　121,134
演色　357,387
演色性　357,359
延伸　036
延伸仮撚加工糸（DTY）　036
延伸同時仮撚加工糸（インドロー仮撚加工糸）
036
塩素　104
エンディング　111
End and End Chambray　380
遠藤宣雄　002,148,392
エンブロイダリーレース　089,094,095,
096
エンボス加工（型押し）　121,135,306

オ ••••••••••••••••••••

追い杼　051
追撚（おいよ）り　319,325
オイルドセーター　103
黄変（おうへん）　353
OEM　041,142,184,224,226,238,260,274
大家一幸　128,311,347,372,387
オーガナイズ機能　041,142
大寸（おおずん）　327
オーセンティックな素材　044
オーソドックス　275,310
太田伸之　229
ODM　041,142,171,184,226,238,260,274,
310
オート〈染〉　124
オートクチュール　232
オートスクリーン捺染　123~125,342
オートスクリーン捺染機（自動スクリーン
捺染機）123~125
大中良夫　176
オーバーダイ　107,114,381
オーバー発注　235,236

オーバーブッキング　180, 195
オーバープリント〔Over Print〕　101, 120
大原　直　156
ＯＢＭ　041, 274
オープンワーク　099
大森企画　042
オールオーバー　096
オールドホワイト　389
小笠原　宏　060, 070, 079, 080, 187, 204, 312, 349
岡田峰喜　379
置糸（おきいと）ボーダー〈編〉　076, 077
置き度目（おきどめく）　076
荻原　150, 165, 166, 343, 351
送り（送り付け）　121, 147
筬（織）　324, 365, 367
筬（ガイドバー）〈編〉　064, 065, 067, 090, 091
筬合せ〈編〉　093
筬打ち　308, 365
長田和之　302
筬通し〈織〉　043, 056, 147, 324, 325, 367
筬通し〈編〉　093
筬羽（おさは）〈織〉　056, 324, 367
筬幅〈織〉　053
納め値（卸値、出し値）　223
汚染（色移り）　353
オゾン漂白　104
乙仲（おつなか）　259
オノマトペ　157
オパールプリント（抜蝕プリント）　121, 134
オフィスくに　053, 306
オフ白（オフホワイト＝Off White）　389, 390
オフブラック（Off Black）　387, 390
オペークカラー　378
オペレーター　349, 350
朧糸（おぼろいと）　331, 381
表目〈編〉　069, 070, 362
趣　384, 388
織上げ長　201
織上げ幅　323
織上げ密度　201
織糸　028, 036, 039, 055, 086, 147, 200, 204, 322, 369, 370, 385, 386
織糸設計　034, 147, 364
オリーブ黒　388
織り色　111, 143, 181, 251, 362, 377~381
織裏（裏織り）　364
織柄　046
織り口　365, 367

オリジナル　150, 173, 174, 175, 181
オリジナル図案　131
オリジナル番手　306, 307, 373
織縮み　322 ～ 324
織りつけ　368
織始め（機場始め）　197
織幅　048, 051, 201
織紐　163
織り前　365
織耳（セルビッジ）　051
折り目（プリーツ）の消失　352
織物設計（Textile Design）　034, 147
織物組織図　147
織物幅　322, 323
オンクロス　131, 206, 344, 348
温室効果ガス（CO2）　283
温湿度調整　200
ＯＮする　180
オンプレー　382
オンライン　180

カ・・・・・・・・・・・・・・・・・・・

加圧染色　339
ガーター編　067
カーテンレースラッセル編機　091, 092
カーボンブラック　388
ガーメントレングス編機　059, 081, 083
ガーメントレングス編地　021, 058, 081, 083, 085
カーリング　352
カールヤーン（スナールヤーン、角糸）　321
海外移転（生産拠点の）　164, 263, 270
海外書籍貿易商会　156
海外図案　131, 155
海外デザインエージェンシー　155~156
買掛金　183
外観検査　200, 257
甲斐織（かいき）　379
開口装置　046, 053
外国人技能実習制度　263
回収リサイクル　283, 284, 286
開反仕上　059, 135, 327
諧調（かいちょう）　090, 127, 128, 206, 382
回転差資金　183, 278
回転数（rpm）〈織〉　052, 053, 151, 364, 368
回転数〈編成速度〉　187, 203, 204
回転パッケージ染色機　107
海島綿（シーアイランド綿）　030
ガイドバー（筬）→筬（ガイドバー）
買取り（買取取引）　182, 219, 224, 225,

234, 236
買取取引（買取り）　171
解撚糸　321
返し　120
返し捺染　120
化学構造　386
化学繊維　→化合繊
かがり縫い　082
掻き落とし　251
革新織機　050, 051, 055, 304, 322
拡布状　114~117
角目（かくめ）　091, 092
角本　章　233
掛け払い　183
蔭山寿夫　128
掛け率　223~225, 232, 233
加工指図書　150
加工糸編物　105
加工糸織物　036, 105, 106, 331
化合繊（化学繊維）　022, 025, 028, 158, 272, 275, 279~281, 371, 375
化合繊織物　044
化合繊メーカー　028, 034, 055, 141, 152, 209, 247, 258, 268, 322
過去の汚点　196
傘（パラソル）地　166
嵩高（かさだか）加工　037
高高加工糸　035, 036
高高性（バルキー性）　036
重ね色　046, 378
重ね織物　378
襲（かさね）の色目　361, 378
飾り撚糸機（意匠撚糸機）　039
飾り撚り　039
家蚕（かさん）　033
梶　哲也　322
樫山純三　233
樫山方式　232
加色　386, 387
カスタマイズ　145
綛（かせ、Hank）　033, 110
苛性ソーダ　104, 106
綛糸（かせいと）　033
綛糸染色機　107, 110
化成品　034
綛染　101, 108, 110, 116, 202, 383
片畦　069
型押し　121, 135
型紙（パターン）　168, 171
形崩れ〈編目〉　075
型崩れ（形崩れ）〈服〉　072, 132, 228, 320, 352, 374

397

型口　131,206
片サイド染（片染）　113
型順　122, 207, 208, 351, 352
型染（かたぞめ）　347, 352
型出し　147, 208
型抜き効果　207
片羽（かたは）入れ　324
型版　351
型踏み　342
片ボーダー（片耳ボーダー）　097, 122, 123
型枚数　124, 208
片身替り　166
片山（クラウンジング）〈レ〉　096, 097
片撚り糸　038, 319
カチオン可染ポリエステル（CDP）　114
カチオン杢　332
価値観生産　044, 057, 099, 301
ガチャ万　155
滑脱（スリップ）　353
カット（Cut）〈編〉　060
カット・アンド・ソーン（カット＆ソーン、
カットソー）〈編〉　021, 060, 083
カットパイル　046
カットファイバー　032
カットロス（裁断ロス）　082
カットワーク　099
カッパープリント　347
家庭洗濯　230
家庭用品品質表示法　227
カテゴリーキラー　218, 244
加藤文子　215, 312
稼働率　180, 194, 278 →操業度
門川義彦　289
金子 功　153
鹿の子編　070
可抜染料　121
被（かぶ）せ　207, 208
被せ（鏡＝かがみ）　251, 335
架物　043
壁糸　321
加法混色　343
カマイユ　381
釜違い　075 →ロット違い
紙糸（かみいと、Paper Yarn）　028

上場　140
ガミング　135
カメリア　389
柄　334
柄（編地柄）〈編〉　076, 078, 079, 091~093,
098
柄（プリント模様）〈染〉　122, 123
カラーウェイ　207
カラーキッチン（CK、CCK）　341
カラーコーディネート　143, 162, 165, 166
カラースキャナー（自動色分解機）
129, 346
カラースウォッチ　343, 350
カラーチェンジ機〈刺〉　095
カラーチップ　350
カラーパターン　166
カラーバランス崩れ　191
カラーバリュー　127
カラーパレット配色法　350, 351
カラーフィックス　190, 191
カラーマーチャンダイジング　358
カラーミックス効果　035
カラーミックス糸　084, 215, 321, 379, 381
カラーリスト　251, 336
カラーレンジ　188, 248, 251
柄糸　066, 078, 090, 110
柄筬　334, 362
柄筬　091
柄織　045~047, 249
柄ぐせ　147, 208
柄組み　148, 200
柄師（がらし）　146, 147, 148
烏の濡れ羽色　385
烏羽色　388
柄出し〈織・編〉　092, 093, 328, 349
柄馴れ　189
柄のコーディネート　162, 166
ガラ紡　032
絡（から）み糸　039
搦（から）み織物　045~047
搦み綜絖　046
空木管（空管）　049
柄行（がらゆき）　130
仮需圧縮・仮需縮小　262, 263

仮撚り　036, 317, 321, 385
仮撚加工糸（仮撚り糸）　036, 105
仮撚混繊糸　037
仮撚スラブ　037, 038, 321
仮撚法　036, 037
仮撚リング　037
ガルーンレース　096
ガルバノ式　126
軽目　153, 165
川上　246, 247, 258
川久保玲　151
川崎千秋　318
川下晴久　092, 093
川嶋敏男　186
川下　246, 247, 258
為替差損　257, 258
為替相場（レート）　258
川中　246, 247
河野典晃　385
川畑洋之介　241
閑散期　177, 180, 278
乾式転写捺染機　128
乾式紡糸　037
乾湿感　374
感性加工　132~134
菅野瑞晴　211
乾繭（かんまゆ）　033, 034
顔料　119, 120, 121, 336~340
顔料インク　128
顔料プリント　119, 338

キ・・・・・・・・・・・・・・・・・・・・

着合わせ　085, 282, 289, 309
キーインダストリー　099
生糸（きいと）　033, 034, 037, 038, 103,
197, 319, 329, 330,
生（き）織物　330
機械編み　204
機会損失　182
機械ミシン　098
企画デザイン会社（企画会社）　041, 209
生絹織物　103, 330
機業　043, 056, 160, 289, 304

型
A. 捺染に用いる型版。同じ色柄を複数表すための道具。
B. 縫製や編立ての指図に用いる絵型。
C. 商品企画表に用いる商品服の絵型。
D. 配色美の様式（スタイル）に則った模様や服装の配色調和、カラーコーディネートをするための形式（技法）。
ex.）トーン・オン・トーン、トーン・イン・トーン、段落ち、カマイユ配色、暈繝彩色、ドミナントカラー配色

菊池武夫　151, 211
記号指図法　345, 350
記号配色法　350, 351
着心地　020, 138, 374, 375, 385
ギザ45　030
鬼澤辰夫　268
着尺（きじゃく）　020, 033, 054, 183, 268, 322, 374
技術流出　264
机上力　392
着捨て服　172
既製服化率　239, 240
既製服製造卸　168, 169, 171, 186, 239, 240, 303 →アパレル製造卸、アパレルメーカー
季節定番素材　176, 177
北畠　耀　343
着垂れ　228
生地　043, 114, 121, 123, 124, 126, 130, 135, 139～144, 151, 152, 154, 158, 169, 170, 172, 179, 182, 186, 190, 192, 201, 207, 209, 213, 214, 223, 224, 242, 257, 263, 265, 278, 282, 287, 288, 295, 307, 310, 323, 327, 334, 335, 350, 374, 375, 388
生地編地　058, 059
生地糸　100, 104, 108, 109, 140
生地織物　045, 139
期近・期中　114, 278
生地買い・製品売り　169, 170
期近生産　179
生地白（きじろ）〈染〉　120, 121, 207, 335
生地幅〈編〉　080, 100, 327
期中追加生産　177
亀甲目（レース目）　090, 092
生成（きなり）　104, 379
生成色（きなりいろ）　104, 379
生成の色　104, 379
絹織物　033, 044, 102, 103, 112, 133, 329, 330
衣擦（きぬず）れ　134, 276, 314, 330, 375
絹鳴（きぬな）り　276, 330, 375
絹練（きぬね）り　329
絹の色沢　329
機能・性能素材　044
機能加工　132, 133
生機（きばた）　021, 043, 099, 104, 247
生機幅　323
基布（きふ）〈レ〉　094, 095
希望仕上幅　323
基本染料（母色）　340
基本組織（経編）　065
木村恭一　153
逆Ｖ字型（山型）　071
逆撚り　319, 320
キャッシュフロー　183, 262, 296

キャップ精紡機　031
キャド（CAD）　346～350
CAD／CAM　347, 348
キャパシティーオーバー　180, 278
キャム（CAM）　347, 348
キャラクターブランド　144
キャリッジ　062, 063
QR　296, 297
給糸口（フィーダー）　061, 062, 069, 071, 072, 204, 326, 327, 328
吸収・反射　379, 388
QD　297
ギューバーレース　094
ギュピールレース　094
業界構造　022, 023, 024, 246, 257, 258, 259
行儀が悪い　196
供給（サプライ）システム　220
きょう口　206
業際化　259, 260
業種　022, 023, 025, 246, 247, 259, 260
強縮絨　137
業態　022, 023, 025, 218, 220, 246, 253, 259, 261, 303, 358
共同開発ブランド　238
共同企画　142, 174, 237, 238
京都紋付　386
強撚糸（きょうねんし）　035, 103, 111, 205, 320, 323, 325
強撚糸織物　103, 105, 106, 111, 323, 325, 331
切替えボーダー柄〈編〉　076, 077
キルティング　097～099, 299
キルティング機　098
キルティングわた　097
キルト　097, 098
キルトトップ　097
金（ゴールド）　389
銀（シルバー）　389
銀糸　389
金色（きんしょく）　381
銀色（ぎんしょく）　381
金属粉　338

ク・・・・・・・・・・・・・・・・・・・・・・・・・・

クイック（クイック対応、クイック納品）　055, 179, 191, 278, 295, 296
空気精紡機　030
空紡糸（空気精紡糸）　030
クォーターゲージ　073
鎖編（チェーン編）　065, 091

屑繭（くずまゆ）　033
管糸（くだいと）　049, 056
管替え式（コップチェンジ）　049
管巻き機（緯巻き機）　056
屈折率　385
熊谷登喜夫　153
組合せ（Plating）〈レ〉　090
組紐（ブレード）　163
組紐メーカー　163
グラデーション　377, 382
クラフト加工　134
クラフト的素材　272
グリー・シネ　381, 388
グリースウール　→脂付羊毛
クリール　056, 325, 328
クリエーター　149, 150, 210, 211, 309
クリエーティブディレクター　211
グリッパー織機（プロジェクタイル織機）　048, 050, 051, 325
クリンプ（捲縮）　036, 105, 213
繰る　391
グレー（Gray Fabric）　104
クレープ糸　039
黒朱目　335
グローバリゼーション　266
グローバルSPA　264
クロス染　113
クロスパトロナイジング　218, 219, 221, 227, 313
クロッキー指図法　350
クロッキー法　350
黒留袖　386
クロム染料　386
黒紋付染　386
クロリネーション　102, 105, 134, 135
クロンプトンドビー機　054
銜（くわ）える　051, 062
グンゼ「ノナ」　122

毛足　080, 139, 361
経営資源の集中　262
計画的陳腐化　276
経験知（実践知）　181
蛍光増白　102, 105, 120, 390
蛍光ランプ　357, 359
形状記憶・形態安定　133
継続浴染色　386
経年変化・経年劣化　354
ケーク（無芯管糸）　326
ゲージ（G）　072, 073, 075, 079, 327

399

KB ツヅキ　104	原毛　028,100,103,257,306	高密度織物　052,117,325,372,383,384
毛織機　047~048,052,054,212	減量加工（アルカリ減量加工＝N 処理） 034,106,287,331	梱（こうり）　176
毛織物・羊毛織物　044,045,047,048, 052,103,108,133,134,136,138,139,140, 141,155,158,186~188,199,285,308		効率主義　266,267
		コーウィーニット　066
		コース (Course)　061~063,072,073,074, 075,132,298,326,327
毛七（けしち）　285		
下代　223～225	コヴァルスキー　155	コースゲージ　073
結束糸　030	高温高圧式液流染色機（サーキュラー） 115,339	コーディネートもの　206
欠反　194,278		コーティング　133
毛抜き合せ〈染〉　207,208	高温高圧式蒸熱機（スチーマー）　116	コート (Coat) する　385
毛羽　035,046,136,137,139,353	高演色形蛍光ランプ　357	コード編　065,079,091
毛房　046,135,305,361	高温高圧染色　339	コード刺繡　097,098
毛紡　028,032	高感性素材　034,272,280	コーミング　110,139,140
ケミカルリサイクル　284,285	高級品　028	コーン (Cone)　049,050,055,061,062, 081,326
ケミカルレース　089,094,095,096	工業パターン　170	
毛焼き　095,102,137,140,141,212,213	工業ミシン糸　028	国際物流　164,259,264
原液着色（原着）　101,106,107,108	口径（こうけい）　059,063,080,326~328	極（ごく）超極細糸　371
現金取引　156	光源　357～359	極細（ごくぼそ）糸　371
原型パターン　170	高コスト　221,226,263,278,291,372	極細繊維　228,371
研彩館　343	格子縞（チェック、プラッド）　047	国洋　153,242,243
絹糸（けんし）　033,037,038,110,316, 319,330	工場長　169,184	KOKORO PRINT　122,154
	工場廃水　337	小指敦子　277
原糸（げんし）　075,320	交織織物　044,113,316,339,379,382	腰（こし）　037,137,138,214,287
原糸バーン　325	工人　169	五者混　029
原糸フィラメント　035	合成樹脂　279,280,283,338	古色（こしょく）　382
原糸メーカー　034,036,056,247,288	合撚糸業　034	呉須染付（ごすそめつけ）　341
顕色社　344	合撚メーカー　023,028,034,041,055,141, 260,268,280,288	コストカット　146,187,193,266
原糸ロス　147		小寸（こずん）　327
建築家（アーキテクト）　214	高速織機　032,050,152	故繊維業　285
原着（原液着色）　101,107,108	高速レピア織機　050	児玉毛織　212,320
原着　107,108,285,360	酵素減量加工（バイオ加工）　042,134	児玉紘幸　212
現場力　057	工賃ダウン　169,170	固着剤　119,120,338
ケンピーツイード　333	工程管理　034,142	コックル（波打ち）　364
ケンプ（ケンピー）　333,379	公定水分率　080	コットンショップ　157
現物糸　203,216,249,362	購入糸　042	コップチェンジ　049
絹紡　028	合撚（ごうねん）　035	固定費　195
絹紡織物（スパンシルク織物）　044	交撚糸（こうねんし）　035,083,113,316, 332	五藤雅起　153
憲法黒茶　388		言葉は風合い　374
減法混色　343	合撚糸　035,319	粉とび　384
絹紡糸（けんぼうし）　033	抗ピル加工　134	小幅　054,322
絹紡紬糸（けんぼうちゅうし）　033	高分子加工　134	コピー　174,175,195,210,242,273
原綿（げんめん）　029,104,277	交編織物　316	五分練り（半練り）　330
原綿差別糸　028	交織率　202,203,329	個別生産　177,178,179,180,192,221,263, 278
原綿染（わた染）　101,332	高密度・高収縮加工　100,133	

毛織物・毛織物服地

毛織物は、羊毛糸（ウール糸）である①梳毛糸、②紡毛糸を用いた織物。経に梳毛糸、緯に紡毛糸の梳毛紡毛織物もある。
獣毛（アンゴラ、モヘア、アルパカ、カシミヤなど）を用いた織物も含まれる。
ex.1) 経に梳毛糸、緯にアンゴラの交織織物　ex.2) 経緯にカシミヤの織物　ex.3) 羊毛と獣毛の混紡糸を用いた織物
毛織物服地づくりは繁雑である（織物設計に始まる糸づくり、織布、整理、仕上、原材料の手当てなど）。
織物服地の用語は、服に変わった織物に注視する場合に使った。

小巻屋　165
駒撚り糸　038
込み込み　194
コミッション　157,182
ゴム編（リブ編）　067
ゴム編出合い　069,070 →リブ出合い
ゴム丸編機（フライス編機）　067
コモディティー　172,220,221,231,232,235
小山正夫　143
CORK ROOM（コルクルーム）　229
コレスポンデント　157
コングロマリット　185
コンサバティブ　240
コンジュゲートファイバー　316
コンジュゲートヤーン　316
混色　343
混色系　344〜345
コンセプトショップ　219
混繊糸　037
混繊杢（こんせんもく）　332,388
コンバーター（Converter）　141~143
コンバーティング　022,041,141,143
コンパウンドニードル（複合針）　065,092
コンパクトヤーン　030
コンパクトヤーン精紡機　030
コンピューター・カラー・マッチング（CCM）　341
コンピューター自動横編機　063,328~329
コンピュータージャカード〈織〉054,085,092,093
コンピュータージャカード織機　054,093
コンピュータージャカードラッセル編機　092,093
コンピューターデザインシステム（CKDS）〈編〉072
コンフルエンス博物館（Musée des Confluences, Lyon）283
混紡糸　028,032,316
混綿（こんめん）　029~030
混用率（混率）　316

サ

サーキュラー　115
サービス（無償提供）　194
サーフェイスインタレスト（布面効果、表面効果）205
サーマルリサイクル　284,286
サーモゾール染色　115
細化（セグメント）　275
在庫リスク・負担　223,262,263

材質感　280,282,298,306,389
最終着量　127
最小ロット　057
サイジング　043,056,102
再生羊毛（再生ウール）　139,285
裁断・縫製　020,021,169,277
彩度　340,359,377,381
斉藤昭雄　343
サイドクリール機　328
サイドテンション装置　062
采配　278
細分化（セグメンテーション）　275,300
再溶融紡糸　285
材料色混合系　342
サイロコンボ糸　316
サイロスパン精紡　031
Saurer™（サウラー）　048
坂井直樹　153
酒井美絵子　220
先抜き　119,120,334,335
先染（先染め）　106~112,343,372,373,383,386~389
先染織物　044,045,113,114,143,158,164,165,166,189,251,252
先練織物　103,330
錯視〈色〉　330
座繰（ざぐ）り　033
佐々昭一　053
差し色　119,120,336
指図書〈編〉　217
指縫い　098
差し立て　336
サステイナビリティー（持続可能性）　128
雑貨的な服　276
刷毛（さつもう）　133,140,141
サテントリコット　067
佐藤繊維　058
作動調整　200
佐藤正樹　058
さび　388
サプライシステム　220
サプライチェーンマネジメント（SCM）221,295,297
さぶろく（36″）　322
差別化糸　028
差別化素材　030,044
晒糸（さらしいと）　104,151
晒織物　104
晒用織物　044,045
沢辺秀雄　343
沢辺プリント　343,351
酸化染料（アニリンブラック）　386

三景サンテキスタイル　274
三原色　343,344,387
残膠（ざんこう）　330
三国間貿易　263,265
残糸　112,188,329
三者混　286,316,337
産出国・産出地　029
酸性雨　283
酸性染料　338,339,343,360,386
酸性染料インク　128
酸性媒染料　339
残反　156
産地　029,034,040,043,052,057,085,141~147,158~161,163~165,176,177,196,197,198,243,264,268~270,271,272,273,280,289,292,299,300,302,308,364
産地エンジニアリング　313
産地間移動　143,144
産地もの　034
サンディカグループ　243
サンディング　134
散点柄（飛び柄）　130
三度黒　386
サンフォライズ加工　133,134
三分練り　330
サンホーキン綿　030
3本諸撚り　319
産元（産地元卸商社、産地元売商社）024,141,259,260~262,269
産地商社　→産元

シ

仕上（仕上加工）　021,022,023,034,043,077,080,084,095,099,105,121,131,132,140,141,144,204,277,304,307,308,353,354
仕上・整理　021,043,100,375
仕上セット　105,106
仕上縮み　323
仕上糊　132
仕上幅（仕上り幅）　080,147,201,203,323
仕上密度　199,201
仕上見本　148,252
仕上目付　080,199,201
試編　075,203,328
シアン　127,343,346
CIF　257,258
C&F　257,258
CSR（企業の社会的責任）　262
CSY　202,316
CMY、BK（網版印刷系の四原色）　127,344
GMS　227,235~237,243

401

CK、CCK（カラーキッチン） 190,341

CGS データ（フロッピーディスク） 054,
095

CCM（コンピューター・カラー・マッチング）
341

CG 系 344

CG 指図法 350

CG シミュレーション 206,344

CG 配色法 350,351

シーズン素材 176,177,180

C to C（消費者間取引） 261

ジーナ＊（東洋紡） 288

シープ仕上 135

シームパッカリング 352

仕入値 172,223,224

JNMA（日本モデリスト協会） 302

JC（ジャパン・クリエーション） 145,302

シェニールヤーン 321

紫外線（UV） 134,354

仕掛け 169,180,196,278,326

仕掛期間 194,267

仕掛在庫 169,184,190,221,257

仕掛り幅 201,203,323

仕掛品 169,195

直レース機 095

色域（しきいき） 188,344,360

色彩体系（表色系） 342,345

色材 118,384

色材混合系 342

色沢（しきたく） 133,329

色票（カラースワッチ） 345,350

色票集（カラースワッチ） 340,343

色名（しきめい） 351,388

色面（しきめん） 124,127,130,206,249,
336,338,342~344,346,359,360,362,363,
380~383

色面亀裂 353

色面剥奪（しきめんはくだつ） 353

ジグザグ柄〈編〉 076,077,078,079

資源枯渇 279,283

事故品 230,355,356

刺繍糸 028,094,095,340

刺繍レース 089,090,094,095

自主制作 156

自主編集売場 225,226

試織 040,050,150

試織機 057

しじら 105,106,228

JIS 色票 344

自然光 357

下請け 168

下絵（したえ） 351

下釜 069,070,073

下晒し 100,102

仕立て映え 138,277,294,374,385

下場 140

下撚り 038,317~319

七分練り 330

市中買糸（かいし） 042,056,201

市中売糸（ばいし） 042,201

視聴感 314

ジッガー染色機 107,114~116

漆黒 388

湿式撚糸機 038

湿式紡糸 037

実長 324

実綿 186

実撚り 317

自動色分解機（Color Scanner） 129,207,
345~347

自動織機 048,049,364,366

自動スクリーン捺染機 125

自動繰糸機（じどうそうしき） 033

品揃え 257

品揃え店 218

死毛（しにげ） 333

シネ調（杢調） 037,113,332

自販 168,169,260,299~302,310

市販糸 042

しぼ（皺） 100,103,105,106,388

四方送り 206

しぼ効果 052

しぼ立て 103,105,106

しぼ縮み 106

しぼ寄せ 103,105,133,323

縞糸 112,147

島精機 081

島津洋美 122

縞割り 147,217,324

湿緯（しめしよこ） 052,364 →水管

霜降り 109,331,332,378,381,388

霜降糸 111,113,140,249,321,331~333,341

霜降り調（シネ調） 332

ジャージー（流し編地） 059~080,087,088,
146,158,187,202~205,285,299,349,362

シャーティング →シャツ地

シャーリング〈レ〉 095

シャーリング〈毛織〉 133,137

シャーリング（ギャザー）〈ファ〉 097,098

ジャイアントエンブロイダリーレース機
094,095

紗織（ゴース） 045

ジャカード織物（紋織） 045,046,053,054,

147

ジャカード柄〈編〉 067~070,076~078,
328

ジャカード織機 046,053,054,057

ジャカード装置（ジャカード架物）〈織〉
043,053,054,057,308

ジャカード装置（選針機構）〈編〉 059,
077~079,091,092

ジャカードタオル織機 309

ジャカードラッセル編機 091,092

ジャカードレースラッセル編機 091

シャギーニット 135

斜行 072,075,132,213,320,352

斜行矯正ヒートセット 134

煮絨 140,213

写真製版法 129,345

シャツ地（Shirting） o44,052,057,173,
306,308

シャツ店 313

シャドーカラー 361,380

シャドーストライプ（空羽） 325

シャドーチェック 189

シャドーパターン 189

シャトル（シャットル） 048 →杼

シャトルチェンジ（Shuttle Change）
049

シャトルチェンジ織機（Shuttole Change
Loom） 049

シャトルレス 050,326

シャネルツイード 138

紗張り 208,250

シャビー（Shabby） 383

シャビーシック 136,382~383

JAFCA（日本流行色協会） 243

喋る 237

斜文 213

ジャワ更紗 336

ジャン＝シャルル・ド・カステルバジャック
309

シャンジャン 382

ジャンニ・ヴェルサーチ 165

シャンブレー 113,343,379,380

Chambray-color Weave Magic（C.W.M.）
343

シャンブレー効果 111,113,343

集散地 142,161

集散地卸 161,262

重色 207,208,342,343,346,361,381

集中生産 179,221

柔布加工（ブレーキング） 134

重布織機 047,153

獣毛（じゅうもう） 024,139

獣毛糸　028
重量加工　134
縮絨　133,136,137
樹脂加工　→高分子加工
受注準備工程　191
受注制作　156
受注生産・製造　144,145,260,262
シュランク仕上　134,135
順逆ボーラー　320
純工　168
純糸　316
順撚り　317,320
仕様　030,143,168,171,194
常圧式液流染色機　115
常圧染色　339
初回導入　182,235,236,295
昇華堅牢度　129
消化仕入　171,222~224,232~234
城　一夫　343
消化能力　175
消化ロット　176
商業クリーニング　230,338,354
正絹　316
条件等色(メタメリズム)　359,387
商社　040,041,141,157,176,182,184,209,224,261,263,272,289
蒸絨　136,138,140,212,214
消臭・抗菌(衛生加工)　133
上代　223~225,233
商人　169
蒸熱(スチーミング、蒸し)　118,119,121
商品企画機能　145
少品種少量生産　044
少品種大量生産　044,116,173,177,179,195,221,262,271,342
商品色　114,188,190,191,359,383
商品揃え　142,257
商流(商取引)　023,246,257,295
少量納品　055,236
小ロット対応　111,112,170,328
触知感　039,074,134,151,203,279,282,294,314,372,375
職人的企業　271
織布　022,025,028,032,034,040,041,043,055,056,100,103,148,165,186,263,280,323,363~368,380

織布運動　364~368
織布業(機屋)　024,038,043,044,247,262,303
織布速度　054
織布能率　050,052,053,197,200,201,368
植毛プリント　121
助剤　106,119,387
織機　032,043,044,046~058,093,136,155,173,179,180,186,194,197,198,304~306,308~310,312,322,323,325,326,348,363~368
織機幅　054,055,322,323
織機ビーム　326
ショディー　285
所有権(商品の)　223,224
ジョルジオ・アルマーニ　333
ションヘル織機　048,052,212,213
シリコン(硅素＝けいそ)　386
シリンダー針の長針・短針　069,070
シリンダーベッド　068
シルキー(シルクタッチ)　372
シルク　033,165,360,364
シルクスカーフ　165
シルケット(マーセリゼーション)　100,104,105
シレ加工(目詰め)　133,134
白藍　389
白糸目　335
白地オーバー(オーバープリント)　119
白目(しろめ)(糸反り、リバース)　353
しわ加工　135
芯地　039
シングル編機　→シングルニードル機
シングルジャージー(シングルニット)　067,068,072,087
シングルジャカード柄(編地)　072,076,078
シングルシリンダー　068
シングルシリンダー編機　068,326
シングルダイヤル　068
シングルニードル機(シングル編機)　065,067,068,077,078
シングル幅　322
シングル筬　068,072
シングルビロード機〈織〉　305
シングルブリスター　078

シングルベッド(丸編機)　068,069
人絹　151,154
新合繊　037,287,288,289
芯鞘構造加工糸　037
新宿 髙野　221
深色効果加工(深化加工)　385,386
親水性繊維　338
浸漬　106,228,385
浸染(しんぜん)　100,101,106~118,120,135,332,337
浸染工場　121
人造繊維(マンメイドファイバー)　273
人体汚染　283
芯地　162,163,294
針布(しんぷ)　137
シンプル・イズ・ベスト　229,267
新毛(ヴァージンウール)　139

ス

図案　→プリント図案
吸い上げ　246,247
水質　228,269,337
水平式(横編機)　071
水溶性ビニロン(PVA)　094,321
スウェットショップ　263
スーツ地(Suiting)　044,386
スーティング(Suiting)　→スーツ地
スーパーウォッシュ加工　134
スーパースムース　070
スーパーバイザー(SV)　236
スーパーハイマルチ　371
スーパー表示　028
スーピマ　030
スエードタッチ　372
スカーフ　047,122,158,164~165,330,351
スカーフ柄　122,165
スカーフ専業者　165
透かし目　046,091,324
菅野瑞晴　211
スカラップ　096,097
スカルプチャー　121,134
スキージ　123~126
スクリーン型(捺染用スクリーン彫刻型)　123,124~126,128,341,342,345,346,351
スクリーンロール　126

シングルジャージーとダブルジャージー
シリンダーの針だけで編むのがシングルジャージー。
シリンダーとダイヤルの針で編むとダブルジャージー。
〈→069：①ダイヤルベッド１個(上釜)とシリンダーベッド１個(下釜)を上下に組合せたタイプ〉

403

スケッチ　131,312
スケルトンカラー　378
筋糸効果　189
すす（煤）　283
鈴木徳之　212
鈴屋　241
スタジオ　156,239
STANDARD COLOR CORD　343
STANDARD COLOR OF TEXTILE　343
スチーミング（蒸熱）　118,119,121
スチールテープ　051
捨て糸（抜き糸）　083,088
スティリスト　085
ステージ衣裳　363
ステープルファイバー（短繊維）　036
ステッチ（指縫い）　098,099
捨値半掛け　156
ステンドグラス　378
Stoll™（ストール）　060
ストール（服飾雑貨）　164,165
ストーンウォッシュ加工　136
ストック型服卸　145
ストライバー付編機　077
ストライプ柄　079,084 →縦縞、バーティカルストライプ
ストレートヤーン　204
ストレッチ糸（ストレッチヤーン）　036,228,323
スナール　103,320
スナールヤーン　321
スナッギング　353
スナップ　162,286
スノッブ　292
スノーホワイト　389
スパン織物（短繊維織物）　044,105
スパン糸（紡績糸）　036
スパンシルク（Spun Silk）　033,044
スパンライク　037,105,186
Spun Like Yarn（スパンの風合い）　036
スピンドル　051,110
スフ織物　044,154,375
ズブ染　108,109,201
スプルース　388
スペース染　372
スペースダイドヤーン　372
スペシャリティーストア　219
スペック染　274,372
スポンジネス　362
スポンジング（地伸し）　200
スポンジング機　200
墨色　388
墨染の衣　388

スムース編（両面編）　067
スムース編機　067
スムース出合い　070
スモッキング　097,098
スライバー　029,030,031,032,101,108,109,113,140,331,332
スライバー染　101
スラブ　035,321
スラブヤーン　037,038,321
スリップ　213,353
スリップ防止加工　134
Sulzer™（スルーザー）　048,213
擦れ　116,117,136
スローイング（Throwing）　038

セ・・・・・・・・・・・・・・・

脆化　104,354,387
生業　022,270
整経（織）　043,147,324,325
整経〈織〉　064~066
成型編（成形編）（ファッショニング）　080,081
成型編機　058,081
成型編地　021,022,058,059,063,080,081,082,085,287
整経機〈織〉　056,057,324
整経糸〈織〉　064~066
成形（型）品染　101,135
生産と製産　144,145
生産の始め方、様態　178,179
生産管理　151,278,308
生産期間　173,191,356
生産計画　180,278,289
生産原価　029,055,074,172,175,181,186,194,200,201,224,251,278,286,337,368
生産能率　055,063,074,094,180,327,341
生産背景　179,252
生産ロット　021,064,123,139,176,179,226
製糸　033,034,037,272
製糸業（メーカー）　033,055
製織　043
製織用データ　043,054
製造品質　231
静態　039,199,251,377
製版　100,127,129,130,147,329,345,346,348,351,352
製版・製紋のデータ化料　193
製品洗い　101,136
製品買取り　182
製品染　042,101,107,135

製品反　021,023,054,059,076,099,143,145,186,247,327
西武百貨店　240
生分解性繊維　283,284
精紡　029~032,110,140
精紡機　030~032,321
精紡工程（Spinning Process）　030
精紡交撚糸（せいぼうこうねんし）　031
正マス（正枡）　189
整理　110,136,138~141,160,186,188,261,308,362,386
精練　099,100,102,103,106,140,141,160,329,337
セーターマシン　081,083
セールスプロモーション（SP）費　234
セカンドライン　232
セクション〈編〉　083,088
セグメンテーション　275
セグメント（細分、区分）　275
施色（せしょく）　021,079,181
設計品質　231
接触温冷感　040
セッティング〈編〉　093
Z撚り（左撚り）　212,317,318
Z撚り糸　205,320
セパレーション効果　335
セリシン　102,103,329,330
セリシン固着　330
セルビッジ（織耳）　051,055
セレクト　174,175,225
セレクトショップ　218,219
繊維カンパニー　041
繊維工学　057,150,154,181
繊維産業構造改善事業　198
染液（染浴）　106,110,111,114~117
専業アパレル　171
染工場　336,337 →染色加工業
先行反　057
染色美　336,352
洗絨　136,140,141,213,306,308
染色　022,023,025,032,043,047,056,095,099~141,336,337,339,340
染色温度　113,339
染色加工　021,034,056,099~141,160,260,280,289,337
染色加工業（染工場）　099,100,143,247,260,261,336,337
染色堅牢度　111,143,257,340
染色堅牢度試験　200
染色コスト　111
染色用水　337
染色ロット　109~116,123

選針機構（ジャカード装置） 059
染槽 106,115,116
船側渡し 258
染着 115,116,118,119,121,334,335,337,372
織度（せんど） 031,371
船腹予約 259
洗毛（せんもう） 103,110,140
剪毛（せんもう） 133,135,137,140,141
専門商社 041,141,157
専門店 171,218,219,220,225,239,241,243,313
専門店アパレル 171,241,312
専門店ファッション 241,243
染料 119~121,336~340
染料混合系 342,343
染料濃度 340,341

ソ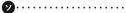

操業度 194,195,278
操業率 194
綜絖 046,053,324,367
総合アパレル 171
走行式スクリーン捺染機 123,125
綜絖の穴（メール） 056
綜絖枠 053,054,324,367,368
双糸 031,038,039,075,103,139,317~319,320,321,324
操短 197
相場 029,192,257,263,275,277,308
ソージン機 187
ソーピー（Soapy） 281
ソーピング 115,116,118,119,120,337
ソーン（Sewn）〈編〉 060
束装 033
底艶（そこつや） 137,375,376,386
素材（マテリアル） 246 →アパレル素材
素材置換え 145,174,188,207,298,352
素材感 214,361,377
素材企画（テキスタイルマーチャンダイジング） 172,177,208,211,246
素材色 100,102,104,333,378,379,383
素材調達 172,174,181,184
粗糸（ロービング） 030,380
組織柄（地柄）〈編〉 076,077
組織見本 148,252
疎水性繊維 051,338
属工料 168
袖部 083
ソニア・リキエル 085,388
ソフトウェア 328

ソフト・マーケティング研究会 421
染糸（そめいと） 107,108~110,113,140,201,202,307,331,332,379
染め色 042,127,130,181,249,251,324,336,344,360,361,363,372,377,378,379,381,389
染下（生地） 102,104,389
染斑（そめむら） 049,111,117,118,372,373,383
梳毛織物（ウーステッド） 044,066,105,109,110,136,138,139,140,198,211~214,320,332,352,382,385,386
梳毛糸 028,031,066,139,204,332
ソリッドカラー 360,381
Solid Dyeing（ソリッドダイイング） 112
揃えの待ち（荷揃えロス） 191
ソロスパン（SOLOSPUN） 031
損益分岐点 270
損失転嫁 022,182,257

タ

ダイアゴナルストライプ 079
ダイエー 244
体感の知性 057,298
代金回収 146,182,257
褪色 228,353,387
タイシルク 379
体感感覚 374,375
大染工業 129
大東紡織 005
対比効果（対比現象）〈色〉 362,390
台風手形 183
台丸機 067,068
ダイヤ柄 079,098
ダイヤルシリンダー 068~070
ダイヤルシリンダー編機（機） 070,326
ダイヤル針 068~070,072,073
ダイヤル針の長針・短針 070
ダイヤルベッド 068,069
大量生産・大量販売・大量消費 152
ダイレクトプリント（インクジェット捺染） 347
ダウンツイスター 039
タオル織機 046,306,308,309
高岡弘 343
高木謙一 274
高橋誠一郎 235,237,291
高橋直美（Naomi Takahashi） 301
高橋 幹 150~155,282,312,343
高見俊一 023,025,258
多給糸丸編機 071,072,326,327,328
田口雅久 242

多色杯織機 048
立ち合い 148
裁ち屑 285,287
多丁杼織機（多丁杼替え織機） 048,049
タックワーク（Tuck Work） 081
脱色 136,353,383
経編 021,064,066,067,074,076,077,079,084,085,162,165
経編機 058,060~067,077,085,090~093,215,328,348
経編地 058,059,060,063,065,066,076~079,084,090~093
経編機の基本構造 064
経編の基本組織 065,079
経糸共通（経て共通） 381
経糸切れ（経止め） 364,366,367
経糸挿入横編機 084
経糸糊 103
経糸ビーム（ワープビーム）〈編〉 064,065,328 →ワープビーム
経糸ビーム染色 101,108,111
経糸ビーム染色機 107,111
経糸引き込み（ドローイング） 367
経糸量 324
縦縞（ストライプ＝バーティカルストライプ） 047,079
経（糸）張力（テンション）〈織〉 213,364,366,368
たてつれ 383,384
建値 176
縦伸び 116~118,228
立野啓子 265
経糊付け（サイジング） 043,056,102,324,326
経糊付け機 056
経パイル織（経添毛織） 045,046
竪機 053
立涌模様 046
多頭ミシン刺繍機 098
田中照夫 221
他人の褌で相撲をとる 183
多品種少量生産 044,052,053,117,127,139,173,177,178,180,195,263,278,342
多頻度少量発注・小口納品 182
打布 154
ダブル編機（ダブルニードル機） 068 →ダブルニードル機
ダブルジャージー（ダブルニット） 067,071
ダブルジャカード柄〈編〉 067,069,076
ダブルシリンダー 068,069,071,327

ダブルシルケット 105
ダブルツイスター（撚糸機） 038, 039
ダブルデンビー編 067
ダブルトリコット 067
ダブルニードル機（ダブル編機） 065, 066~069, 071, 077~079
ダブル幅 322
ダブルビロード機 305
ダブルフェイス〈編〉 070, 073, 079
ダブルブランド 293
ダブルブリスター 078
ダブルプリント 382
タペット織機（Tappet Loom） 047, 053
タペット装置 053
多枚筬ラッセル編機 091, 092
玉虫効果 378, 382
玉虫色 382
田村駒 288
ダメージ加工 136, 289, 354
だら干し 100
単一混綿 029
単一染料 386
段落ち 207, 340, 341
炭化中和 109, 110
弾丸織機 051
タングステン電球 358, 359, 363
単糸 030, 031, 032, 038, 139, 317~321, 324, 331, 332, 373
単糸（ポリエステル） 369, 370
反始（たんし）・反末（たんまつ） 111, 115, 123, 334, 342
単糸織物 031, 213
単糸使い 213, 228, 320
単糸杢 321
単色 381
単色糸 108, 381
淡色地型 130
反シル 105
単繊維（ポリエステル） 369, 371
炭素繊維品 034
反染（たんぞめ） 109, 112~118, 140, 181, 201, 212, 307
段だら染 127, 379
単丁杼替え織機 049
単品 206, 355
単品〈染料〉 386
単品コーディネートもの 355
単品平場 222
段ボールニット（スーパースムース） 070
段彫り 127, 341
反物 021, 059, 109, 112

チ

地 044, 323, 334
地合い 052, 055, 140, 187, 192, 200, 363, 364
地合い・風合い 055, 192, 364
チーズ（Cheese） 049~051, 055, 056, 110
チーズキャリア 110
チーズ染色 101, 108, 110
チーズ染色機 107, 110, 116, 332
地糸 098, 135
地色 101, 108, 110
地柄 113, 120, 121, 207, 334, 362
チープシック 267, 276
チーフデザイナー 210
チーム MD 237
地色〈染〉 113, 120, 121, 207, 334, 362
チェーン編 065
チェーンオペレーション 218
地筵 091
地織模様 077, 188, 189
地型 121
地柄〈編〉 077
地球環境 283, 292
千總（ちそう） 272
地染 113, 120, 207
地染オーバープリント 113, 119, 120, 381
地染用下地 104
地伸し（スポンジング） 200
地の目（布目）を通す〈織〉 132
地の目のウェール斜行 072
地紋 047
着色抜染（着抜） 101, 120, 121
着色防染（返し） 101, 119, 120
着装シミュレーション 349
着分 081, 083, 087, 088, 122, 123, 143, 191, 206, 298
着分ユニット 088
着見本 057, 193, 257
着用品質 231
チャコールグレー 388
中間セット 105, 106
中間排除 145, 295
中希 111, 116
注染（ちゅうせん） 347
中肉 138
チューブヤーン 205
中撚（ちゅうより）（並撚り） 035
チュール 091, 094
チュールレース 089, 094, 096
チョイス 174
超高級糸 028
超極細糸 371
超極細繊維 371
彫刻ロール（捺染ロール・ローラー捺染型）

127, 341, 751
調色 190, 250, 341
調色師（リサイパー） 251, 341, 358
調整図案 131, 146
長短複合編地 316
長短複合織物 044, 316
長短複合のコアヤーン 028
直接染色 101, 108, 110
直接捺染 338~340, 386
直接捺染 101, 119, 120, 121
直取引 170, 209, 219, 222, 235, 261
直賈 184
苧麻（ちょま） 154
縮緬緯糸 038
賃問 148, 299
チンツ加工 134

ツ

追染め 112
ツイスティング（Twisting） 038
ツイスト（Twist） 030
追撚 039, 319
ツーウェイ 122, 345
2ply（ツープライ） 039
付喪神（つくもかみ） 197, 198
付け艶 138, 375
津田駒™ 048
土屋勝吾 343
角糸（つのいと） 321
潰し屋 240
紡ぐ 030, 307, 310, 316
津村敏行 334
艶（つや） 031, 100, 136~138, 353, 361, 386, 388
艶消し 388
艶出し 132, 133, 136, 137, 140
強撚（つよより） 035, 301
吊り編機（吊機） 067, 068, 187, 327
吊り天 187, 327
吊し 240

テ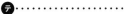

出合い（針の）〈編〉 069, 070, 072, 073
手空き（手持ち） 278 →閑散期
手編み 228
TNS 方式 032
DG 加工 134
DC ブランド 144, 219, 225, 242, 243
TZ 酸性酵素法 104
TD・6（TOP DESIGNER 6） 151
DTY 036

406

定糸長 075
低温プラズマ加工 386
低コスト 077,114,146,161,172,177,186,
187,190,193,195,270,291,332,338
ディストリビューター（DB） 236
ディスプレー 344,346
ティッシュ加工 133
ディップ（Dip）する 385
定番素材 173,176,177,195,361
低プライス 055
定量混合ネット 340,341,342,351
テースト 219
テープ 090,162
テーブル機屋 308
テーマ・コーディネート 166
テーラー 313
手織り 032,052,057,152,307
手かがり（手でかがる） 082
手形決済 183
手形サイト 183
手形割引 183
悪光（てかり） 353
適合番手〈編〉 216,368,369
テキスタイル 020,263,264,287,288,293,
294,299,300~302,309,314,348,350,351,
358,359,373,378,384,385
テキスタイルCADシステム 146,263,
346,348,351
テキスタイルデザイナー 146~148,149,
208,211,294,347,358
テキスタイルデザイン 084,155,191,
247,314
テキスタイルネットワーク・ジャパン（T・
NJ） 052,264
テキスタイルファブリケーション 208
テキスタイルプロデューサー 147~149,
211,248,293,294
テキスタイルマーチャンダイジング 208,
209
テクスチャー 134,360,361,375,377
テクスチャード 032,281,307
テクスチャードヤーン（Textured Yarn）
035,036
デザイナーズアパレル 172,225
デザイナーズブランド 032,143,144,145,
150,225,270
デザイニング 084,085,148,175,247,248
デザインエージェンシー 157
デザイン画 170,210,215,216,349
デザイン管理〈工程中の〉 146,247,249
デザインコンセプトメーキング 248
デザインされた材料（中間製品） 246

デザイン使用料 175
デザイン制作料 193
デザイン番号 173
デザイン料 175,193
デジタル・グローバル化 265
デジタルデータ 127
デジタルファイル付き（データ付き）のデ
ザイン 156
デジタルプリント 127,128,129,344,346,
347
デシテックス（dtex） 371
テックス（tex） 371
手づくり 384
デッドストック 156,157
手紡ぎ 032,307
手染め（ハンドプリント） 123 →ハンド
スクリーン捺染
DENIER 153
D（デニール） 371
d（デニール） 370
手機 198
手張り 093,145,260,263
出目 156
デリバリー機能（物流機能） 143,259
テレコ（2×2リブ、3×3リブ） 069
手を遊ばせる（手待ち） 180,278
天竺編（平編） 067,068,071,382
天竺ジャカード〈編〉 078
転写捺染（転写プリント） 128,129
転写捺染機 123~129
テンション〈糸張力〉〈編〉 →張力〈編〉 156
テンション装置 061,062
テンセル®（リヨセル繊維） 042,154,340
天地〈編〉 131,362
店頭起点 220
店頭在庫 191,220,233,257
店頭展開カレンダー 253
天然染料 336
デンビー編 065,067,079,090

ト

度甘（どあま） 074
度粗（どあら） 074
トアル（型布） 240
土井弘美 233
問屋制家内工業 272
トウ（Tow） 032
透過光（とうかこう） 378
動画情報 273
投機資金 259,263
東京織物卸商業組合 393

東京繊維協会 176,188,240
東京繊維流通革新21世紀研究所 233
東京造形大学大学院 343
東京プレテックス 374
東京ロマン 143
倒産・休廃業・解散 259,261
同質化 145,221,294
導糸針（ガイド） 064
トウ染 101,116
動態 039,086,199,251,298,304,361,377,
378
動態の色 378
銅版捺染（カッパープリント） 347
トウ紡績（Turbo Stapler方式） 032
トーションレース 089,090,096
トーションレース機（組物レース機） 090
トータルファッション 242
特殊加工 099,131~135
特殊混綿 029,030
特殊捺染 121,134
特色（とくしょく） 344,346
毒性ガス（すす） 283
特選糸 028
特急 180
トップ 100,108,109,113,141,188,332
トップ染（トップダイ） 101,108,109,
111,140,181,332
トップ染糸 106,108,109
トップ染機 106,108,109
トッププリント 101,108,109,113,140,
181,201,331
トップミックス糸 331
度詰（どづめ） 074
ロット混入（釜違い） 075
飛び（スキップ） 342
ドビー織物 046,047,147
ドビー織機 047,053,054
ドビー装置（ドビー架物） 043,053,054
飛び込み 180,278,356
どぶ 147,208
ドミナントカラー配色 107,114,207,
362,381
留色（とめいろ） 174
ドメイン（事業領域） 259,262
留柄（とめがら） 174
ドメスティック 264,266,303
度目（どもく） 074,228
度目管理 075
度目調整 070,074~076,203
豊口武三 279
ドライ・オン・ドライ 124
ドライタッチ 288,370
ドラフト（Draft）〈レ〉 095

407

トラブル条件付きの受注　193
ドラム（ヤーンパッケージ）編　326
トランスファー（目移し）編　081, 082
トランスファープリント（Transfer Print）
128
トランスファッション　242
トランスペアレンシー効果　046
トランスペアレントカラー　378
トランスペアレントカラー効果　098
取組み　022, 034, 085, 177, 196, 237, 292
トリコット　060, 065, 067, 079, 089, 094,
133
トリコット編機　059, 060, 065～067, 079,
093, 094
トリコット織機　065, 066
取引　022, 023, 033, 041, 080, 085, 156, 160,
168～170, 171, 176, 180, 182, 183, 196, 209,
222～225, 227, 230, 233～238, 239, 243, 246,
257, 261～263, 270, 274, 288, 295, 301～304,
313, 373
DORNIER™（ドルニエ）　048
トレーサー　129
トレーサビリティー（履歴管理）　292
トレース（トレス）　345, 346
トレースフィルム　128, 129, 345, 346
ドレープ　106, 150, 153, 154, 202, 212～214,
228, 287, 330, 385
泥染め　114
ドロッパー（Dropper）　056, 367
問屋　142, 239, 272
問屋無用論　145

ナ

内製　043
内藤尚雅　307
中（なか）　371
流し編み　021, 058, 059
流し編地　021, 058, 059, 087
中島牧子　288
流し丸編地　059
なか白（中白）　108

中抜き　261, 300
中野裕通　151
長峯貞次　230
ナクレ　382
梨地（編）　071
梨地織　054, 388
ナショナルチェーン（NC）　218, 241
ナショナル・プライベートブランド（NPB）
226, 238
ナショナルブランド（NB）　144, 225
ナチュラルカラー　104, 333, 378, 379
捺染（Printing）　044～100, 101, 118～121,
123～129, 130, 131, 334～335, 336, 337～339,
340～341, 342～345, 350～352, 353, 357～363
捺染機　118, 123～129, 334, 335, 347, 348
捺染工場　119, 121, 158, 165, 311
捺染布　118, 119, 129
捺染ロール（彫刻ロール）　127
ナッピング　133, 135
斜め格子（バイアスチェック）　066, 079
斜め縞（バイアスストライプ）　066, 079
087
ナフトール（染料）　339
ナマ糸（ナマイト）　035, 036
生繰（なまぐ）り　033, 034
生繭（なままゆ）　033, 034
並幅　322
並横編機　059, 081
馴（馴）れ　148, 189, 190
軟水　337
難燃・防炎　133

ニ

ニードルパンチ　380
ニードルベッド（針床）　066～068, 071
二酸化硫黄　283
二酸化炭素　283
西陣織　347
二者混　029, 286, 316, 337
二重糸道　382
二重織物　047, 153

二重ビーム　047, 308
二重ひょっとこ　382
二重ビロード織機　046, 305
二束三文　156
2丁杼織機　049
ニッター（Knitter）　058, 059, 171, 204, 205
ニットトップ　301
日程管理　278
ニット　205
ニットウェア　081, 083, 084, 086, 171, 215,
216, 228, 260
ニットデザイナー　084, 085, 148, 175, 214,
214, 215, 312
ニットファブリック（Knitted Fabric）　059
ニットらしい編地　205
2本片撚り　319
日本色彩研究所　380
2本取り　317
日本モデリスト協会（JNMA）　294, 302, 303
2本諸　317, 319
2本諸撚り　319
2枚筬　067
認証ビジネス　263, 265, 292

ヌ

縫糸　082, 098, 135, 162
抜き糸（捨て糸）　083
布色（ぬのいろ）　021, 359～362, 377
布練り　103, 330, 331
布目調整　132
ぬるみ　137, 213, 385
濡れ色　385
濡れ緯　052

ネ

ネイビーブルー　361, 388
値入れ（マークアップ）　225
値入率　225, 226
ネーム（織ネーム、プリントネーム）　162,
163, 164

取引、取引慣行
A. 服、服地、織糸・編糸などの繊維品の売買。
B. 染織編、縫製などの加工の受発注。
C. 互いに利のある交換条件づくり。
D. 互いの利を高め、安定を得るための関係づくり。
取引は相対で行ったり、第三者を介在させたりして行われる。生産・流通の各段階での企業間の取引には多様な取引慣行がある。
取引形態、決済条件、用語、取引単位、荷姿・パッケージ、引き渡し方とその経費負担などの相違は、消化仕入、掛率、歩引き、工場納め、
糸買い・製品売り、各店納め、FOBなどの用語に表れている。

熱板（熱台）　342
ネット販売　→ファッションEC
ネットフリーマーケット（ネットフリマ）　261, 289
ネップ　039, 186, 187
ネップヤーン　321
練り　102, 103, 106, 154, 329~331, 360, 383
練糸（ねりいと）　103, 330
練色（ねりいろ）　104, 379
練（ねり）織物　330, 331
練絹（ねりぎぬ）織物　330
練絹糸　330
練減（ねりべり）　329
練る　103
ネロ（Nero）　387
年間定番素材　176, 177
撚合糸（ねんごうし）　034, 035, 318
撚糸（ねんし）　025, 034, 035, 038, 039, 043, 056, 100, 272, 280, 319, 321, 370, 373, 375
撚糸屋（撚糸業）　038, 039, 040

ノアール（Noir）　387
納期遅れ　180, 193, 278
濃紺ログウッド　388
濃色加工　385
濃色地型　130
納入業者（ベンダー）　235
ノーマル仕上　080
ノーミニマム　179
ノズル孔　037
ノックオフ　175
ノット系の意匠撚糸　039, 321
ノットヤーン　321
ノップ　039
延勘　183
延べ払い　183
糊描き　207
糊付け　324
糊抜き　040, 043, 100, 102~104, 324

バーズアイ　069, 078
パーツ　081, 082, 122, 123, 295, 302, 348, 377
パーツ（アパレルパーツ）　162, 164
ハーディ・エイミス　165, 363
バーティカルストライプ（縦縞）　079
ハードウェア　328
バーバリー®　177
パーファレイト式　126
ハーフゲージ　069, 070, 073
ハーフゲージのダブルリブ　069
ハーフステップ　206
ハーフトリコット　067
パール編（ガーター編）　067
パール編機　067
パーン　050
バイアスストライプ（ダイアゴナルストライプ）　→斜め縞
バイアスチェック　→斜め格子
バイイングパワー　187, 237, 238
ハイエンド　028, 052, 271
バイオーダー　145
バイオ加工（酵素減量加工）　042, 134
ハイカウント糸　369~372
背景色　359, 378
ハイゲージ　073
配色　084, 107, 114, 145, 147, 174, 188~190, 206~208, 248, 250~252, 335, 336, 340, 341, 343, 344, 345, 346, 349~352, 358, 362, 381, 387
配色（色合せ）〈染〉　368
配色替え　131, 145, 349
配色柄〈編〉　076~079, 215
配色指図法　350
配色実務　251, 252
配色数（カラーウェイ）　130, 207
配色スタイル　207
配色の型　341
配色表〈編〉　216, 217
配色美　335, 341
排水処理（廃水処理）　128, 537
ハイテク素材　264, 272, 369
パイナップルコーン　050
売買損益率　225
ハイファッション　084, 240
バイヤー（BY）　225, 229, 231, 234, 236, 237, 282, 301, 358
ハイライト　380
ハイライトカラー　361, 380
パイル経　305, 308, 309
パイル織物　046, 158, 306
パイレーツ〈編〉　077
パウダータッチ　288, 371, 372
パオロ・ファーカス　155
バギング　353
白色抜染　119, 120
白色防染　119, 120, 121
白度低下　353
白熱電球　359

箔プリント　121, 134
舶来ブランド（インポートもの）　231
派遣販売員付き　222, 224, 232, 295, 304
箱売場（箱ショップ）　225
箱守　廣　290, 309
バスケット編地　071
バスケット織　308
パターン（型紙）　168, 170, 171, 215, 240
パターンメーキング　168, 210, 302
機掛け（ルーミング）　366, 367, 368
肌触り　037, 040, 083, 104, 165, 212, 268, 276, 309, 320, 353, 370, 372, 374
秦　砂丘子　086
機屋　040, 043, 056, 197, 213, 289, 300, 308, 358　→織布メーカー
パタンナー　170, 209, 211, 215, 294
蜂巣織（枡織）　054, 309
パッカリング　352
パッキング　134
バックニードルベッド　071
パッケージ（ヤーンパッケージ）　033, 050, 326~328
発現　021, 181, 344, 377, 379, 380
抜蝕プリント　→オパールプリント
抜染　101, 119~121, 334, 335
抜染剤　120, 121
抜染糊　120, 121
パッダー機　334
バッタ屋（ばった）　156, 157
バッチ式染色機　105, 115, 116, 117, 140
バッチ式生産工程　105
八丁撚糸機（八丁撚車）　038, 330
バッティング　174
バット（スレン）〈染料〉　339
パッド（副資材）　162
パッドスチーム染色　115, 116
バッファー機能　143, 145, 182, 296
バッファローチェック　338
発泡樹脂プリント（発泡プリント）　338
発泡プリント　121, 134
バティック　336, 347
パディング（パッドする）　115, 116, 334
パディングマングル　334
鳩目（Eyelet）　094
パドル染色機　135
バナナ・リパブリック　222
パネルプリント　122, 123, 125, 131
パネルもの　122, 123, 165
馬場　彰　233
幅出し　132
幅の入り　118
バブリング　352

409

バブルジェット機　123
端マス　189
林キルティング　310
林千寿　099
林秀憲　129
バラ毛　108,109,111,116,140,332,333,381
バラ毛染　101,106,108~111,116,140,332
原宿・青山　153
はり（張り）　037
はり・こし・ドレープ　037,287,374
PARIS ECHO　155
ハリスツイード　333
針床（ニードルベッド）　066
バルキー性　036
バルコ　241,242
バレルウォッシュ　136
ハンカチーフ柄　122,165
バンダイク編（アトラス編）　065,079,091
パンチング〈染〉　121,134
パンチング〈レ〉　095
パンチング用製図（ドラフト）〈レ〉　095
ハンド　124
ハンドスクリーン捺染　123,124,342
ハンドプリント　123,124
半値八掛五割引　156
反応（性）染料　338,339,360,372,386
反応（性）染料インク　128
販売管理費　224
販売ロット　176,226,335
繁忙期　177,180,221,278
反毛　285

杼（シャトル= Shuttle）　048~051
PVA（水溶性ビニロン）　094,321
BS柄　122,123,165,166
PL（製造物責任）法　227
ビーカー染　248,249,358
ビーカー出し　083,147,203,248~249,358
BC反　156
ピース＆ボーダー　165
Piece Goods（ピースグッズ）　112
ピース染〈編〉　101,135
ピースダイ　109,112
ピースパネル　222
ピースもの　122,123,206
ヒートセット　075,102,105,133~135
ビーバー（仕上）　141,361
PB（プライベートブランド）　209,223,226,227,235,237,238,265
PPG　185

ビーム染色　101,108
ビーム染色機　107,114~117
杼替え式（シャトルチェンジ）　049
控えマス　189
疋（ひき）　326
引き込み機（ドローイングマシーン）　056
引き染　386
引き揃え（双糸）　317
引揃糸　319
引きつり　078
引目（ひきどもく）　076
引目度目　074,075,076
微起毛（サンディング）　134
挽く　030,307
杼口（ひぐち）　051,053,365
ひげ針　065,068,074
ヒザーミクスチャー　333,381
ビジネスコンセプト　190,191,225
備蓄　033,114,135,143,145,156,174,179,190,259,295,310
引っ掛け　078
ピッチ　069,072,073
非定常作業　271
非定番素材　176~178
一重織物　047,086
1縞（ひとしま、一縞）　147,324
1羽（ひとは、一羽）　324
杼投げ　048,365
杼箱　048,051
ぴれ　320
皮膚障害　104,353
紐　033,063,098,108,162~163
百貨店　222~227,230~234,239~241,244,273
百貨店アパレル　171,225,226,232,240,273
標準化（生産の）　278
表色（ひょうしょく）系　342
漂白　095,099,100,102~104,106,140,228
表面色の視感比較方法（JIS 規格）　361
平編（天竺編）　067
平打ち組紐　163
平織物　053,086,323
型型編　061,062
開き〈編〉　327 →開反仕上
平場　225
ピリ　103
ピリング　353
BILL BILLE　155
ビロード織　046,305,306
ビロード織機　046,305,306
広幅　054,063,071,096,239,322,327,328

広幅レース　096
品位　021,030,047,055,056,074,123,186,187,229,257,264,282,324,331,361,363,364,376,385,389
紅型（びんがた）　352
ピンキング　097,098
ピンクハウスの花柄　153
品質　028,029,034,047,051,053,170,172,174,177~180,186,187,190,191,194,195,197,201,203,221,227,229~232,236,257,269,278,282,286,320,337,340,363,364,366
品質管理機能　143
品質基準　231
品質トラブル　229~231,352,353,355,356
ビンテージ　055,110,136,155
品番　173,177,231,355

フ

ファイナルセット　105
ファイナンス　041,182
ファイバー（Fiber）　034
ファイバーメーカー　034,280
ファインゲージ　073
ファインデニール　371
ファクトリーブランド　057,085,168,310
ファゴティング　097,098
ファストアパレル　175
ファストファッション　266
ファスナー（ジッパー、面ファスナー）　162
ファッションEC（ネット販売）　261,264
ファッショニング（成型編）　081
ファッショニングマーク　082
ファッション植民地　232,273
ファッションしらいし　302
ファッションビル（F ビル）　241
ファッションレンタル（サブスクリプション）　261,289
ファブリック　020
ファブリックデザイナー　147
ファブリックワーク　097,099,146
フィーダー（Feeder）　061,062,327
フィギュアード（Figured Fabric）　→ジャカード織物
フィックス処理（色止め）　106
フィックスする（フィキシング）〈毛〉　138
フィッシャーマンズセーター（オイルセーター）　103
フィノベステート　122
フィブリル化　330
フィブロイン　329
フィラメント（長繊維）　034,035~038,319,

410

321, 325, 332, 369~372
フィラメント織物（長繊維織物）
034,044,
105, 325
フィラメント加工糸　034
フィラメント糸　035, 036~079, 316,
319, 320, 325, 330, 332, 369, 370~372
フィラメント織機　047
フィラメント撚糸　038
フィラメントパーン（原糸パーン）　326
不良在庫　157,176
風合い　035~038, 050, 052, 055, 057, 066,
080, 081, 102, 105, 106, 116, 134~137,140,
143,144,146,147,152,153,157,174,186,
187,192,193,198, 202, 212~216, 228, 248,
249, 304, 306, 323, 329~331, 353, 364,370,
371, 374~376,385
風合い出し　132,153,154,331,375
風合い見本　148,252
風通織　054
風通ジャカード　046
不易流行　221,291
フェルト　020, 353
フェルトカレンダー仕上　133
フォカマイユ　381
付加価値　133,229,312, 375, 383
服色
021,181,190, 210, 249, 363, 377, 378
複合仮撚り　037
複合糸　028, 316
複合成分糸　316
複合繊維　316
複合繊維織物　044, 337
複合素材　114, 316
複合針　065,092
副蚕糸　033
副資材　162,164,168,169,171,191
復色　353
服飾資材　162
服飾品　155,162,164~166,185,219
福田織物　052, 270
福田 靖　052, 057, 270
服地　020~025, 042, 043, 058~060, 096~
100,172, 210, 211, 215, 227~229, 352~356
服地卸（生地卸）　142
服地問屋　142
服地卸外し　145
服地ストーリー　209
服地屋　157,239
膨れ（ブリスター）効果　098
藤井毛織　385
藤曲興治　166

撫松庵　243
不織布　020,163
付属品　157,162,164,168,169, 263~265
不揃いの美　281,384
二子（ふたこ）〈二本諸〉　317
普通カウント糸（普通糸）〈ポリエステル〉
370, 371
普通糸〈ポリエステル〉　371
普通幅　322
フック（Hook）　062, 071
物性試験　200
弗素（フッ素）　386
物体色　344, 357
歩積み　234
物理分野　100
物流（デリバリー）　023,143,164,182,184,
191,192,221,236,238,246,259,261,264,265
物流コスト　192, 221
物流センター　023, 236, 259, 261
ブティックファッション　243
不動産業化（百貨店の）　223
歩練り　330
布帛（ふはく）　045
歩引き　182
部分整経　147,324
部分整経機　324
フライシャトル織機（フライ織機）　048
フライス（1/1 リブ、総ゴム編）　069
フライス編機　067
プライスゾーン（価格帯）　231
プライベートブランド（PB）　209, 238, 295
フライヤー精紡機　031
ブラキッシュ　381
PRADA（プラダ）　185
ブラックフォーマル　288, 385
フラットスクリーン型　124,125, 342, 351
フラットスクリーン捺染機　123, 334, 335
プラトー　285
ブランタン銀座　244
フランチャイザー　219
フランチャイジー　219
フランチャイズチェーンストア（FC）　219
ブランディング　265,266
ブランドの商品化　185
ブランドビジネス　041
ブランドホルダー　041
ブランドロイヤルティー（Brand Royalty）
041
振り（ラッキング）〈編〉　081,329
ブリーチアウト　136
プリーツもの　122
振り糸　091

プリスタージャカード柄〈編〉　069,078
振り編　077
Princess Hiromi（プリンセスヒロミ）　122
プリント（捺染）　045,076,101,103,108,109,
113,118~131,134,162,165, 166, 250, 341,
342, 347, 386
プリント下地（P 下＝ぴーした）　044,045,
104,118,124,174
プリント図案　084,130,131,155, 205, 206,
345, 351, 352
プリントスカーフ　165, 330
プリントハンカチーフ　165
プリントファブリック　146,147,189
プリント服地　044, 076, 084,118,122,129,
130,143,153,155,158, 205, 206, 228, 249,251
, 330
プリント模様　122~123 →柄〈染〉
プリント用織物（P 下）　→P 下
ブルーマリーヌ　388
古橋織布　269, 301
古橋敏明　269, 301
フルファッション編機（FF 機）　081,083,
087, 088, 215
プルミエール・ヴィジョン（PV）　253
フレーキヤーン（スノースラブ）　321
プレーティング＆リバーシング編　078
プレーンネット　090
プレス（ペーパープレス）　133,137
プレセット　105
プレタポルテ　240
プレビュー　325
フレンチラッセル編機　090,092,093
フロートジャカード柄〈編〉　078
ブロカテル　046
ブロケード　046
プロジェクタイル織機　048,050,051
フロストヤーン（フロスティーヤーン）
332,333,379
プロダクションチーム（PT）　034
ブロックプリント（植毛プリント）　121,
342
ブロックプリント（木版捺染）　121,342
プロパー　238
プロパー消化率　176
プロパンサルプリント　351
プロモーション費　224
フロントニードルベッド　071
分散生産　178,221
分散染料　129, 338, 339, 343, 360, 386
分散染料インク　128
噴射式捺染機　107,110,116

411

分色データ　345
分色フィルム　346
分納　192

ヘア　139
ベア天　316
平均演色評価数（Ra）　357
並置混色　344, 346, 380
並置加法混色　343, 344
並置混色的　084, 344, 380, 388
ベーシック素材　177
ベージュ　379
ベージュエタン　389
ペーパーアウト　344, 348, 351
ペーパーデザイン　131, 247
ペーパープレス　137
ペーパーライク　116, 117, 186
べた柄　130
別注　143, 145, 173, 174
別注色　145
PET　281, 285, 286
別彫り　207, 208
経通し　056, 325
べら（Latch）〈編〉　062, 065, 071
べら針　061, 062, 065, 068, 069, 071, 074, 092
ペルー綿（アスペロ、ピマ）　030, 104, 379
変化組織〈編〉　076, 079, 082, 092, 329
編集売場（自前売場）　225, 226
ベンダー　221, 225, 235
返品付き買取り　219

POY（半延伸糸）　036
ボイル撚り　319
防汚・制電（SR加工）　133
紡糸（ぼうし）　036, 037, 075, 107, 154, 375, 391
紡糸原液　107
紡織　043, 044, 260, 272
紡織繊維　191
防しわ・防縮　133, 134
縫製業　024, 168, 169, 170, 247, 264, 302
縫製工場　164, 168〜170, 210, 259, 260, 263, 265, 294, 302, 303, 347
縫製準備　170, 200, 240
縫製仕様書　171, 210
縫製（可縫性）　277
縫績業　028, 032, 260, 272
紡績糸（スパン糸）　028, 032, 037, 317, 331

防染　101, 119, 120, 121, 207, 373
防染剤　120, 121
防染糊　120, 121
防虫加工　134
防撥水・通気　133
防抜染　101, 119, 120, 121, 207, 334, 335
紡毛織物（ウーレンファブリック）　044, 109, 110, 136, 138〜141, 281, 285
紡毛糸（ウーレンヤーン）　031, 139, 306, 307
紡毛挽き　307
ボーダー柄〈編〉　076, 077, 084
ボーダーもの　122, 123
ホームスパン（Home Spun）　032
ホームテキスタイル　043
ポーラ糸（Poral Yarn）　039
ポール・ハギタイ　155
ホールガーメント®（WG®）　022, 081, 088
暈（ぼか）し　206
北陸産地　034, 144, 159
補修　043, 095, 136, 138, 140
補色　381, 387
POS　220
ポストキュア　134
細野尚志　380
細幅織物メーカー　163
細幅レース　096
ボタン　162, 286
ホック（フック・アンド・アイ）　162
ボディカラー　361, 380
ボディ感　039, 042, 074, 099, 103, 134, 143, 146, 147, 149, 154, 161, 174, 247, 248, 374, 375
ホビーソーイング　020, 127, 156, 157
ボビン　049, 056, 110, 325, 326
ボビンレース　089
堀 栄吉　109, 136
ポリエステル・綿混 6535（ろくごうさんごう）　029
ポリエステル原糸　035
ポリエステル混　316
ポリエステルのウールライク　186
ポリエステルフィラメント織物　034, 051, 104, 106, 112, 120, 144, 150, 152, 186, 280, 282, 287, 326, 331, 343, 364, 382, 383
ポリエチレンテレフタレート（PET）　280
堀留　243
堀留アパレル　244
ポリ乳酸繊維　284
ポロシャツ　187, 309
本加工　050, 055, 127, 150, 194, 203, 210, 248
本機　057, 186, 279
本絹　316
本郷明　228

本船渡し　258
本多 徹　169, 303
ボンディング　134
本練り　330
本間遊　211, 294, 313
本友禅　335, 347

マーキゼット　091
マークアップ　225
マーケット・イン　311
マーケットクレーム　182, 192, 236
マーケットセグメンテーション（市場細分化）　275
マーケティングマイオピア　146
マージン　182
マーセライズ加工（シルケット）　104〜105 →シルケット
マーセリゼーション　100
マーセル化加工　104
マーチャンダイザー（MD）　210
マーチャンダイジングスケジュール　178, 234, 253, 256, 257
マイクロネア（マイク）　371
マイクロファイバー　369, 371
マイクロプラスチック　283
マイクロン　371
枚数　054
マインド　219
前処理（染）　100, 102, 105
前床（フロントニードルベッド）　071
巻き取りしわ　200
巻き取り張力〈編〉　075, 203
マザーカラー（母色）　340
マシーンプリント　127
マス（枡）馴〈織〉　148
増渕敏夫　235
マス（枡）見本〈織〉　057, 148, 189, 252, 254
マス（枡）見本〈染〉　127, 147, 206, 248, 250, 252, 254
マス見本製作費　193
マゼンタ　127, 343, 346
斑糸（まだらいと）　110
松井ニット技研　063
松田謹一　232
松尾武幸　233, 265, 272, 290, 302
真黒（真っ黒）　385, 387, 388, 390
真白（真っ白）　385, 389, 390
松田武彦　064
松田光弘　151, 309
マッチメート　162, 165, 166

412

松文産業　186,326
松本卓　226
マテリアルリサイクル　284,285
マトラッセ　097
マフラー　063,165
繭（まゆ）　024,029,033,197
繭糸（まゆいと）　033,329,330
繭玉　197
丸編機　058~061,063,067~072,077,080,
085,087,088,187,326~328,348,369
丸編成型編機（丸編成型機）　081,083
丸井　242
丸打ち組紐　163
丸仕上（丸胴）　059,135,327
丸編　287,379
マルチフィラメント糸　036,037,320,325,
369,370
マルチプルカラー配色　084,207
マルチユースファブリック　020,043
丸胴（丸仕上）　059,327
丸取り　327
丸山創哉　287
マンションアパレル　171,241
マンセル色票（HV/C 色票）　344
マンセル表色系（システム）　344,311
マンメイドファイバー　273

ミクロン（μ）　371
三子（みこ）糸　039
見込生産・製産　144,145,260,262
見込外れ　022,111,112,182,226,257,262
身頃外　083
微塵格子（End and End Chambray）　380
水揚げ　194,278
水管（湿緯・濡れ緯）　052
水玉模様　131
水撚り　038
見せ筋　257
店出し　175,191,236,241
店持ちアパレル　175

ミックス糸　084,215,321,331,379,381
ミッソーニ（MISSONI）　084
ミッソーニスタイル　084
密度　051~053,055,072~074,076,133,
139,201,298,361,367,382,383
ミッドナイトブラック　388
ミッドナイトブルー　388
緑の黒髪　388
ミドルゲージ　065,073
皆川明　305
皆川魔鬼子　211,392
ミニコンバーター　149,153,211,241
ミニスカート　241,242
ミニマムロット　176
未引取在庫　114,157,169,236,237
見本・着見本・見本服製作費用　193
見本整経機　057
見本反　055,057,143,191,206,211
耳　048,051,052,055,117,135,138,293
耳内　323
耳使い　052
耳付き　052,055
耳マーク（Selvidge Mark）　051
耳巻き　117
宮下織物　330
宮下昇治　197
宮下英会　330,364,368,384
みやしん　343
宮本英治　302,343
ミュール精紡機　031
御幸毛織　280
ミラニーズ編　087
ミラニーズ円型編機　059,066,079,088
ミラノ・ウニカ（MU）　253
ミラノリブ　069,137
ミルド　080,137,140
ミルパ®（帝人）　288

ムーリネヤーン　332
ムーリンウーステッド　332

無地糸（染糸）　108
無地もの　112
無印良品　244
無芯管糸　325,326
無芯管巻き機　325
無地柄〈編〉　076,077,215
無地機〈編〉　090
無地染　101,103,112,288,331
無撚　035,321
無農薬栽培　292
無糊織布　326
無版プリント　123,351
無杼織機　048,050~053,323,325
無縫製編立て　021,022,287,353
無縫製ニットウェア　081,088
無撚り　035,036,319,320,325
斑糸　110,321
村上幸三郎　272,363
斑染糸　379
村田加奈子　234
室町　243

名岐地区　243
明度　340,359,377,380,381
目移し（Transfer）　082
メーカーチョップ（Maker Chop）　034
メーター売り（切り売り）　157
Made By Japan（メード・バイ・ジャパン）
265,295
目透織（模紗）　361
メゾン　240
メタメリズム（条件等色）〈色〉　387
メタリックカラー（Metallic Color）　378,
379,381
メタリック効果　113
目付（g/m2）　074,080
メッシュ（透孔編＝とうこうあみ）　067
目詰め　134
目増やし　081,082
目減らし　081,082

密度
A. 経緯糸の密度（経・緯密度）051,052,053,055,201,382,383
B. 編地の密度（度目）074,076
C. 編針の密度（ゲージ）072,073
D. 糸を構成する繊維の密度　139
E. 高密度加工（目詰め）133
F. デザイン表現上の粗密　361,367
G. 分解鏡（密度の計測）298

●粗密を表す用語
・コンパクト（Compact）：地が詰まった
・ラフ（Rough）、ルース（Loose）：地が詰まっていない、乱れている
・空羽：計画的に糸間にすき間を空けている

413

目寄れ（スリップ） 213, 353
メランジヤーン 332, 333
メリノ羊毛 139, 212, 307, 375
メルトン 137, 138, 141
面（捺染台） 124, 125, 128, 342
綿織物 044, 047, 052, 100, 102~105, 112, 115, 116, 132, 158, 186, 324, 364
綿糸 028, 029~032, 038, 104, 110, 176, 204, 318~321, 364
綿織機 047
メンズアパレル 171
綿紡（綿紡績業） 028~030, 258
綿レース 094

モアレ（木目模様） 117, 135
モール糸〈レ〉〈編〉 093, 321
杢糸（ツイストヤン） 039, 249, 331~333, 381
木版捺染 121, 347
木目模様 117 →モアレ
模紗織（モクレノ、目透織＝めすきおり） 045
捩り織 045
縺 吉郎 392
モチーフ 130, 131, 147, 166
持ち帰り（OPT） 263, 265
糯糊 335
モックミラノ 137
モッサ 138, 141
モチーフレース 097
モディファイ 175, 210, 242
モデリスト 170, 294~295, 302, 303
元卸 141, 142
元撚り 317, 320
モノテクスチャー 282
モノフィラメント糸 036, 320, 330, 369, 370
モノポリー 174, 220, 226, 238
モヘア 031, 215, 216, 306
木綿縞 047
模様ぐせ 147
モルデンミルズ 153, 281
諸糸 202, 317
諸撚り 038, 317, 319
諸撚り糸 038, 317
紋織機（もんおりき） 053, 054
紋紙（カード） 054
紋柄 046, 054
勾付（もんめつけ） 165

ヤール幅 322
Yarn to Garment（ヤーン・トゥ・ガーメント） 081
ヤーンデザイナー 083, 147
ヤーンパッケージ 326 →パッケージ
八重嶋 佳枝 388
焼付け 208, 345, 346
八木英樹 160
約束手形 183
野蚕（やさん） 033
ヤシマグ 047
野趣 384, 388
矢野まり子 033, 198, 374
山崎顔料 305
山崎圭二 052, 304, 305, 382
山中 鎮 233
山本耀司 151
山本裕彦 280
ヤングカジュアルアパレル 171
ヤングカジュアル市場 239
ヤングファッション 153, 241

UVカット（紫外線防止加工） 133
有機顔料 338
有機栽培（オーガニック） 292
ユーズド 136, 218, 284, 287, 289, 354
友禅師 336
友禅染 335
UDY（未延伸糸） 036
有撚 035
有杼織機 048, 050~052, 055, 152, 323
優良混綿 029
融和の効果 335
油脂（グリース） 102, 103

ヨ

洋裁店 239, 240, 313
洋装店 239
洋服店 020
洋服店（テーラー） 051, 313
羊毛糸 028, 030, 033, 036, 038, 108~112, 188, 204, 307~308, 373
羊毛織物 →毛織物
溶融紡糸 037, 285, 286
横（よこ）〈編〉 021
四子（よこ） 039, 317
緯編機 061

横編機 058~061, 062, 063, 067, 071, 077, 081, 082, 087, 328, 348
横編成型編機 081~084, 087
横編地 058~059, 078, 081
緯糸切れ（緯止め） 366
緯糸交換（緯糸替え） 049, 365, 366
緯糸張力 051
緯糸補充 049, 365, 366
緯入れ 048~052, 066, 213, 365, 367
緯管糸（管糸） 049, 056
緯管巻き場 049
横縞（ボーダー）〈編〉 047, 077
横縞（ホリゾンタルストライプ）〈編〉 077
横使い〈編〉 079, 085
緯パイル織（緯添え毛織） 045, 046
よこ引き 383, 384
緯木管（ボビン） 056
吉田隆之 128, 149, 242
吉野腰 392
芳村貫太 042
捩れ〈編〉 075, 132, 205
捩れ〈スナール、びびれ〉〈糸〉 320
与信枠 176
撚り合わせ（Twisting）〈レ〉 089
撚り糸 038
撚り数（撚数） 040, 075, 216, 386
撚縮み 323
撚り止めセット 075
撚り止め糊 103
撚紐 163
弱撚（よわより） 035, 039
四原色 344
四者混 259, 286, 337
4丁杼織機 049
よんよん（44″） 322

ライセンサー 041
ライセンシー（Licensee） 041
ライセンス契約 239, 240
ライナー〈レース〉 091
ライニング 162
ライフスタイル 025, 161, 210, 218, 226, 261, 275, 276, 291, 292, 295, 354
ライフスタイルショップ 261, 295
ラウジ 330, 383
ラガーストライプ〈編〉 077
ラグジュアリーブランド 032, 164, 232
落下板 090
落下板ラッセルレース 090
ラッキング〈編〉 081, 329

414

ラッセル漁網機 085
ラッセル編地 059,065~067,077,079,089~094,096,205
ラッセル編機 059,060,065~067,077,079,085,087,088,090~094,205
ラッセルクレープ 067
ラッセル緯糸装置 066
ラッセルリバー 079,090,091
ラッセルレース（ラッシェルレース）089,090
ラッピング〈編〉 064
ラフォーレ原宿 242
ラペット織機 047
ラペット糸（紋経）047
ラベル 162,163,240
ラミー糸 028
ラミネート 133
ラメ糸 205
ラメプリント 338,389
ラ・モード 388
LAN 054,095
ランバージャック 281
乱反射 385
ランプブラック 388

リード・ドローイング・イン・マシーン 056
リサイクル（再資源化）284
リサイクル素材 286
リサイバー 251,358
リスク 022,111,112,114,141~143,145,146,168,171,176,182,184,186,190,192,221,223,225,226,233,234,237,257,277,288,297,310,313
リスク回避 022,190,225,234,257,277,296,311
リスク機能 143
リスクテイキング 146
リスクヘッジ 176,182

リップル・塩縮 121,134
リネン 028,104,305,309,379
リネンカラー（亜麻色）104,379
リネン編機〈編〉 069,073,078,079,382
リバーナロー 096
リバーレース 089~092,096
リバーレース機 089
リブ編（ゴム編）067
リブ柄 069
リブ出合い（ゴム編出合い）069
リプロダクション 239
リブロック出合い 069
リボン 162,464
硫化染料 386
隆起柄（レリーフ、リリーフ）〈編〉 078
リユース 284
流通経路 261,262
流通パワー 237,238,266
両畦（りょうあぜ）069
両頭機（パール編機、リンクス＆リンクス編機）067,079
両頭針 068,071
量販店（GMS）227,243
量販店アパレル 171,244
両ボーダー〈レース〉096
両耳ボーダー〈染・織〉122,123
両面編 067
両面ジャカード柄〈編〉 070,072
両面丸編機（スムース編機）067
両山（ガルーンレース）096
両4丁 048,049
リラックス処理 034,105,106
リンキング 022,082,083,084,287
リンキングミシン 082
リング糸（リング精紡）030
リンクス＆リンクス編 071
リング精紡 031
リング精紡機 030,031
リング撚糸機 038,039
リングヤーン（ラチーヌヤーン）030,321
倫理的商品 263,292

ルートビーカー（ビーカーOK色）249
ループ〈編目〉 →編目
ループ系の意匠撚糸 039,321
ループ長 063,074
ループパイル 045
ループヤーン（ブークレヤーン）321
ルーミング（Looming）367,368
ルームワインダー付杼織機 048,049,050
ルクス 357
ルシアン 096
ルックス 219

レイヤードルック（重ね着）243,378
レーシーニット 093
レース 089,164,166,329,348
レース糸 028
レースジャカード編機 091,092
レース目 091,092
レースメーカー 089
レースラッセル編機 090~093
レーヨンドレス 154
レーヨンの落ち感 152,282
レーヨン服地の開発 150~155
レオナール（LEONARD）336,386
レオナルド・ダ・ヴィンチ 084
レギュラー機（10ヤード機）〈刺〉 094,095
レギュラー番手 307,373
レサイプ（レシピ）250,351
レサイプカラー 350,351
レジェルテ®（帝人）288
レシピ 351
レディスアパレル 171
レディメード 240
レナウンジャーヂ 070
レピア織機 048,050,051~053,325
レリーフジャカード 069

撚り数（撚数）の区分と呼び名
A. 繊維の種類によって相違する。
B. 撚数の多少（強弱）による区分に、はっきりとした基準はない。
C. 次に示す事例は、1m間の撚数＝T/M。毛織物では撚数を、クレープ糸の場合のみ云々する。

無撚り	綿糸	梳毛糸	ポリエステルフィラメント
弱撚り 甘撚り	810回（40単糸）（編糸用）	ファンシーツイード	800回（125d）（180d） 500~750回（200~240d）
中撚り 並撚り（普通撚り）	900~930回（40単糸）	560~640回（48双糸）	〈中撚り〉 1200~1500回（75d） 1200（125d）（200~240d） 1500回（180d）
強撚り	1000~2000回（100双ボイル糸）	840~960回（30単糸）〈超クレープ糸〉 1000~1600回（30単糸）	2800~3200回（75d） 1700~1800回（125d） 2200回（180d） 1800回（200~240d）

415

連続式生産工程　139
連続式染色機　107,114~116,117
連続織布　050
連続生産　177~179,192, 221,271

ロ・・・・・・・・・・・・・・・・・・・・

ローカウント糸　370
ローゲージ　073
ロータリースクリーン型　125,126
ロータリースクリーン捺染　123,125,126,
342
ロータリースクリーン捺染機　123,125,
126
ロータリーワッシャー機　136
ロービングヤーン　109
ロープ〈染〉　114 ～ 118
ロープ仕上　307
ロープじわ　117,118
ロープ染色　101,108
ローラージン機　186
ローラー捺染　123,126,127,342
ローラー捺染型　→彫刻ロール
ローラー捺染機　123,126,127
ログウッド黒染　386,388
6口式ポンチローマ　070
ロット混入（釜違い）　075
ロット生産（断続生産）　177
ロット違い　111,112,116~117,356
ロット番号　259
ロバート・ヴェルネ　155
ロビンソン　244
ロンシャン　374

ワ・・・・・・・・・・・・・・・・・・・・

ワーパー（整経機）　056
ワープビーム（経糸ビーム）〈織〉　056 →
経糸ビーム
ワープライン（経糸線）　366
ワインダー（巻糸機、巻返機）　055

若栗 毅　165
脇マス（ハマス、端マス）　189
ワクシー（Waxy）　281
渡邊利雄　104,309,310
渡辺パイル織物　306
渡邊文雄　309
和田文昭　373,384
綿埃　283,384
ワッシャー加工　135,136
ワッペン　162
輪奈（ループ）　046,361
和服地　020,183
和綿　032
割付柄　130,131
ワン・リピート（1レピート）（1循環）
077,123,324
ワンウェイ　122
1セクション〈編〉　083
ワンピース　243,336

ロット違い
A. 加工生産条件の相違に起因する。
1）染色ロット違い。「釜違い」である
2）織布ロット違い。同じ織機で織布されていない
3）原綿、原糸、生地の生産ロットが違う
B. 縫製段階での不注意に起因する。
1）同一の反物から、着分のパーツを取っていない、「一反取り」していない
2）単品コーディネートなどを構成するアイテムを、別々のロットを用いて作る
3）反物の天地を無視したマーキング。「上下混用」である

素材企画の実務に有用・有効な自著・論文

テキスタイルデザイン [1]：ボディの設計　繊維産業構造改善事業協会（1997）
テキスタイルデザイン [2]：配色設計　繊維産業構造改善事業協会（1996）
配色スタイル表現シート　東京ファッション・インフォメーション・コミッティ（東京 FIC）（1997）
アパレル素材 服地がわかる事典　日本実業出版社（2002）
服地ものがたり（日本図書館協会選定図書）チャネラー（2004、絶版）
カラーセオリー in ショップ（カラーマトリクスとの共著）　フォー・ユー（2007）
「テクスチャー＆テキスタイル先端講座※」テキスト　テクスチャー＆テキスタイル先端講座委員会（2010）
スクリーン捺染における標準調色表と配色指図（「流行色に関するシンポジウム研究報告」所載、1967）
スクリーン捺染における標準調色表と配色指図。その後の発展 "カラーパレット"
　　　　　　　　　　　　　　　　　　（「流行色に関するシンポジウム研究報告」所載、1972）
　　　　　　　　　　　　　　　　　ともに日本色彩研究所、日本流行色協会、日本色研事業

風合い表現の再発見
服地のスタイリングとデザインマネジメント
　　　　　　ともに（「テキスタイルクリエーション [2]：創造の手法」所載）　繊維工業構造改善事業協会（1989）

FIC テキスタイルスクール「基礎コース③（商品企画）」（1987～93）講義録
　　　　　　　　　　　「専門コース②（配色実務技術）」（1989～95）講習録
　　　　　　　　　　　　　　　　　東京ファッション・インフォメーション・コミッティ（東京 FIC）

IFI ビジネス・スクール：マスター・コース「アパレル素材」（1998～2004）講義録
　　　　　　　　　　　　　　　　「服装の色彩」（1998～2003）実習録
　　　　　　　　　　　　　　　　　　　　　　ファッション産業人材育成機構

東京造形大学「製品流通論」（1999～2006）講義録

※テクスチャー＆テキスタイル先端講座～原理から新時代へ　講義録
　時期：2010.2.13～3.27（20 コマ、30 時間）
　場所：中山商店貿易部ビル（横浜）
　目的：テキスタイル・アドバンス（textile advance）。
　講座内容：①テキスタイルとそれを用いる四次元の造形（含む衣服）の相互作用、姿かたちを
　探る②ファブリックをその上位概念（テクスチャー）で捉え、「触れる」世界を探る③織物、
　編物の四次元性に新しい意味を探る。④布色表現と技法を整理する。
　講師：福田行雄、中島洋一、蔭山寿夫、大家一幸、須藤玲子、樋口正一郎、野末和志

協力・助力していただいた方々
(順不同、敬称・役職略、身分は2014〜17取材当時)

小笠原　宏	テキスタイルコーディネーター（ナラシノ・ファッション・オフィス）、元レナウンジャーヂ、元FICテキスタイルスクール講師	
大家　一幸	技術士（繊維）、大家テキスタイル技術士事務所、元小松精練	
蔭山　寿夫	アパレル＆テキスタイルプロデューサー（ピンク・エア）、元新内外綿、「ミス・タカオ」（池田貴雄）	
高橋　幹	テキスタイルクリエーター（M.T STUDIO）、元荻原	
榎本　恵一	元コンバーター、元DENIER（国洋）	
古橋　敏明	テキスタイルマニュファクチャラー（古橋織布）/T・NJレギュラー出展社	
福田　靖	ファブリックマニュファクチャラー（福田織物）/T・NJレギュラー出展社 T・NJ委員(2018)	
佐々　昭一	ウールファブリックメーカー（オフィスくに）/T・NJレギュラー出展社	
内藤　尚雅	ウールファブリックメーカー（オフィスくに）/T・NJレギュラー出展社	
宮下　昇治	シルクファブリックマニュファクチャラー（宮下織物）/T・NJレギュラー出展社	
宮下　靖英	シルクファブリックマニュファクチャラー（宮下織物）/T・NJレギュラー出展社 T・NJ委員(2018)	
坪田　昌市	シルクファブリックマニュファクチャラー（坪由織物）/布のえき、T・NJレギュラー出展社	
山崎　昌二	テキスタイルデザイナー（山崎ビロード）/鬼の会、布のえき、T・NJレギュラー出展社	
渡邊　利雄	ファブリックマニュファクチャラー（渡辺パイル織物）/T・NJレギュラー出展社 T・NJ委員(2018)	
渡邊　文雄	ファブリックマニュファクチャラー（渡辺パイル織物）/T・NJレギュラー出展社	
川邊　秀雄	ニットマスター（川邊莫大小製造所）/T・NJレギュラー出展社	
川下　晴久	レースメーカー（双葉レース）/布のえき、T・NJレギュラー出展社	
林　千寿	服飾ディレクター（林キルティング）/T・NJレギュラー出展社 T・NJ委員(2018)	
林　秀憲	プリンター（大染工業）、京都プリント／元T・NJレギュラー出展社	
小田切　宏	オーナー経営者（時和、絹織物専門商社）	
矢野まり子	染織家（絹工房）、元テキスタイルプロデューサー、元ロンシャン、東京プレテックス委員	
岩野　誠	テキスタイルプロデューサー（時和）、元フォーラム、荻原	

長峯　貞次　テキスタイルエンジニア（神奈川県技術アドバイザー）、元荻原、神奈川県工業試験所

本間　　遊　アパレルデザイナー（HOMMA）

加藤　文子　ニットデザイナー（ザ・スリースモールルーム）

神子　久忠　建築ジャーナリスト（神子編集室）、元『新建築』

内野谷守彦　デザインエージェント（エイム）、元海外書籍貿易商会

大原　　直　デザインエージェント（エイム）、元トーヨー

遠藤　宣雄　遺跡エンジニアリングスペシャリスト、上智大学アジア文化研究所名誉所員、元カンボジア「ア
　　　　　　プサラ機構」総裁兼文化芸術担当国務大臣顧問、元東洋エンジニアリング

関本美弥子　ファッションディレクター（松屋 銀座）

松田　謹一　マーケティングコンサルタント（WRマーケティング研究所）、ソフト・マーケティング研究会、
　　　　　　元伊勢丹

増渕　敏夫　マーケットアナリスト、ソフト・マーケティング研究会、元イトーヨーカ堂

高橋誠一郎　コンサルタント＆プロデューサー（プロデュースM3）、ソフト・マーケティング研究会、元イトー
　　　　　　ヨーカ堂

田口　雅久　マーケッター（丸井）、ソフト・マーケティング研究会

角本　　章　アドバイザー、元オンワード樫山

松尾　武康　ライター、元繊研新聞社

箱守　　廣　ファッション予測スペシャリスト、元日本流行色協会専門委員

中山　博充　オーナー経営者（中山商店、専門商社）

立野　啓子　コレスポンデント、Hiroko Kapp Inc.（San Rafael.CA.）、元 KOKORO of Califurnia (USA)

島津　洋美 (Hiromi Shimazu)　クリエーティブディレクター「Princess Hiromi」（NYC）、元 Liz Claiborne (USA)

野末　高志　放送エンジニア（MUSIC BARD - TOKYO FM Group）

野末恵理子　(旧姓吉田) 元コピーライター、元東京ブラウス

村上幸三郎　ライティング＆カラーデザイナー（村上デザイン事務所）、照明学会専門会員、元東芝ライテック

内藤　拓男　色彩計画プロデューサー（スタシオンクレール）、元大日本塗料

宮本　英治　ディレクター（文化・ファッションテキスタイル研究所）、T・NJ 委員、元みやしん

糸井　　徹　テキスタイルデザイナー＆エンジニア（イトイテキスタイル、ITOI 生活文化研究所）、T・NJ 委員

長田　和之　プロモーションディレクター（NPU）、T・NJ 委員、元 SUN プロデュース

本多　徹	『アパレル工業新聞』主幹、日本モデリスト協会事務局長、「日本発ものづくり提言プロジェクト」実行委員会事務局責任者
皆川魔鬼子	テキスタイルデザイナー、トータルディレクター（イッセイミヤケ「ハート（HaaT）」）、プロフェッサー（多摩美術大学）
須藤　玲子	テキスタイルデザイナー、NUNO「布」ディレクター、プロフェッサー（東京造形大学）
竹野　嘉人	オーナー経営者（サン・フェルメール）
吉田　隆之	テキスタイルプロデューサー（アッシュ・ペイル）、元国洋、荻原
鬼澤　辰夫	テキスタイルプロデューサー（空仮中舎）、鬼の会世話人、元ミスファブリック
高見　俊一	プロフェッサー（名古屋学芸大学大学院）、高見マーケティング研究室、ソフト・マーケティング研究会、ファッションビジネス学会、元鈴屋
川畑洋之介	P.P.M 総合研究所、文化ファッション大学院大学非常勤講師、元鈴屋
門川　義彦	笑顔コンサルタント、笑顔アメニティ研究所、ソフト・マーケティング研究会、元鈴屋
豊口　道子	ディレクター（タケゾー・トヨグチ・ファッションオフィス「TAKEZO TOYOGUCHI」）
鈴木　成治	デザインディレクター、元カネボウファッション研究所
八重嶋佳枝	エチュード・インターナショナル、フランス文化研究家
北畠　耀	色彩研究者、文化学園大学名誉教授、元東京 FIC 事務局長
磯　友美子	結城紬有識者、看護補助者（横浜労災病院）
松尾　由子	スタッフライター、日本実業出版社
殿村　奉文	トレンドウォッチャー、ソフト・マーケティング研究会、元編集局長（日本能率協会）
太田　伸之	（「クールジャパン機構」海外需要開拓支援機構）、松屋 銀座、イッセイミヤケ
若狭　純子	『繊研新聞』デスク
渡辺　博史	FB コーディネーター（渡辺 FB 事務所）、元繊研新聞社

お名前を明らかにすることができなかった方々

　このような方々と時代をともにし、交錯しながら、活きいきと仕事ができた時の恵みにも、ただただ感謝です。思考の場を提供してくださった中村寛（ヨットレーサー、The Chart Hause、Seabornia Yacht Club、元萬年社）、センシブルなカバービジュアルとイラストレーションを描いてくださった角田美和（コンテンポラリージュエリークリエーター、在ロンドン）にも感謝です。

謝辞

　服地づくり、服づくり、服の売り買いの現場にあって、60年。その間、先輩や仕事仲間から伝授されたノウハウと自身の実務体験から得たこと、そこから見えてきたことなどを次世代へ伝えたいと、多くの方々の協力を得て本書をまとめました。文責は私にあります。初稿段階（2014）で危惧した事態が顕わになるに及んで、「早く、公に」と押され、やっと上梓に漕ぎつけました。問いや校閲、説明画・図版提供、出版などに貴重な時間を割いてくださった仕事仲間に深く感謝いたします。数々の助言・教示を賜りながら、健在のうちにその成果＝本書をご覧にいれられなかった方々に感謝の意を捧げます。

　本書の基底には、FICテキスタイル・スクール※（東京ファッション・インフォメーション・コミッティ）のコンセプトに則って実施した全コースの講義、演習、工場見学における講師との情報交換があります。その1985〜2006年の間を担った実務者講師は30名。東京繊維協会会員企業の経営者、営業、商品・デザイン企画部門の部課長が主でした。その方々に、深く感謝いたします。

　変容著しいビジネス環境とマーケティングの今日的事象については、「ソフト・マーケティング研究会」メンバーとの情報交換によるところが多い。メンバーは、製造・流通、ゼネコン、経営コンサルティング、出版・情報分野などのスペシャリスト。多年の友情に感謝。

　服地づくりの厳しさと愉しさの現況を、手に取らせ、見せ、伝えてくれたのは、「T・NJ（テキスタイルネットワーク・ジャパン）の出展社です。寡黙な作り手の極中の秘の開示に感動、感謝です。ありがとうございました。

※「人材育成にからむ問題提起『実学』テキスタイル・スクール」ファッション産業人材育成機構「実学」（1993年8月、Vol.5）。取材：森元隆（センイ・ジヤァナル）
※「業界人の業界人のためのテキスタイル実務教育」繊研新聞（1994年2月連載）
※「軌跡」繊研新聞（1994年9月連載）

著者について

野末 和志（のずえ・かずゆき）

テキスタイルプロデューサー、有限会社企画屋えぬ代表取締役、テキスタイル & カラーデザイン塾塾長、テキスタイルネットワーク・ジャパン（T・N Japan）アドバイザー、ソフト・マーケティング研究会会員。モットーは「現場に立って考案する」。

【これまでの仕事（国内外）】

●対企業

・株式会社荻原（横浜）：1957 ～ 80。繊維品製造卸（国内外対象）。アトリエ室長（商品デザイン部門）兼マーケティング本部次長。

・株式会社国洋（東京）：1981 ～ 88。繊維品製造卸（国内対象）。本部企画室長（商品デザイン部門）など。

・企業に対するコンサルテーション：1988 ～。紡織、アパレル、ホームテキスタイルなどのメーカー、百貨店大手、SPA など。

●対業界

・県技術アドバイザー：福井県（1986 ～ 2000）、山形県（1994 ～ 2000）、東京都（1995 ～ 98）など。マーケティングアドバイザー：群馬県（～ 2000~05）など。

・「流通革新 21 世紀研究所」（東京繊維協会付設）主任研究員（1995 ～ 2003）。

・産地横断型合同商談展示会「テキスタイルネットワーク・ジャパン（T・N Japan）」オーガナイズ（1997）。委員（1998 ～ 2017）。

・FIC テキスタイル・スクール（東京ファッション・インフォーメーション・コミッティ）開設建案（1984）。専門委員長・講師（1985 ～ 2006）。

・IFI ビジネス・スクール（ファッション産業人材育成機構）。講座主任（1998 ～ 2004）。

・文化オープンカレッジ（文化服装学院）。「野末和志の服地の気分」「野末和志のカラーデザイン」講座（日本アパレル産業協会共催、1995）（文部省 " 職業人再教育プロジェクト "1997 年度）。講師（1995 ～ 2004）。

・日本流行色協会（JFCA）。ファッション・マーケティング・デビジョン（FMD）メンバー、専門委員、参与、ファッション・アドバイザー（～ 1982 ～ 2014）。

・日本モデリスト協会との共同研究「糸と組織とパターンと縫製」（2002 ～ 03）。

●対教育機関・学会

・桑沢デザイン研究所（～ 2006）、東京造形大学（1999 ～ 2006）、多摩美術大学（2002,04 ～ 05）などの非常勤講師。

・「学生の為のプロ・デザイン講座」（日本テキスタイルデザイン協会と共催）（2001 ～ 04）。

・韓国衣類産業学会会員対象講座・講習会「テキスタイル・ファブリケーション」（韓国・太田、大邱。東京）（2001 ～ 03）。

●海外交流
・韓国衣類産業学会主催「KCI がえらぶ 20 世紀ファッションベスト 10」展（2002、大邱）のコーディネーション。協力：京都服飾文化研究財団（KCI）
・琉球カンボジア染織文化活動（2005~）、NPO 法人「織の海道」実行委員会

●受賞
・第 9 回「ミモザ賞」（原口理恵基金、世話人：山中 鑛）（1997）
・「功労牌」（韓国衣類産業学会、会長：成 秀光）（2003）

●実学の徒
・教場は現場、教授は現場の人たちと仕事仲間（国内外）
・桑沢デザイン研究所修了
・静岡県立浜松工業高等学校卒業

アパレル素材企画
―プロフェッショナルガイド―

◆

服地の生産・流通とアパレル製造・小売り。その相互作用。

2019年2月5日 初版第1刷発行

著 者　野末　和志
発行者　佐々木　幸二
発行所　繊研新聞社
　　　　〒103-0015 東京都中央区日本橋箱崎町 31-4　箱崎314ビル
　　　　TEL.03(3661)3681　FAX.03(3666)4236

印刷・製本　倉敷印刷株式会社
乱丁・落丁本はお取り替えいたします。

Ⓒ KAZUYUKI NOZUE, 2018 Printed in Japan
ISBN 978-4-88124-328-2 C3063